21世纪高职高专规划教材

机电一体化系统设计

主　编　魏天路　倪依纯
副主编　曹　菁　韩　红
参　编　周　慎　熊利军　彭家祥　潘玉山
主　审　孙红旗

机械工业出版社

本书以系统的观点出发，把机械技术和微电子技术有机结合，构造出最优机电一体化系统。本书系统地阐述了机电一体化系统的设计方法，并以典型示例说明。全书共分8章，内容包括：绪论、机械系统分析、执行装置及伺服电动机、机电一体化常用电路及应用、微机控制系统与接口技术、机电一体化系统检测技术特点及应用、机电一体化系统的分析与设计、典型机电一体化系统。

本书注重理论与实际相结合，强调实际应用，可作为2年制和3年制高等职业技术院校、高等专科学校、职工大学、业余大学、成人教育学院、电视大学以及其他大专层次机电类专业的教材，也可供有关教师及工程技术人员参考。

为方便教学，本书配备电子课件等教学资源。凡选用本书作为教材的教师均可登录机械工业出版社教材服务网www.cmpedu.com注册后免费下载。如有问题请致信cmpgaozhi@sina.com，或致电010-88379375联系营销人员。

图书在版编目（CIP）数据

机电一体化系统设计/魏天路，倪依纯主编.—北京：机械工业出版社，2006.2（2018.7重印）

21世纪高职高专规划教材

ISBN 978-7-111-18391-4

Ⅰ.机… Ⅱ.①魏… ②倪… Ⅲ.机电一体化-系统设计-高等学校：技术学校-教材 Ⅳ.TH-39

中国版本图书馆CIP数据核字（2006）第004368号

机械工业出版社（北京市百万庄大街22号 邮政编码100037）

策划编辑：余茂祚 版式设计：冉晓华 责任校对：程俊巧

封面设计：饶 薇 责任印制：刘 岚

北京玥实印刷有限公司印刷

2018年7月第1版第13次印刷

184mm×260mm · 11.75印张 · 287千字

标准书号：ISBN 978-7-111-18391-4

定价：29.80元

21世纪高职高专规划教材
编 委 会 名 单

前 言

本书是根据教育部教高［2000］2号文件精神，由中国机械工业教育协会和机械工业出版社组织全国80多所高等院校合作编写的高职高专规划教材之一。

机电一体化技术是机械技术与电子技术的有机结合，以实现系统的最佳化。机械技术和微电子技术的飞速发展和应用，标志着机电一体化系统的迅猛发展。根据高等职业教育培养人才要求，毕业生应具有基础理论知识适度、技术应用能力强、知识面宽和素质高等特点，编写出“机电一体化系统设计教材编写大纲”。该大纲本着机电一体化系统的最佳化观点出发，“以机为主，以电为用”从而实现系统或产品的功能可靠和智能化。本书的基础理论以应用为前提，通过典型机电一体化系统的介绍和试验环节的保证，增强学生的实践能力，保证高职高专的教学特点。

本书由佳木斯大学魏天路副教授、无锡交通高等职业学校倪依纯副教授主编。第1章和第8章的第8.1节、8.3节、8.4节由魏天路编写，第2章由渤海船舶职业技术学院韩红编写，第3章由江苏靖江市工业学校潘玉山编写，第4章由倪依纯编写、第5章由四川交通职业技术学院彭家祥编写，第6章和第8章的第8.2节由江苏信息职业技术学院曹菁编写，第7章由武汉铁路职业技术学院周慎和熊利军编写。全书由魏天路统稿，佳木斯大学孙红旗副教授主审。

由于编者水平和经验有限，书中难免有错误和疏漏之处，恳请广大读者给予批评指正。

编 者

目　录

前言

第1章　绪论 …… 1

1.1　机电一体化技术的产生 …… 1

1.2　机电一体化系统的基本结构要素 …… 3

1.3　机电一体化系统的设计要求 …… 5

复习思考题 …… 6

第2章　机械系统分析 …… 7

2.1　机械系统的基本概念 …… 7

2.2　机械传动装置 …… 7

2.3　导向装置 …… 19

复习思考题 …… 24

第3章　执行装置及伺服电动机 …… 26

3.1　常用执行装置及分析 …… 26

3.2　执行装置设计 …… 35

3.3　伺服电动机 …… 44

复习思考题 …… 51

第4章　机电一体化常用电路及应用 …… 52

4.1　模拟电路及应用 …… 52

4.2　数字电路及应用 …… 60

4.3　集成电路及应用 …… 63

4.4　抗干扰技术 …… 72

复习思考题 …… 75

第5章　微机控制系统与接口技术 …… 76

5.1　概述 …… 76

5.2　Z—80 CPU 微机硬件结构特点及应用 …… 78

5.3　单片机硬件结构特点及应用 …… 86

5.4　可编程序控制器 …… 93

复习思考题 …… 101

第6章　机电一体化系统检测技术特点及应用 …… 102

6.1　传感器的分类与特性 …… 102

6.2　传感器与微机接口 …… 107

6.3　检测技术的应用 …… 119

复习思考题 …… 125

第7章　机电一体化系统的分析与设计 …… 126

7.1　各单元部件特性分析 …… 126

7.2　机电有机结合的稳态分析 …… 139

7.3　机电有机结合的动态分析 …… 146

7.4　系统的可靠性及安全技术 …… 155

7.5　机械结构弹性变形和传动间隙对系统性能的影响 …… 161

复习思考题 …… 163

第8章　典型机电一体化系统 …… 164

8.1　CNC 机床 …… 164

8.2　工业机器人 …… 167

8.3　模糊智能点钞机 …… 172

8.4　汽车的机电一体化 …… 174

复习思考题 …… 179

参考文献 …… 180

第1章　绪　论

1.1　机电一体化技术的产生

1.1.1　机电一体化技术的发展史

微电子技术和自动化技术迅速发展，并不断向机械工业领域渗透，便形成了一个新的学科领域——机电一体化技术。它是微电子技术和机械技术相互融合的产物，是机电工业发展的必然趋势。微电子信息自动化技术的引入，是对传统的机械工业的一次革命，使原有机电产品的结构和生产系统结构发生了质的飞跃，使微电子技术、微型计算机技术与机械装置和动力设备有机结合。机电一体化技术一方面极大地提高了产品的性能和市场竞争力，例如日本的机电产品（电视机和汽车等）以其高可靠性能畅销全球；另一方面，机电一体化技术也提高了产品对环境更广的适应性，使人类的活动空间不断扩大，例如美国的阿波罗登月、勇气号火星登月飞船和我国的神州 5 号载人飞船都是机电一体化技术发展的结果。同时，机电一体化技术也会带来丰厚的经济效益，例如美国发射 3 颗地球资源卫星花费 2.5 亿美元，但收益可达 14 亿美元。机电一体化技术的发展水平也体现了一个国家的综合实力，因此引起世界各国和企业的极大重视。

机电一体化（Mechantronics）的英文名词起源于日本，由日本《机械设计》杂志副刊于 1971 年提出，它由 Mechanics（机械学）与 Electronics（电子学）组合而成，表示机械学与电子学两种学科的综合，在我国通常被译为机电一体化。当然，现在所谈的 Mechantronics，其内容也随着科学技术的发展而不断发展，比最初所说的含义更为广泛。到目前为止，较为全面的涵义是 1981 年由日本机械振兴协会经济研究所提出的："机电一体化是机械的主功能、动力功能、信息功能和控制功能上引进微电子技术，并将机械装置与电子装置用相关软件有机结合而构成系统的总称。"随着液压技术、传感器技术、精密机械装置技术、自动控制技术、微型计算机技术和人工智能技术等新技术的发展并不断地采用，机电一体化技术正向着自动化和智能化方向发展。

1.1.2　机电一体化产品技术特征及分类

机电一体化产品是把机械部分与电子部分有机结合，从系统的观点使其达到最优化。为了使系统更加科学合理，应从全局的观点对机电一体化产品的各个部分进行舍取，因此，机电一体化技术也可以说是系统工程学在机械电子领域中的有机应用，并由此总结出机电一体化技术特征：

1）机械技术、电子技术、信息技术和液压技术等有机结合。

2）在一个系统中不同子系统在空间上的集成。

3）柔性化、智能化和自动化使机电一体化产品能够灵活地满足各种要求，适应各种环境。

4）机电一体化系统的内部运行机制是隐蔽的。

5）产品中包含微处理器，其潜在功能可继续增加。

目前，机电一体化技术应用领域还在不断扩大，大致可分为机械电子化产品和机械与电子融合产品两大类。如按其功能分，可以分为6类：

1）在原有的机械本体上采用电子控制设备实现高性能和多功能。如数控机床和机器人等。

2）用电子设备局部置换机械控制结构。如电子缝纫机和电子电动机等。

3）在信息机器中与电子设备有机结合的产品。如传真机和录音机等。

4）在检测系统中与电子设备有机结合的产品。如CT扫描仪和自动探伤机等。

5）用电子设备全面置换机械机构的信息处理产品。如电子秤、电子交换机等。

6）利用电子设备替换机械本体工作的产品。如电火花加工机床和激光测量机等。

1.1.3 研究机电一体化技术的重要性

机电一体化技术的产生，是对传统机械工业的一次革命，为机械产品注入了新的内涵，其技术上的先进性、创新性和可靠性满足了人们在生产生活中的需要。

首先，在产品的性能上，增强了功能，提高了产品的加工精度，使其具有更高的可靠度。例如，一台加工中心机床可以将多台普通机床上的多道工序在一次装入中完成，并且还有自动检测工件和刀具、自动显示刀具动态轨迹图形等数据的应用功能；电子化圆度仪的测量精度可达0.01μm；一般大型机电一体化产品都具有安全保护系统和自动启停系统，提高了系统运行的灵活性，而且还提高了系统的安全性和可靠性。

其次，自动化、智能化的机电一体化技术还可提高产品生产率、降低成本、缩短产品的开发周期，极大地增强产品的市场竞争力。如数控机床生产率比普通机床的生产率高5倍多；柔性制选系统可使生产周期缩短40%，生产成本降低50%。根据机电一体化产品的特性，在人机关系上，由控制和检测系统完成数据处理及程序自动运行，也极大地减轻了操作者的劳动强度，改善了劳动条件，并使系统具有极佳的操作性和使用性，建立了良好的人机界面。如CAD，CAM均极大地减轻了设计者和制造者的劳动复杂性。

第三，在简化结构、节约能源方面，机电一体化产品也具有其优越的一面。用电子器件取代老式的复杂传动，使机电一体化产品的体积缩小、结构简化、重量减轻，并因采用低能耗的驱动机构而使能耗降低。例如，汽车电子点火器由于控制最佳点火时间和状态而大幅度降低了汽车耗油量。

第四，机电一体化产品在现代制造产业结构中有其重要的地位和作用。目前，数控机床全球的需求量占机床总产量的20%。由于过去几年柔性制造系统的快速发展，制造系统自动化（CIMS、IMS和VMS等）新技术也进一步促进了制造技术的发展，同时机器人的出现并应用于制造业，而且逐渐向水下、空间、核工业、救灾和军事等方面发展，导致各国加紧研制。所以机电一体化技术在现代制造产业结构中占据极其重要的地位。

1.1.4 机电一体化技术的发展方向

根据人类活动的需要和机电一体化技术的特点，日本的渡边茂先生提出了该技术的发展方向：

1）复合法。指同一工位上能同时完成两种以上的工序加工，通过这种复合化处理，可最大限度降低使用空间，以期实现多品种、小批量生产的自动化和高效率化。

2）小型化和轻型化。小型化和轻型化是指与微细加工技术类似的一种表现，有利于提高机械的性能。

3）高速化和精准化。机电一体化产品应能快速、准确地完成其规定的各项功能，提高生产率和产品质量。

4）智能化。就是使机电一体化产品具有“思维”，通过声音和图像等指令即可完成指定的功能，达到无人控制，实现完全的自动化。

5）系统化。从系统的观点出发，把机电一体化技术分成有机的各子系统学科，各相关学科的发展都是机电一体化技术的支撑，从而为机电一体化技术提供更广阔的发展空间。

1.2 机电一体化系统的基本结构要素

1.2.1 机电一体化系统的构成要素

一个较为完善的机电一体化系统主要由以下5个子系统构成（见图1-1a）：

1）机械子系统。系统所有功能元素的机械支持结构，包括机架和机械连接等。

2）电子信息处理子系统。将来自传感器的检测信息和外部输入命令进行集中、存贮、分析、加工，根据信息处理结果，按照一定的程序和节奏发出相应的指令，控制整个系统按序、有目的地运行。主要指计算机和逻辑电路等。

3）动力子系统。按照系统控制要求，为系统提供动力，以保障系统正常运行。

4）传感检测子系统。对系统运行中所需要的本身和外界环境和各种参数及状态进行检测，将其变成可识别信号，传输到信息处理单元，经过分析处理后产生相应的控制信息。主要指传感器和仪表等。

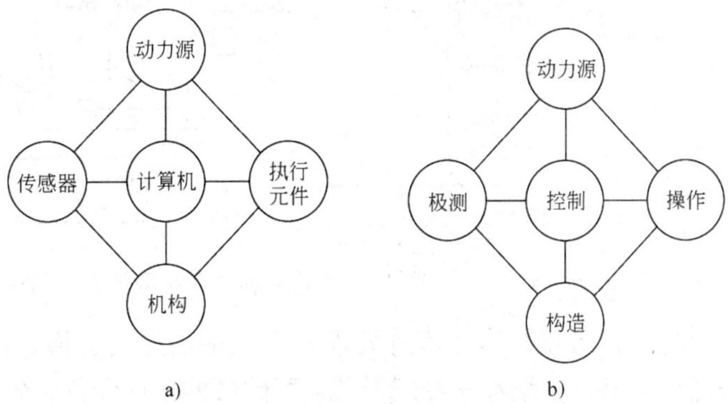

图1-1 机电一体化系统的构成要素和功能

a）构成要素 b）功能

5）执行机构子系统。根据控制信息和指令，完成要求的指定动作。一般采用机械、电磁和电液等机构。

机电一体化系统的构成要素使其具备了控制功能、检测功能、动力功能、操作功能、构造功能5种功能（见图1-1b）。

机电一体化系统数控机床的构成要素实例如图1-2所示。

1.2.2 机电一体化系统相关技术

机电一体化技术主要包括软件和硬件两方面。为了推动和加快机电一体化技术的发展，应从以下几个方面不断加强和改进。

1. 机械技术　机械技术是机电一体化系统的基础，在机电一体化产品中，它不再是单一地完成系统间的连接，必须从系统的结构、重量、体积、刚性、可靠性能及通用性等几个方面加以改进，使机电一体化产品结构合理、重量减轻、刚性提高，具有高的可靠性，实现产品的通用化、标准化、系列化，提高产品的可维修性，为机电一体化产品提供坚实的基础。

2. 传感检测技术　传感检测技术是机电一体化的感受器官，是实现自动控制、自动调节的关键性环节，它的功能越强，系统的自动化程度就越高。其关键元件是传感器，它的主要评价指标有功能范围、灵敏度、分辨率、抗干扰性和可靠性等。就传感器而言，主要是提高可靠性、灵敏度和精确度，向元件化和智能化方面发展。

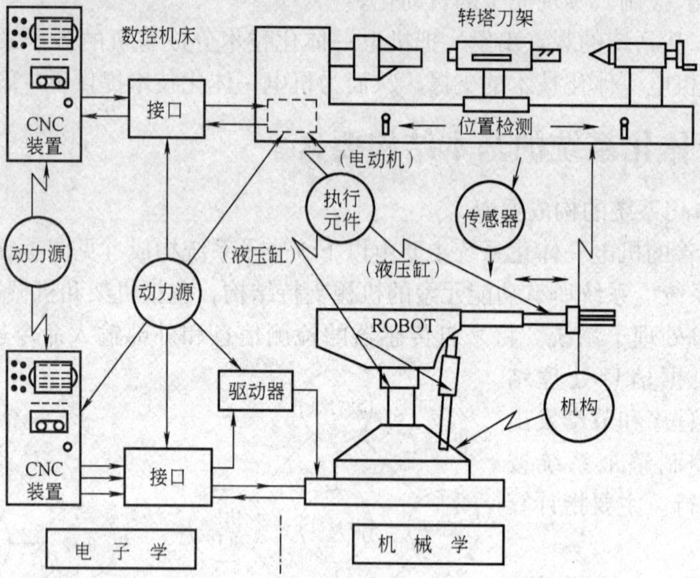

图 1-2　机电一体化系统数控机床的构成要素实例

3. 信息处理技术　信息处理技术包括信息的交换、存取、运算、判断和决策，主要设备是计算机或可编程序控制器及与其配套的 I/O 设备、显示器和外部存储器。因此，计算机技术的发展与信息处理技术是紧密相关的。在机电一体化系统中，计算机与信息处理部分指挥整个系统，并直接影响到系统工作的质量和效率，计算机应用及信息技术已成为促进机电一体化技术发展的最关键性因素。对于提高信息处理设备的可靠性，处理数据速度和解决抗干扰问题是信息处理技术中的关键。

4. 伺服驱动技术　驱动技术按动力源可分为电动、液压和汽动 3 种，常见伺服驱动有电液马达、脉冲液压缸、步进电机和交直流伺服电动机，目前存在功能可靠性和减小体积等问题。

5. 系统技术　系统技术就是以整体的概念组织应用各种相关技术，从系统目标出发，将整体分解成相互关联的若干功能子系统，以子系统进行一次分解，生成功能更为单一的、具体的功能单元，直到找出一个最佳、可行的技术方案。接口技术是系统技术中的一个重要方面，它是实现系统各部分有机连接的保证。其主要完成两方面作用，一是信息交换，另一个是同类型元器件间进行连接时所需的接口。接口按其功能可分为 I/O 接口，调整和变换接口两种。根据 I/O 接口功能，接口可分为以下 4 种：

1）机械接口。如法兰盘、联轴器和插座等。

2）物理接口。如电容和频率等。

3）环境接口。如防尘过滤器和缓冲减振器等。

4）信息接口。如 ASCII 码和计算机语言等。

接口根据其变换和调整的功能可分为以下 4 种：

1）零接口。不进行任何调整、变换，如联轴器和接线柱等。

2）无源接口。只有无源要素进行变换、调整的接口，如减速器和导轨等。

3）有源接口。含有有源要素进行变换、调整的接口，如放大器和电磁继电器等。

4）智能接口。可进行程序编制或可适应性地改变接口条件的接口，如 STD 总线和自动切换装置。

目前，接口技术正向标准化、小型化和智能化等方向发展。

6. 自动控制技术　自动控制技术主要包括基本控制理论、自动控制设计及计算机系统仿真及研制等。自动控制技术要具有精度高、稳定性好、快速校正及补偿等特点。

7. 软件技术　软件技术必须与硬件协调发展，在满足系统要求的同时，必须降低成本及提高软件的通用性。

1.3　机电一体化系统的设计要求

1.3.1　设计原则

在保证产品完成规定功能的前提下，通过对所构成各子系统方案进行优化组合，降低成本，使系统功能达到稳、准、快，以满足用户的要求。机电一体化产品的主要特征是自动化操作。功能是产品的生命，只有功能可靠，产品才具有价值。另一方面，要使功能达到最佳，机械子系统、电子信息处理子系统、动力子系统、传感检测子系统和执行机构子系统 5 部分构成要素的匹配、相互协调和相互补充也极为重要。而通过降低成本，并且使系统功能稳定、可靠、精确、快速，又增强了产品的市场竞争力。

1.3.2　设计步骤与方法

1. 设计步骤　设计过程一般分为总体系统设计、部装（子系统）设计和零件（单元）设计 3 个阶段。总体设计步骤为：

1）明确设计思想。

2）分析综合要求。

3）划分各子系统。

4）确定设计参数。

5）调研。

6）拟定总体方案。

7）方案优化。

8）编写总体设计证书。

在总体设计过程中要明确哪些功能由哪项技术完成，并对产品的功能进行可靠性分析。机电一体化设计流程如图 1-3 所示。

2. 设计方法　常用的机电一体化设计方法有

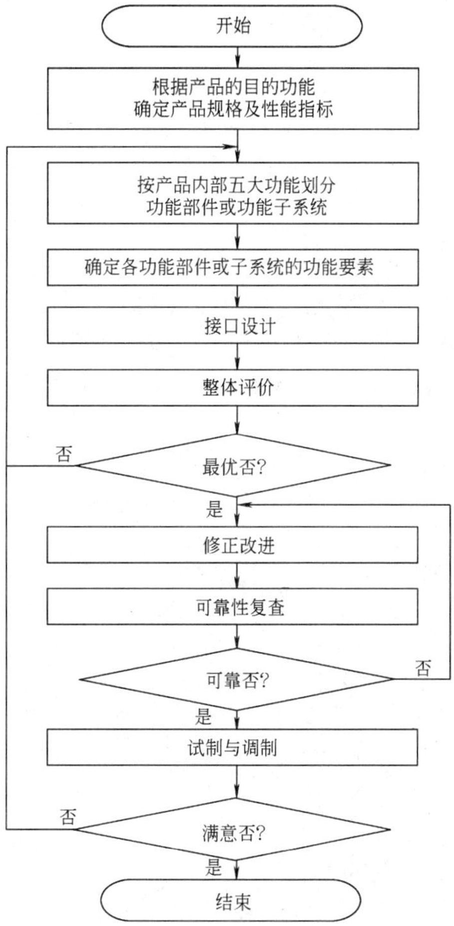

图 1-3　机电一体化设计流程图

机电互补法、融合法和组合法 3 种。

1）机电互补法。该方法是利用电子部件取代传统的机械部件，以简化产品结构、减轻重量。如现金出纳机采用微机控制，可取代几百个机械传动部件，而简化结构、减轻重量对航空航天技术更具有特殊意义。

2）融合法。是将各组成单元有机结合成某一子系统，使单元间机电参数匹配合理的方法。如激光打印机的主扫描机构——激光扫描镜，其扫描镜转轴就是电动机的转子轴，这就是执行元件与执行机构合理匹配的结果。

3）组合法。它是将融合法制成的子系统，利用接口技术组合成机电一体化产品的方法。例如，CNC 机床就是利用接口技术将各子系统连接起来的机电一体化产品。

复习思考题

1. 简述研究机电一体化技术的重要性。
2. 简述机电一体化技术的构成要素。
3. 简述机电一体化技术的设计原则及常用方法。

第 2 章　机械系统分析

2.1　机械系统的基本概念

2.1.1　机械系统的基本概念

机械系统一般由电动机、传动装置、导向装置、执行装置和控制装置组成。随着现代社会的不断进步，机电一体化产品已得到广泛应用，对它也更强调重量轻、速度快、精度高、冲击振动小、噪声低、稳定性好和动作灵敏等诸多要求，为满足这些要求就必须突出计算机的强大功能。所以，机电一体化的机械系统是“由计算机信息网络协调与控制的、用于完成包括机械力、运动和能量流等动力学任务的机械和（或）机电部件一体化的机械系统。”它的核心是由计算机控制的，包括机械、电子、电力、液压和光学等技术的伺服系统。因此，现代的机械系统与传统的机械系统相比，更强调计算机的作用、伺服功能以及各组成部分间的相互协调性。

2.1.2　机械系统的功能及要求

机械的功能是完成机械运动。在整个机械系统中，控制电动机、传动装置和执行装置组成的子系统完成单一的机械运动，若干的子系统通过计算机协调和处理完成一部机器的完整的机械运动。

机电一体化机械系统必须满足的基本要求就是伺服性能精度高、响应快速和良好的稳定性。精度是衡量任何产品加工质量的标准之一，由于机电一体化产品经常用于国防、航空航天、微电子和精密仪器等高精尖行业中，所以对它的精度和性能就提出了更高的要求，而它又不能完全脱离机械传动，相应地对机械系统的精度要求就要大大地提高了。机械系统也不再是单纯的以机械技术为主，而是机械技术、微电子技术以及其他新技术的融合体，所以要求整个机械系统反应快速，并且不易受外界环境的干扰，系统稳定性要好。

2.1.3　机械系统的设计

机械系统是机电一体化系统的基础，它是机和电两种技术的综合体。例如，在设计机械系统时应该选择与控制系统的电气参数相匹配的机械系统参数。所以，应组合、互补机械技术、微电子技术及相关技术。由于机电一体化产品更趋向于高性能、智能化、低能耗、轻薄短小，因此机械系统的设计要求主要是消除间隙、低摩擦、转动惯量小、刚性好、谐振频率高和适当的阻尼比等。系统中各部件配合时常产生间隙，可以采用最优化的方法选择、设计结构。例如，选择最佳传动比、采用预紧法和缩小反向死区等均可减小间隙、降低摩擦。缩短传动链、提高刚度、简化结构、减少振动均可提高设计质量。

2.2　机械传动装置

机械传动是一种最基本的传动方式。要完成机械运动，传动机构、控制机构、伺服电动机要相互影响、相互作用。对传动机构来说，精度高、动态响应快、效率高、能耗低，运动平稳、振动小、灵敏度高和噪声低都是必不可少的。按传递力的方法分类，机械传动装置可分为摩擦传动装置和啮合传动装置。其中，摩擦传动装置又可分为摩擦轮传动装置和带传动装置；啮合传动装置又可分为齿轮传动装置、螺旋传动装置、蜗杆传动装置和链传动装置。

随着机电一体化技术的不断进步，传动装置也正向着精密、高速、小型、轻量方向发展。

2.2.1 机械传动装置性能要求

传动装置是一种转矩、转速变换器，使执行元件与负载间在转矩与转速方面得到最佳匹配。所以，机械传动系统的好坏会影响到整个系统的伺服性能。对它的性能要求主要有：

1）转动惯量小。若转动惯量过大，机械负载随之增大，系统响应速度变慢，灵敏度也下降，使系统固有频率降低，容易产生谐振。所以，在不影响系统刚度前提下，机械传动部分的重量和转动惯量应尽可能小。

2）低摩擦。传动副中的摩擦力是一种主要的阻力，它使传动副运转时造成动力浪费，降低机械效率，本体受到磨损，从而影响精度和工作可靠性。摩擦力过大，易产生卡死现象，从而减少装置的使用寿命。

3）适当的阻尼。系统阻尼越大，系统动力损失越多，反转误差越大，精度随之降低，但同时最大振幅减小，衰减速度加快。所以，应选择合适的阻尼比。

4）刚度大。系统刚度越大，动力损失越小，增加了闭环伺服系统的稳定性，同时固有频率增高，不容易产生共振，但刚度不影响开环系统稳定性。

5）高谐振频率。当外界传来的振动的激振频率接近或等于系统固有频率时，机械系统容易产生谐振，致使系统不能正常工作。

2.2.2 常见传动装置分析

1. 滚珠丝杠副　滚珠丝杠副是一种螺旋传动机构，目前已成为精密传动的数控机床、精密机械以及各种机电一体化产品中不可缺少的传动机构。滚珠丝杠副传动装置如图 2-1 所示，它由丝杠 1、螺母 2、连续的很多粒等直径的中间传动元件——滚珠 3 以及为防止滚珠从滚道端面滚出的滚珠循环装置 4 等 4 部分组成。其工作原理是：在丝杠 1 和螺母 2 的螺纹滚道中装入一定数量的滚珠 3，当丝杠 1 与螺母 2 相对转动时，滚珠 3 可沿螺纹滚道滚动，并沿滚珠循环装置 4 的通道返回，构成封闭循环，使滚珠循环地参加螺旋传动，保持丝杠 1 与螺母 2 之间的滚动摩擦。与滑动摩擦相比，滚动摩擦减小了摩擦阻力矩，使传动效率提高到 90%以上。

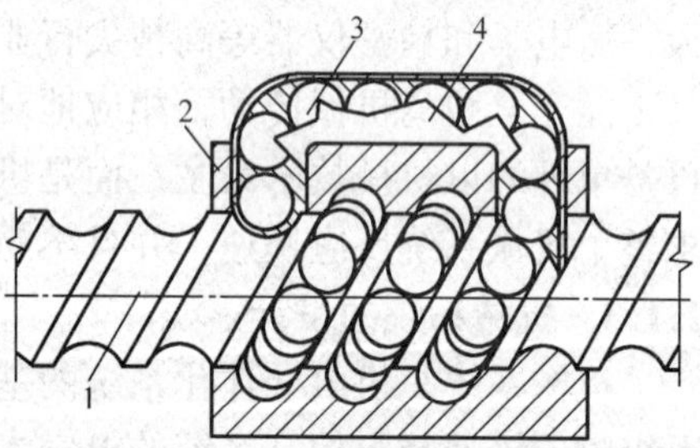

图 2-1　滚珠丝杠副传动装置

1—丝杠　2—螺母　3—滚珠

4—滚珠循环装置

滚珠丝杠副可将回转运动变为直线运动，又可将直线运动变为回转运动。它运动平稳可靠、无爬行现象、传动精度高、使用寿命长。由于滚珠是在淬硬并精磨后的螺纹滚道上运动，所以加工工艺较复杂，成本高，且因不能自锁而需设置制动装置。

（1）滚珠丝杠副的结构及参数

1）滚珠循环方式及螺纹滚道形式。滚珠丝杠副中滚珠的循环方式有内循环和外循环两种。图 2-2a 所示为内循环，在螺母 1 上开有侧孔，孔内镶有反向器 2，它把相邻两圈螺纹滚道沟通起来，滚珠 3 越过螺纹顶部进入相邻圈，这样每一圈滚珠形成一个回路，滚珠 3 在循环过程中始终与丝杠 4 表面保持接触；图 2-2b 所示为外循环，滚珠 3 在循环返向时，离开丝杠 8 螺纹滚道，在螺母 5 体内或体外做循环运动。内循环中的滚珠回路短、磨损小、传动效率高，但反向器 2 加工困难；外循环方式结构简单、加工方便，但径向尺寸大、易磨损。

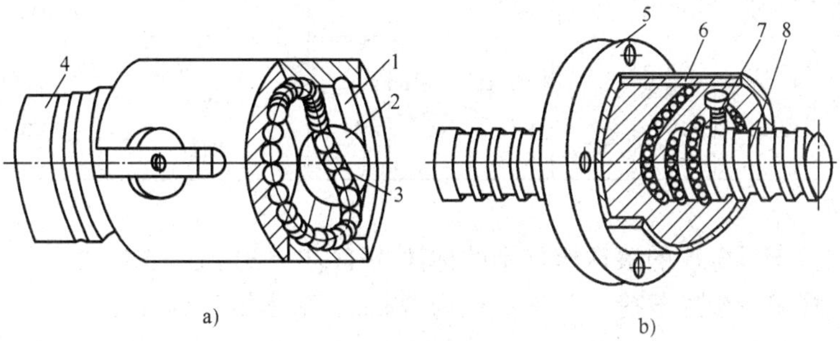

图 2-2　滚珠丝杠副
a）内循环　b）外循环
1、5—螺母　2、7—反向器　3、6—滚珠　4、8—丝杠

滚珠丝杠副的螺纹滚道截面型式有单、双圆弧之分。如图 2-3 所示，单圆弧型螺纹滚道精度高，传动效率、轴向刚度及承载能力随着接触角 β 的增大而增大；双圆弧型螺纹滚道接触角 β 始终不变，滚道底部易存油，磨损小，但加工成本高。

2）滚珠丝杠副主要尺寸参数。滚珠丝杠副主要尺寸参数包括公称直径 D_0、丝杠小径 d_1、丝杠大径 d、螺母小径 D_1、螺母大径 D、滚珠直径 d_b、基本导程（或螺距）P、滚珠工作圈数及滚珠数，如图 2-4 所示。

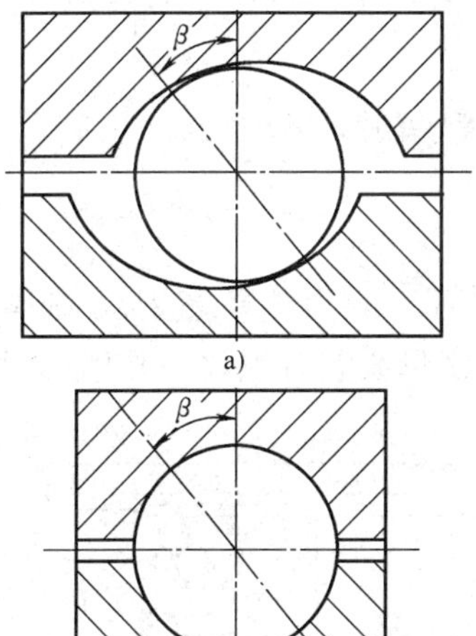

图 2-3　滚珠丝杠副螺纹滚道
a）单圆弧型　b）双圆弧型
β—接触角

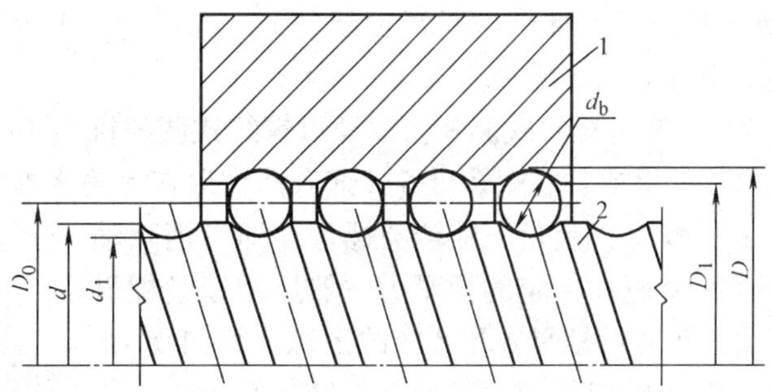

图 2-4　滚珠丝杠副主要尺寸参数
1—螺母　2—丝杠

3）标注。滚珠丝杠副的型号由按序的字母和数字组成，共有9位代号。标法可参见表2-1。

表2-1　滚珠丝杠副的标法

位　号	1	2	3	—	4	×	5	—	6	—	7	8	9
表达方式	大写字母	大写字母	大写字母		数字		数字		数字		大写字母	数字	文字
表达含义	外形结构特征	循环方式	预紧方式		公称直径		基本导程		负载滚珠总圈数		精度等级	导程精度检验项目	螺母旋向右旋不标

例如，汉江机床厂生产的滚珠丝杠副的标注为FC_1B—60×6—5—E2左，表示法兰凸出式插管型、变位螺距、预加载荷、公称直径为60mm、基本导程为6mm、每个螺母上承载滚珠总圈数为5圈、E级精度、检查1~2项、左旋螺纹。

4）精度等级。在GB/T 17587.3—1998《滚珠丝杠副精度》中，根据使用范围及要求，将标准公差等级分为7级，即标准公差等级1、2、3、4、5、7、10。其中，标准公差等级2和4为不优先采用的标准公差等级，且等级数越小，精度越高、性能越好。

（2）滚珠丝杠副间隙调整法：滚珠丝杠副的轴向间隙是工作时滚珠与滚道面接触点的弹性变形引起的螺母位移量，它会影响反向传动精度及系统的稳定性。常用的消隙方法是双螺母加预紧力（在调隙时，应注意预紧力大小要适宜），基本能消除轴向间隙。

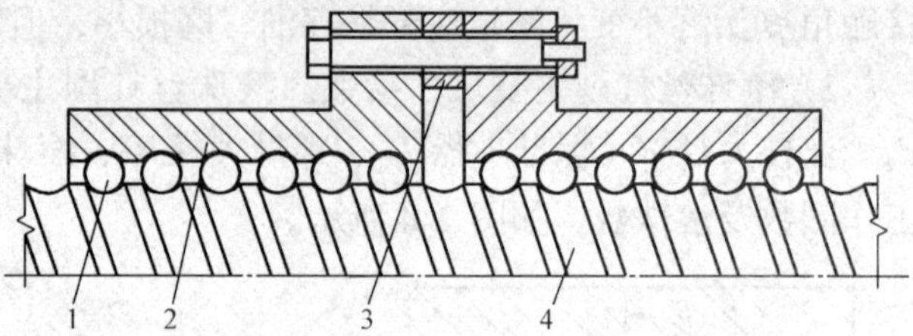

图2-5　双螺母垫片式调隙机构

1—滚珠　2—螺母　3—垫片　4—丝杠

1）双螺母垫片式调隙。调整垫片厚度使两个螺母产生轴向相对位移，从而消除几何间隙和轴向间隙，并施加预紧力。其特点是结构简单、工作可靠，但调整不准确。双螺母垫片式调隙机构如图2-5所示。

2）双螺母螺纹式调隙。双螺母螺纹式调隙机构如图2-6所示，它由锁紧螺母1、圆螺母2及丝杠5组成。右端螺母6外部有凸台顶在套筒3外，左端螺母8制有螺纹，并用锁紧螺母1和圆螺母2锁紧，旋转圆螺母2即可消除轴向间隙，并施加一定的预紧力，然后用锁紧螺母1锁紧。预紧后螺母6和8内的滚珠4相向受力，从而消除了轴向间隙。其特点是结构简单、工作可靠、调整方便，但不能精确调整。

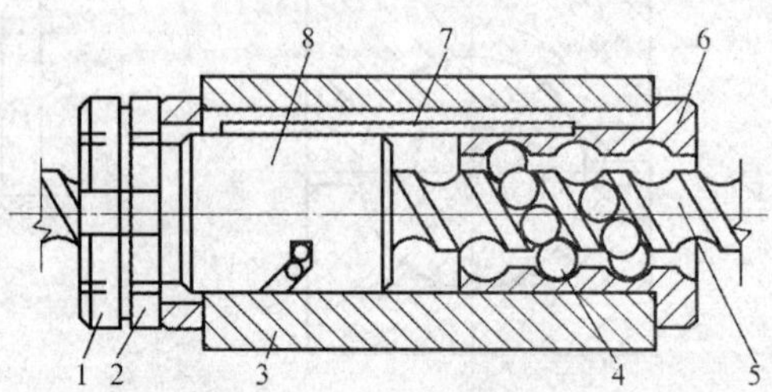

图2-6　双螺母螺纹式调隙机构

1—锁紧螺母　2—圆螺母　3—套筒　4—滚珠

5—丝杠　6、8—螺母　7—键

3）双螺母齿差式调隙。双螺母齿差式调隙机构如图2-7所示，双螺母两端制有圆柱齿轮2（两齿轮齿数相差1），并分别与内齿轮3、5啮合。2个内齿轮3、5分别固定在套筒1的两端。调整时，先取下内齿轮3、5，转动螺母（2个螺母相对套筒 1 同一方向转动同一个齿后固定），使之产生角位移，进而形成轴向位移，消除轴向间隙，并施加预紧力，然后合上内齿轮 3、5。该调隙方法结构复杂，但工作精确、可靠，可实现定量调整，即进行精密微调，调整精度高。

(3) 滚珠丝杠副的安装：滚珠丝杠的支承常采用以推力轴承为主的轴承组合，可以根据不同的工作环境选择合适的轴承组合形式，进而提高滚珠丝杠副的传动精度和刚度。在设计时，可以将单个或两个轴承分别安装在丝杠两端，并施加预紧力，也可以一端安装单轴承、一端安装双轴承。例如，在高精度的精密丝杠传动系统中，就采用推力轴承与深沟球轴承组合分别安装在丝杠两端。为提高滚珠丝杠副传动精度，防止灰尘等杂质进入而加大磨损，可采用一些密封、防尘、防护装置。润滑油和润滑脂可以提高滚珠丝杠副的耐磨性和传动效率，延长使用寿命。润滑油可以通过注油孔定期注入，润滑脂一般放进螺母滚道内定期润滑。滚珠丝杠副不能自锁，安装时应考虑制动装置。图 2-8 为滚柱式超越离合器，当星轮 2 顺时针转动时，滚柱 4 受摩擦力被楔紧在收缩槽内，从而带动外圈 1 转动，此时离合器处于分离状态。超越离合器可以使同一轴上有两种不同转速，工作时无噪声，适于高速传动。

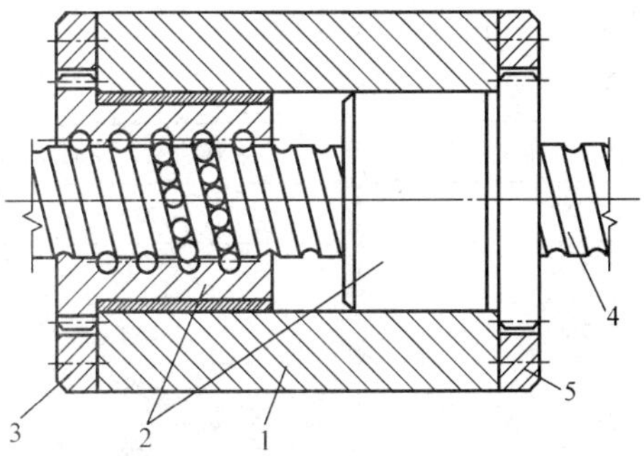

图 2-7　双螺母齿差式调隙机构

1—套筒　2—圆柱齿轮　3、5—内齿轮　4—丝杠

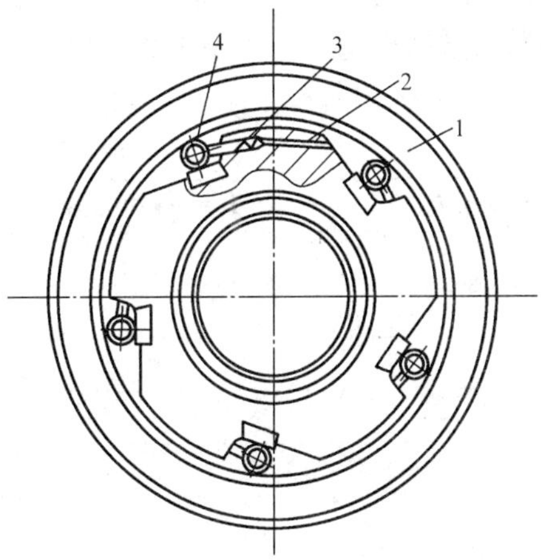

图 2-8　超越离合器

1—外圈　2—星轮　3—弹簧顶杆　4—滚柱

(4) 滚珠丝杠副的设计

1) 设计方法

①设计条件。工作载荷 F（单位为 N）或平均工作载荷 F_m（单位为 N）；使用寿命 L'_h（单位为 h）；丝杠工作长度 L（单位为 m）；丝杠转速 n（单位为 r/min）；滚道硬度及运转情况。

②设计步骤。根据设计条件，并经过计算，选择合适的滚珠丝杠参数。

a. 计算额定动载荷 C'_a（单位为 N）

$$C'_a = K_F K_H K_A F_m \sqrt[3]{\frac{n_m L'_h}{1.67 \times 10^4}} \tag{2-1}$$

式中　K_F——载荷系数，参见表 2-2；

K_H——硬度系数，参见表 2-2；

K_A——精度系数，参见表 2-2；

F_m——平均工作载荷（N）；

n_m——丝杠转速（r/min）；

L'_h——使用寿命（h）。

表 2-2　滚珠丝杠副载荷、硬度和精度系数表

载荷系数		硬度系数		精度系数	
载荷性质	K_F	滚道实际硬度 HRC	K_H	精度等级	K_A
		≥58	1.0	C、D	1.0
冲击小、平稳运转	1.0~1.2	55	1.11	E、F	1.1
一般冲击	1.2~1.5	50	1.56	G	1.25
较大冲击、振动	1.5~2.5	45	2.4	H	1.43

b. 根据额定动载荷选择滚珠丝杠副的相应参数。滚珠丝杠副的额定动载荷 $C_a \geqslant C'_a$，查找参数表选择合适的丝杠副参数，但各生产厂家的规格型号会略有不同。选择的主要参数包括公称直径 D_0、基本导程 P、螺纹升角 ψ 和滚珠直径 d_b（可参见表 2-3）。

表 2-3　滚珠丝杠副主要尺寸表

公称直径 D_0/mm	基本导程 P/mm	螺纹升角 ψ	滚珠直径 d_b/mm
30	5	3°2′	3.175
	6	3°39′	3.969
40	6	2°44′	3.969
	8	3°39′	4.763
50	6	2°11′	3.969
	8	2°55′	4.763
	10	3°39′	5.953
60	8	2°26′	4.763
	10	3°2′	5.953
	12	3°39′	7.144
80	10	2°17′	5.953
	12	2°44′	7.144

滚珠丝杠副的相应参数还有螺纹滚道半径 R（单位为 mm）、偏心距 e（单位为 mm）和丝杠内径 d_1（单位为 mm），及计算式分别为

$$R=(0.52\sim0.58)d_b \tag{2-2}$$

$$e=\left(R-\frac{d_b}{2}\right)\sin\alpha \tag{2-3}$$

$$d_1=D_0+2e-2R \tag{2-4}$$

式中　α——接触角，$\alpha=45°$。

c. 验算稳定性。要求安全系数 S 在 2.5~4 之间，丝杠工作最稳定，其计算式为

$$S=\frac{F_{cr}}{F_m} \tag{2-5}$$

$$F_{cr}=\frac{\pi^2 EI_a}{(\mu L)^2}$$

各式中　F_{cr}——临界载荷（N）；

F_m——工作载荷（N）；

E——丝杠材料弹性模量，$E=206\text{GPa}$；

I_a——丝杠危险截面的轴惯性矩（m^4），$I_a=\frac{\pi d_1^4}{64}$；

μ——长度系数，$\mu=1\sim2$；

L——丝杠工作长度（m）。

d. 验算刚度。导程的每米变形量 ΔL 应在规定的滚珠丝杠副导程精度公差范围内，其计算式为

$$\Delta L=\pm\frac{F}{EA}\pm\frac{PT}{2\pi GJ_c} \tag{2-6}$$

式中　F——工作载荷（N）；

E——丝杠材料弹性模量，$E=206\text{GPa}$；

A——丝杠截面积（m^2）；

P——基本导程（m）；

T——转矩(N·m)，$T=F_m\frac{D_0}{2}\tan(\psi+\rho)$；

G——丝杠切变模量，$G=83.3\text{GPa}$；

J_c——丝杠的极惯性矩（m^4），$J_c=\frac{\pi d_1^4}{32}$。

e. 验算效率。滚珠丝杠副的传动效率 η 的计算式为

$$\eta=\frac{\tan\psi}{\tan(\psi+\rho)}$$

式中　ψ——螺纹升角；

ρ——补偿值。

一般滚珠丝杠副的传动效率 $\eta>90\%$ 即可。

2）设计示例

例　试设计某数控机床工作台进给用滚珠丝杠副。已知平均工作载荷 $F_m=4000\text{N}$，丝杠工作长度 $L=2\text{m}$，平均转速 $n_m=120\text{r/min}$，使用寿命 $L'_h=14400\text{h}$，丝杠材料为 CrWMn 钢，滚道硬度为 58～62HRC。

解　a. 计算额定动载荷 C'_a（单位为 N）。其计算式为

$$C'_a=K_F K_H K_A F_m\sqrt[3]{\frac{n_m L'_h}{1.67\times10^4}}$$

查表 2-4 得：$K_F=1.2$，$K_H=1.0$，$K_A=1.0$（数控机床的公差等级取 C、D 级），代入上式，得

$$C'_a=1.2\times1.0\times1.0\times4000\sqrt[3]{\frac{120\times14400}{1.67\times10^4}}\text{N}\approx22535\text{N}$$

b. 根据额定动载荷选择滚珠丝杠副的相应参数。依据 $C_a \geqslant C'_a$ 的原则，选择某厂滚珠丝杠副规格尺寸为：$C_a = 22556\text{N}$，$D_0 = 50\text{mm}$，$P = 8\text{mm}$，$\psi = 2°55'$，$d_b = 4.763\text{mm}$。取螺母调整预紧后原螺纹升角的补偿值 $\rho = 8'40''$，参照式(2-2)～(2-4)计算螺纹滚道半径 R、偏心距 e 和丝杠内径 d_1 分别为

$$R = 0.52d_b = 0.52 \times 4.763\text{mm} = 2.477\text{mm}$$

$$e = \left(R - \frac{d_b}{2}\right)\sin45° = \left(2.477\text{mm} - \frac{4.763\text{mm}}{2}\right) \times 0.707 = 6.75 \times 10^{-2}\text{mm}$$

$$d_1 = D_0 + 2e - 2R = 50\text{mm} + 2 \times 6.75 \times 10^{-2}\text{mm} - 2 \times 2.477\text{mm} = 45.18\text{mm}$$

c. 验算稳定性。临界载荷 F_{cr} 的计算式为

$$F_{cr} = \frac{\pi^2 EI_a}{(\mu L)^2}$$

$$I_a = \frac{\pi d_1^4}{64} = \frac{3.14 \times (45.18 \times 10^{-3}\text{m})^4}{64} = 2.04 \times 10^{-7}\text{m}^4$$

将 $E = 206 \times 10^9\text{Pa}$（丝杠材料为钢）、$\mu = 1$、$I_a = 2.04 \times 10^{-7}\text{m}^4$、$L = 2\text{m}$ 代入临界载荷计算式，得

$$F_{cr} = \frac{3.14^2 \times 206 \times 10^9\text{Pa} \times 2.04 \times 10^{-7}\text{m}^4}{(1 \times 2\text{m})^2} \approx 103584\text{N}$$

则安全系数 S 为

$$S = \frac{F_{cr}}{F_m} = \frac{103584\text{N}}{4000\text{N}} = 25.896$$

由上式可见，$S > 4$，所以丝杠工作安全。

d. 验算刚度。导程的每米变形量 ΔL 的计算式为

$$\Delta L = \pm\frac{F}{EA} \pm \frac{PT}{2\pi GJ_c}$$

$$A = \frac{\pi d_1^2}{4} = \frac{3.14 \times (45.18 \times 10^{-3}\text{m})^2}{4} \approx 1.60 \times 10^{-3}\text{m}^2$$

$$T = F_m\frac{D_0}{2}\tan(\psi + \rho) = 4000\text{N} \times \frac{50}{2}\text{m} \times 10^{-3} \times \tan(2°55' + 8'40'') = 5.3\text{N}\cdot\text{m}$$

$$J_c = \frac{\pi d_1^4}{32} = \frac{3.14 \times (45.18 \times 10^{-3}\text{m})^4}{32} = 4.09 \times 10^{-7}\text{m}^4$$

将 $F = 4000\text{N}$、$E = 206 \times 10^9\text{Pa}$、$A = 1.60 \times 10^{-3}\text{m}^2$、$P = 8 \times 10^{-3}\text{m}$、$T = 5.3\text{N}\cdot\text{m}$、$G = 83.3 \times 10^9\text{Pa}$ 和 $J_c = 4.09 \times 10^{-7}\text{m}^4$ 代入导程的每米变形量 ΔL 的计算式，得

$$\Delta L = \frac{4000\text{N}}{206 \times 10^9\text{Pa} \times 1.60 \times 10^{-3}\text{m}^2} + \frac{8 \times 10^{-3}\text{m} \times 5.3\text{N}\cdot\text{m}}{2 \times 3.14 \times 83.3 \times 10^9\text{Pa} \times 4.09 \times 10^{-7}\text{m}^4} \approx 12.3 \times 10^{-6}$$

查表 2-3 得：数控机床取 D 级精度，任意 300mm 内导程公差为 10μm，则每米公差为 $33.3 \times 10^{-6}\text{m}$，所以刚度验算合格。

e. 验算效率。滚珠丝杠副的传动效率 η 的计算式为

$$\eta = \frac{\tan\psi}{\tan(\psi + \rho)}$$

将 $\psi = 2°55'$、$\rho = 8'40''$ 代入上式，得

$$\eta = \frac{\tan 2°55'}{\tan(2°55' + 8'40'')} = 95.3\%$$

由上式可见，$\eta > 90\%$，符合要求。

2. 齿轮传动装置　齿轮传动具有准确可靠、平稳性好、无侧隙无回差、精度高、瞬时传动比为常数、传动效率高、速度范围大、结构紧凑和寿命长等优点。因此，在机电一体化产品中得到广泛应用。

齿轮传动装置是转矩、转速和转向的变换器。它输入高速、低转矩，输出低速、高转矩，也称它为齿轮减速装置。机械传动系统要求的伺服性能之一是响应快，对齿轮传动装置而言，在同样的驱动功率下，要求其加速度响应最大。

要使伺服电动机驱动负载产生的加速度最大，应选择合适的总传动比。如图 2-9 所示，转矩为 T_m、转动惯量为 J_m 的直流伺服电动机通过传动比为 i 的齿轮减速器带动转矩为 T_{LF}、转动惯量为 J_L 的机械负载，当最佳总传动比 $i>1$ 时，机械系统的加速度响应最大。设电动机轴上的加速转矩为 T_a，换算到电动机轴上的阻抗力矩为$\frac{T_{LF}}{i}$，则

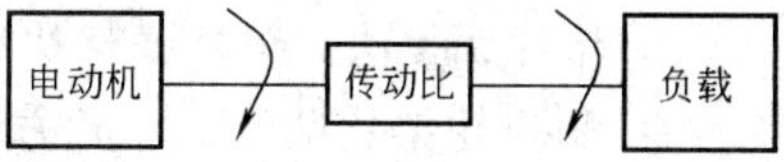

图 2-9　电机驱动负载模型

$$T_a = T_m - \frac{T_{LF}}{i}$$

经计算，可求得使负载加速度为最大的总传动比值 i 为

$$i = \frac{T_{LF}}{T_m} + \sqrt{\left(\frac{T_{LF}}{T_m}\right)^2 + \frac{J_L}{J_m}}$$

若 $T_{LF}=0$，则

$$i = \sqrt{\frac{J_L}{J_m}}$$

当作用于负载的干扰很大时，为减小影响，可选用较大的传动比。

(1) 传动比最佳分配原则：当设计齿轮传动副时，除了计算出总传动比外，当选择多级齿轮减速器时，还应合理分配各级传动比，使系统结构紧凑，提高效率和精度。

1) 等效转动惯量最小原则。采用此原则设计齿轮传动装置时，换算到电动机轴上的等效转动惯量为最小。小功率电动机驱动多级齿轮减速器时，各级齿轮传动比可按“先大后小”次序分配。假设轴与轴承转动惯量不计，则 n 级齿轮传动副各级传动比如下：

$$i_k = \sqrt{2}\left(\frac{i}{2^{\frac{n}{2}}}\right)^{\frac{2^{(k-1)}}{2^n-1}} \qquad (k=2,3,4,\cdots,n) \tag{2-7}$$

大功率电动机驱动负载及齿轮减速器时，式 (2-7) 不通用，但可以按“前小后大”原则分配。运动平稳、起停频繁和动态性能良好的伺服系统减速齿轮系常采用此原则设计齿轮传动系统。

2) 重量最轻原则。按此原则设计的齿轮传动装置重量最轻。小功率传动装置各级传动比相等（假定各主动小齿轮模数、齿数相同），即

$$i_1 = i_2 = \cdots = i_n \tag{2-8}$$

大功率传动装置不适用式 (2-8)，应以“前大后小”原则分配。体积小、重量轻的齿轮

传动系统常采用此原则。

3）输出轴转角误差最小原则。输出轴总转角误差主要取决于最末一级齿轮的转角误差和传动比的大小。各级传动比可按“前小后大”原则分配，但末两级传动比应大一些，进而提高精度、减小误差。以提高传动精度和减小回程误差为主的降速传动齿轮系采用此原则设计。

（2）调整间隙法：齿轮传动装置在工作中产生的间隙（主要是齿侧间隙）会影响到它的变向功能，降低传动精度，影响系统稳定性，所以应采取一些措施予以消除。常见的齿轮传动有圆柱齿轮传动、斜齿轮传动、锥齿轮传动、齿轮齿条传动等，它们消除间隙的方法主要有错齿法和偏心套法两种。

1）错齿法。通过一些中间元件（如垫片和弹簧）或改进结构使两啮合齿轮错齿，以消除齿侧间隙。错齿法常见形式有垫片调整法和弹簧调整法两种。

①垫片调整法。垫片调整法有斜齿轮垫片调整法和轴向垫片调整法两种。

a. 斜齿轮垫片调整法。此方法是利用中间元件——垫片使两啮合齿轮错齿。如图 2-10 所示，宽齿轮 1 与薄片斜齿轮 2、4 啮合，其中间加一垫片 3。调节垫片 3 的厚度，使薄片斜齿轮 2 和 4 在轴向分开一段距离，螺旋线错开，消除齿侧间隙，该方法结构简单，但调整费时，且齿侧间隙不能补偿。

b. 轴向垫片调整法。此方法是改进两啮合圆柱齿轮结构并利用垫片来调整间隙。如图 2-11 所示，两啮合带锥度圆柱齿轮 1、3 沿轴线方向齿厚略有锥度，调节垫片 2 的厚度，使齿轮 1 沿轴向移动，两齿轮错位，从而消除齿侧间隙。

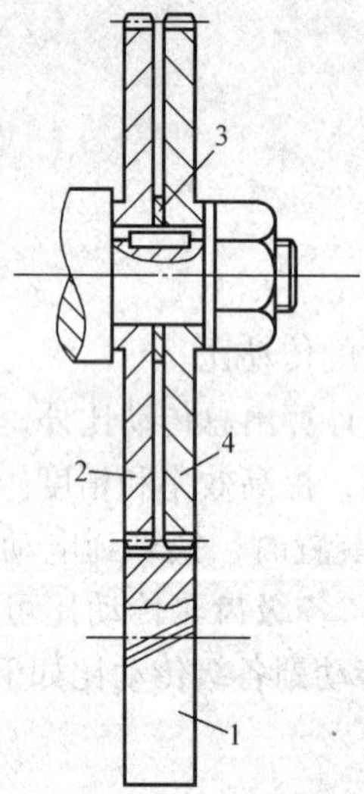

图 2-10　斜齿薄片齿轮错齿垫片调整法示意图

1—宽齿轮　2、4—薄片斜齿轮　3—垫片

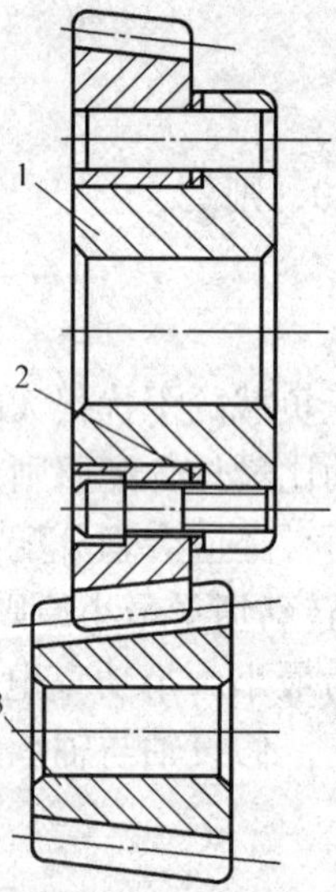

图 2-11　带锥度齿轮垫片调整法示意图

1、3—带锥度圆柱齿轮　2—垫片

②弹簧调整法。弹簧调整法有双片薄齿轮周向弹簧调整法、斜齿轮轴向压簧法和斜齿碟形弹簧调整法 3 种。

a. 双片薄齿轮周向弹簧调整法。此方法也是采用两个薄片圆柱齿轮与 1 个宽齿轮啮合，1 个薄齿轮的左侧齿与另 1 个薄齿轮的右侧齿分别与宽齿轮的左、右两侧齿槽相贴，如图 2-12 所示，在两个薄片圆柱齿轮 3 和 4 上分别开有几条周向圆弧槽，在它们的端面上安装弹簧

2和短柱1。在弹簧2作用下使薄片圆柱齿轮3和4错位来消除齿侧间隙。由于周向圆槽及弹簧尺寸不能太大，所以间隙调整受到限制。

b. 斜齿轮轴向压簧法。如图2-13所示，宽斜齿轮1与两个薄片斜齿轮2、3啮合，通过弹簧4使两个薄片斜齿轮2、3的两侧面紧贴在宽斜齿轮1左右两侧面上。弹簧宽的压力通过螺母调节，薄片斜齿轮2、3通过键5套在轴6上而使轴向尺寸过大，但间隙调整可以自动补偿。

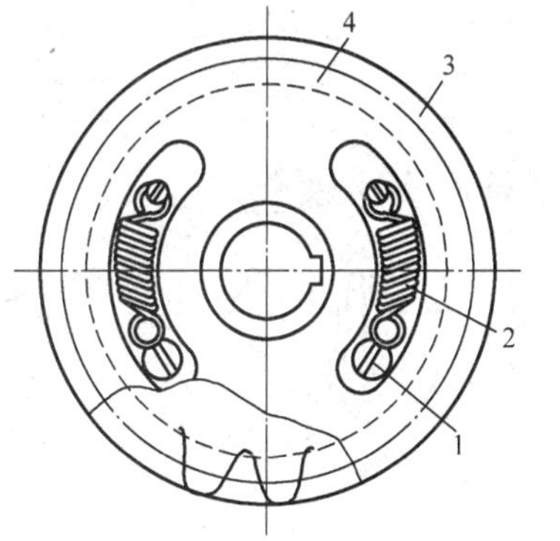

图2-12 薄片齿轮周向弹簧错齿调整法示意图
1—短柱 2—弹簧 3、4—薄片圆柱齿轮

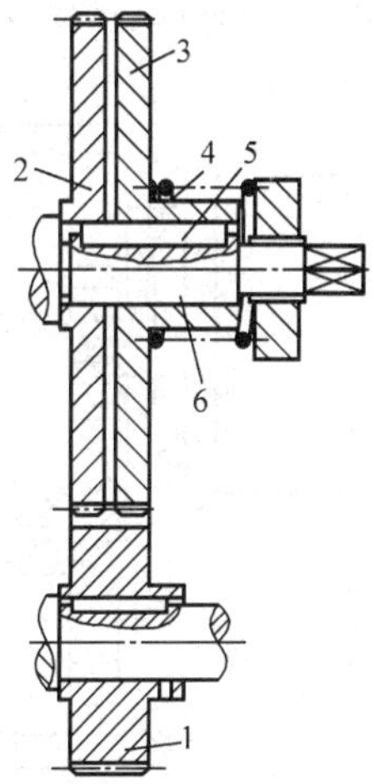

图2-13 薄片斜齿轮轴向压簧调整法示意图
1—宽斜齿轮 2、3—薄片斜齿轮
4—弹簧 5—键 6—轴

c. 斜齿碟形弹簧调整法。如图2-14所示，宽齿轮1与两薄片斜齿轮2、3啮合，调节螺母4，通过垫片5使碟形弹簧4弹性变形，推动薄片斜齿轮3沿轴向移动，使两薄片斜齿轮2、3错齿，从而消除齿侧间隙。

错齿法还有双圆柱薄片齿轮错齿调整法、锥齿轮周向和轴向弹簧调整法等。

2）偏心套法。如图2-15所示，圆柱齿轮1与2啮合，圆柱齿轮2装在电动机4的输出轴上，电动机4通过偏心套3装在壳体5上。转动偏心套3可以调节径向两啮合圆柱齿轮1、2的中心距，进而消除正反转时直齿圆柱齿轮1、2的齿侧间隙及其造成的反转回差。该调整法的特点是结构简单，但齿侧间隙调整后不能自动补偿。

偏心套消隙机构属于刚性消隙法消隙，虽不能补偿间隙，但能提高传动系统的刚度。

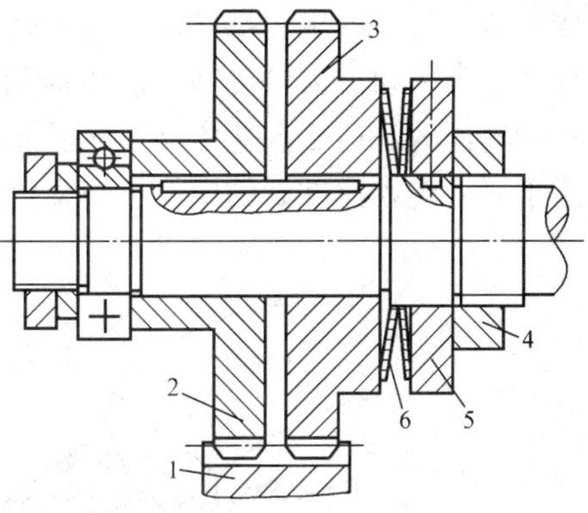

图2-14 薄片斜齿轮碟形弹簧调整法示意图
1—宽齿轮 2、3—薄片斜齿轮 4—螺母
5—垫片 6—碟形弹簧

3. 其他传动机构

（1）谐波齿轮减速器：谐波齿轮减速器主要由刚轮、柔轮和谐波发生器3个构件组成，如图2-16所示。假设刚轮1固定，柔轮2与谐波发生器3的转向相反，并且刚轮1比柔轮2齿数多。当谐波发生器3装入柔轮2后，迫使柔轮2的剖面从原始的圆形变为椭圆形。其长

轴两端附近的齿与刚轮 1 的齿完全啮合，短轴两端附近的齿则与刚轮 1 完全脱开，周长上其余不同区段内的齿，有的处于啮入状态，有的处于啮出状态。当谐波发生器 3 连续转动时，柔轮 2 的变形部位也随之转动，使柔轮 2 的齿依次进入啮合，然后再依次退出啮合，从而实现啮合传动。假设柔轮 2 固定，刚轮 1 与谐波发生器 3 的转向相同，工作原理同上。谐波齿轮减速器体积小、重量轻、传动比大而且范围宽、传动效率在 60% ~ 96% 之间，同时啮合的齿数多，所以磨损小、传动平稳、噪声低、传动精度高，广泛用于航天、机器人、机床、冶金、化工和纺织等机电一体化产品中。

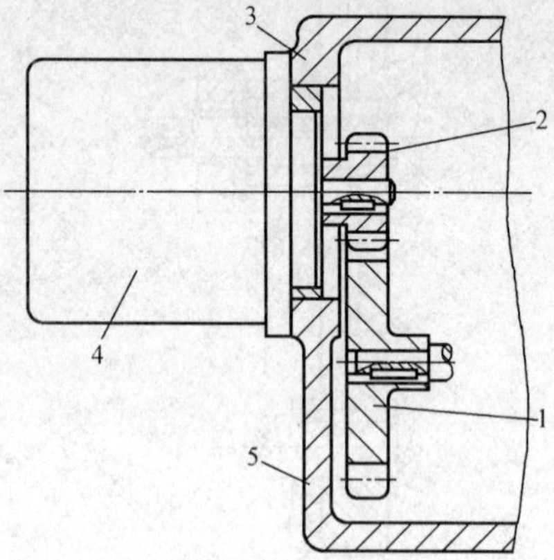

图 2-15　偏心轴套式调整法示意图
1、2—圆柱齿轮　3—偏心套
4—电动机　5—壳体

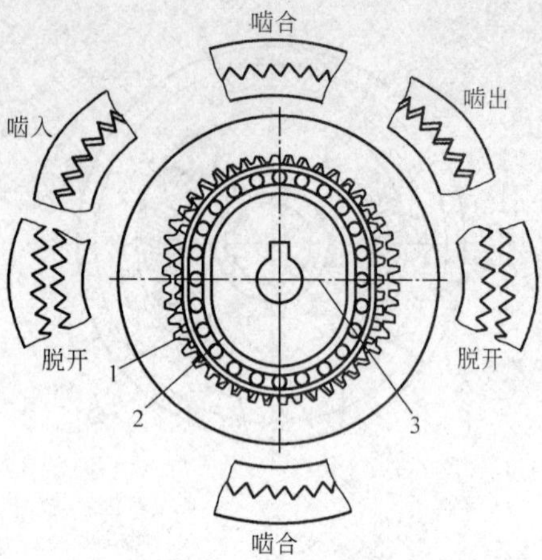

图 2-16　谐波齿轮减速器
1—刚轮　2—柔轮　3—谐波发生器

（2）同步带传动：图 2-17 为打印机中用到的同步带结构，它利用传动带作为中间的挠性件，依靠传动带与带轮之间的摩擦力来传递运动。同步带采用高强材料能保证带节距不变，所以传动准确、噪声低、重量轻。图 2-18 为与同步带相啮合的带轮结构。同步带传动综合了带传动、齿轮传动、链传动的优点，并保证无相对滑动，传动效率在 98% 左右。同步带轻而薄，适于高速传动，无需润滑，保养方便，但对制造和安装要求较高，成本偏高，适于要求传动比准确的中、小功率传动。

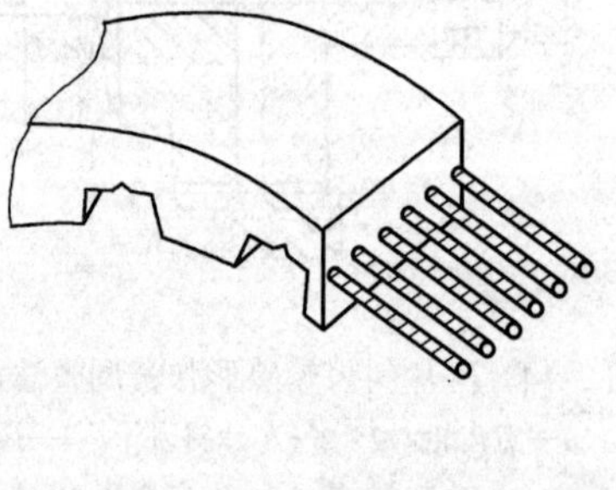

图 2-17　同步带结构

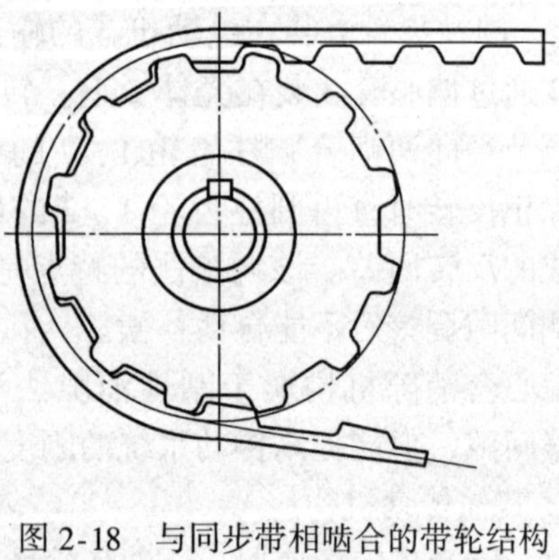

图 2-18　与同步带相啮合的带轮结构

2.2.3　传动系统方案设计

机械传动系统是机械系统的重要组成部分，其作用不仅是为了实现减速（或增速）、变速、转换运动形式和使各执行元件协调配合工作等运动要求，同时还把电动机输出的功率和转矩传到执行元件。在设计时主要考虑如何实现预期运动要求和传递动力两大问题。主要方法和步骤如下：

1）根据已知条件确定最佳传动方案。依据机械传动系统的工作原理和各种传动的特点，综合考虑机械系统的工作性能、适应性、可靠性、先进性、工艺性和经济性等多方面因素，确定最佳传动方案。

2）根据参数选择结构类型、画出结构图。合理的结构方案应满足工作机床的性能要求、适应工况条件、整个装置结构简单、尺寸紧凑、加工方便、价格低廉、工作效率高，并便于维修和使用。

3）校核验算。若发现有超出许用值现象，应及时进行改正，重复步骤1和2。

图2-19为数控机床进给系统简图，机械传动部分有丝杠螺母传动、齿轮齿条传动、蜗杆传动3种选择，可以根据不同的条件选择合适的传动机构。

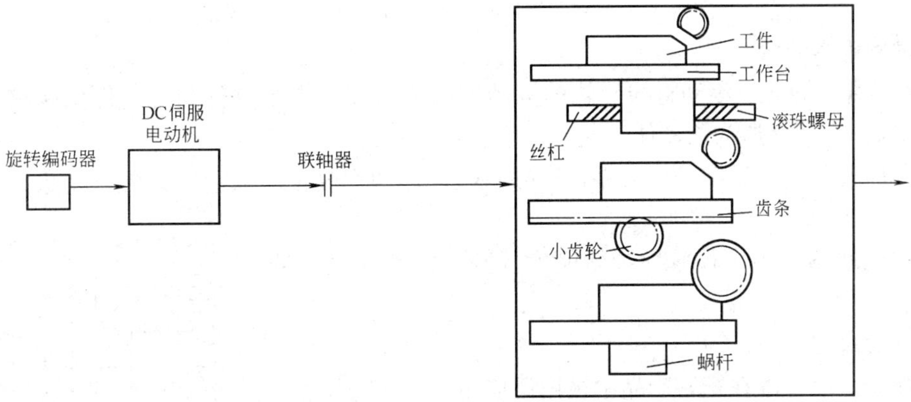

图2-19　数控机床进给系统简图

在设计时还应注意以下几方面：

1）尽可能采用简短的运动链，防止能量损失。

2）机械效率要高。一般齿轮传动效率为88%～98%，带传动效率为90%～98%，滚动螺旋传动效率为85%～95%。

3）合理安排传动机构顺序。当采用由几种传动形式组成的多级传动时，要合理布置传动次序，合理分配传动比。

2.3　导向装置

2.3.1　导向装置的要求

导轨副是导向装置的常见件，由支承导件和运动件两部分组成，如图2-20所示。支承导件1在工作时一般不动，运动件2沿支承导件1运动，其运动方向有直线运动和回转运动两种。导轨副的作用是支承并完成给定方向和要求的运动。导轨副的运动准确性和安全平稳性对整个机电一体化产品会有很大影响，在选择和设计时，要严格遵循导轨副应满足的基本要求，主要应从以下几方面考虑：

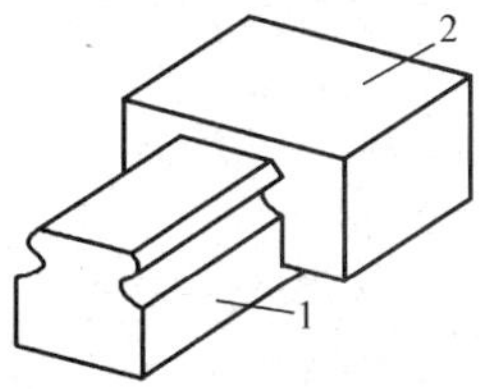

图2-20　导轨副
1—支承导件　2—运动件

1）导向精度高。导向精度的高低直接影响到运动件按给定方向运动的准确程度。直线运动导轨副导向精度主要与导轨在水平面和垂直面内的直线度、两导轨的平行度、导轨配合间隙、接触精度、刚度和热变形等有关。

2）刚度好。刚度是使弹性体产生单位变形量所需的作用力。刚度的好坏由恒定作用力下物体变形大小衡量。导轨变形主要在作用力集中的地方、接触面及自身变形。在实际工作中应尽量增大导轨尺寸，合理布置肋板，增加接触面积。

3）运动平稳。机电一体化产品对动态响应（快速响应、良好稳定性）性能要求高。低速运动时，要防止爬行现象出现，可以选择合适的导轨结构、缩短传动链、减小结合面和增加润滑等；高速运动时，要消除振动。当温度发生变化时，导轨会受到影响，为保证正常平稳工作，应选择合适的材料，如铸铁、塑料和钢等，塑料的耐磨性、抗振性好、成本低，钢可以进一步提高耐磨性。

4）结构工艺性好。导轨结构应简单，以便于制造、维修、检测、调整，工艺性和经济性好。

2.3.2 常见机构分析

1. 滚动直线导轨　滚动直线导轨的运动方向为直线，支承导件与运动件的两接触面间为滚动摩擦，中间介质为滚动体。它具有很多特点：

1）导向精度高，运动平稳可靠，摩擦系数小，动作轻便、灵活，无爬行现象，微量位移准确。

2）可施加预紧力，预紧后导轨刚度提高，能承受较大冲击和振动。

3）寿命长。

4）便于润滑，故在精密产品中被广泛应用。

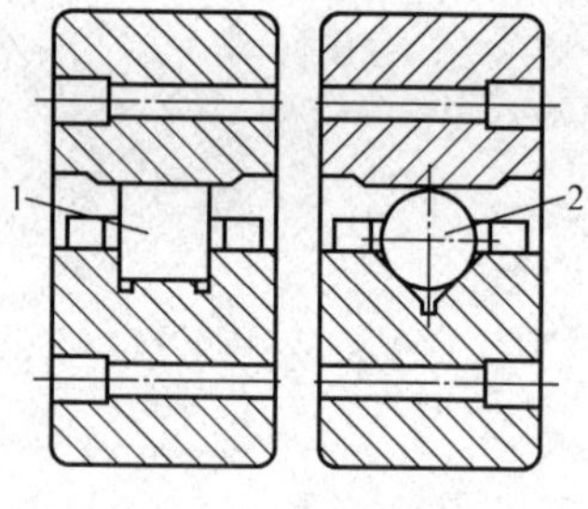

图 2-21　滚动体不循环的滚动导轨副

1—滚柱　2—滚珠

常见滚动直线导轨形式如图 2-21 和图 2-22 所示。图 2-21 为滚动体不循环的滚动导轨副。其特点是结构简单、便于制造、成本低，但刚性差、行程短、抗振性差、不能承受冲击载荷。按滚动体的形状不同，其可分为滚珠式和滚柱式两种，滚珠式的特点是摩擦阻力小，但承载能力差，适于载荷小的工作场合；滚柱式的特点是承载能力高、刚性高，但摩擦力较大。

图 2-22 为滚动体循环的滚动导轨副，其特点是结构紧凑、行程长、装卸和调整方便。按滚动体的形状不同，其可分为滚珠式和滚柱式两种，图 2-22 所示为滚柱式导轨块。

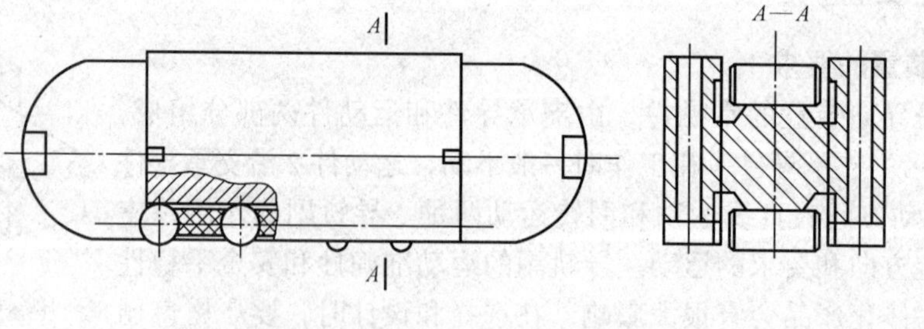

图 2-22　滚动体循环的滚动导轨副

2. 静压导轨　液体静压导轨的工作原理是液压油通过节流阀由侧面油腔进入支承导件与运动件的间隙内，然后经回油孔返回油箱，如图 2-23 所示。当运动件 7 受力 F_1 作用时，间隙 1 和 2 减小，间隙 4 和 5 增大，由于节流阀的作用使间隙 1 和 2 油压增大，间隙 4 和 5 油压减小，油腔产生一个与 F_1 大小相等、方向相反的平衡反作用力，致使支承导件与运动件 7 脱离接触，使运动件 7 稳定在一个新的平衡位置，大大降低了摩擦阻力；当运动件 7 受水平力 F_2 作用时，间隙 3 减小，间隙 6 增大，由于节流阀的作用使间隙 3 油压增大，间隙 6 油压减小，左右油腔产生的压力的合力与水平力 F_2 处于平衡状态。提高供油压力可以提高静压导轨的刚度。由于油压比气压高，所以液体静压导轨比气体静压导轨刚度高。改善油液参数和油腔形状均可提高静压导轨的导向精度。

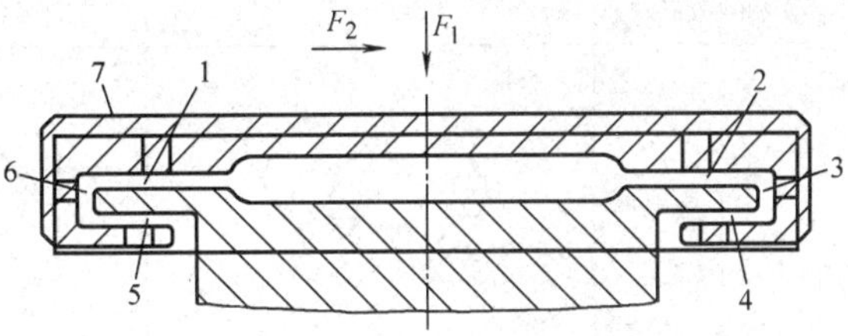

图 2-23　静压导轨副

1～6—间隙　7—运动件　F_1—运动件受垂直方向作用力　F_2—运动件受水平方向作用力

2.3.3　导向装置设计

1. 根据已知的工作条件选择合适的导轨类型　按运动方向分类，导轨可分为直线运动导轨副和回转运动导轨副；按支承导件与运动件接触摩擦情况分类，导轨可分为滑动导轨副、滚动导轨副和气、液导轨副。其中，滑动导轨副又分为圆柱型、棱柱型、组合型和滚柱型，滚动导轨副又分为滚珠型和滚柱型，气、液导轨副又分为动压型和静压形。

2. 选择导轨截面形状　常见导轨截面形状见表 2-4。

表 2-4　导轨截面形状

导轨副分类	截面形状		凸　形①	凹　形②	特　点
滑动导轨副	三角形	对称	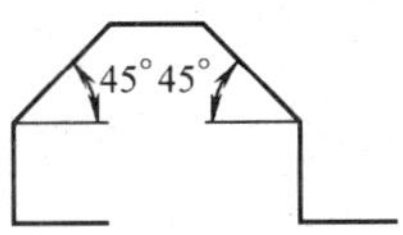	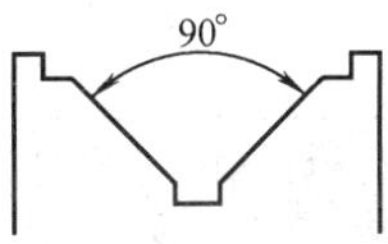	三角形导轨磨损后能自动补偿，导向精度高。若导轨在两个方向上的分力相差较大，可采用不对称三角形
		不对称	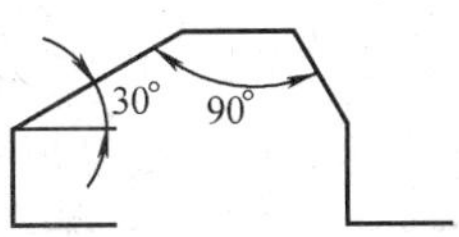	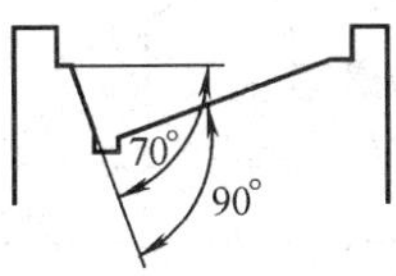	
	矩形		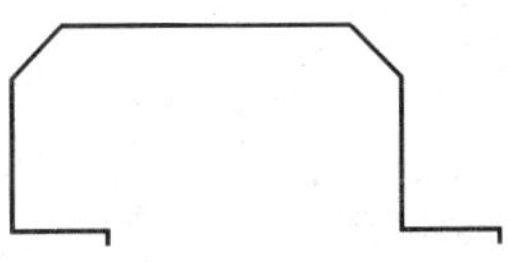	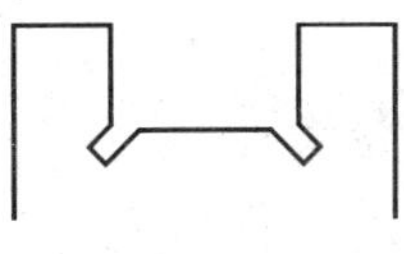	结构简单、承载能力大、刚度高、制造维修方便，应用广泛。但导向精度比三角形导轨低，磨损后不能自动补偿

（续）

导轨副分类	截面形状	凸　形①	凹　形②	特　点
滑动导轨副	燕尾形	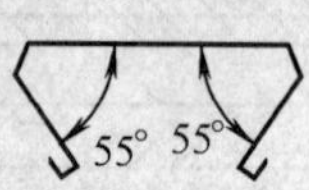	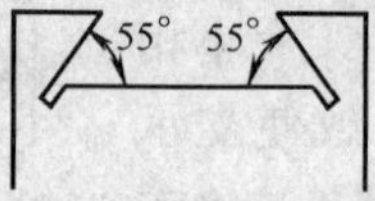	结构紧凑、磨损后不能自动补偿、刚性差、摩擦力大、制造维修不方便，适于运动速度及受力低的场合
	圆形	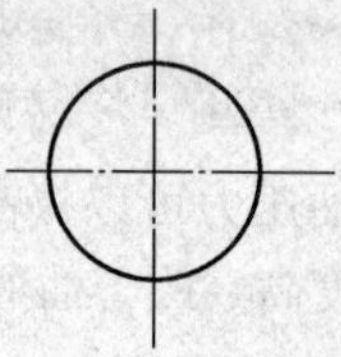	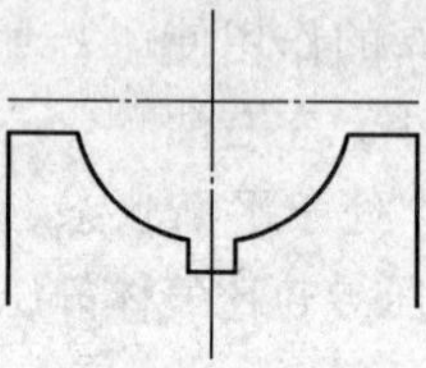	磨损后不能调整和补偿，制造方便，适于承受轴向载荷的场合
滚动导轨副	矩形	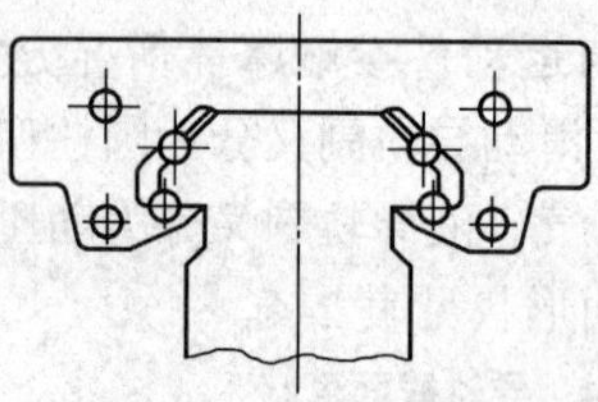		矩形截面四个方向受力大小相等，承载均匀
	梯形	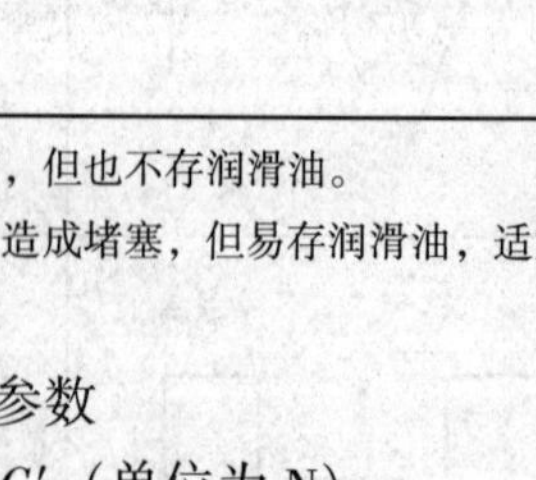		导轨承受较大的垂直载荷，其他方向承载能力低

①凸形导轨不易存切屑等脏物，但也不存润滑油。

②凹形导轨易存切屑、脏物，造成堵塞，但易存润滑油，适宜高速工作。

3. 通过计算选择结构参数

(1) 计算额定动载荷 C'_a（单位为 N）

$$C'_a = \frac{K_W}{K_H K_T K_C}\sqrt[3]{\frac{T_S}{K}}F \tag{2-9}$$

式中　K_W——负荷系数，按表 2-5 选取；

K_H——硬度系数，按表 2-6 选取；

K_T——温度系数，按表 2-7 选取；

K_C——接触系数，按表 2-8 选取；

K——寿命系数，一般取 $K=50\text{km}$；

$$T_S = 2 l_S n T_h \times 10^{-3}$$

式中　T_S——额定行程长度系数（km）；

l_S——单向行程长度（m）；

n——每秒往复次数（次/s）；

T_h——额定工作时间寿命（h）。

表 2-5　导轨负荷系数

工 作 条 件	K_W
无外部冲击或振动的低速运动场合，速度小于 15m/min	1～1.5
无明显冲击或振动的中速运动场合，速度小于 60m/min	1.5～2
有外部冲击或振动的高速运动场合，速度大于 60m/min	2～3.5

表 2-6　导轨硬度系数

滚道表面硬度 HRC	60	58	55	53	50	45
K_H	1.00	0.98	0.90	0.71	0.54	0.38

表 2-7　导轨温度系数

工作温度/℃	<100	100～150	150～200	200～250
K_T	1.00	0.90	0.73	0.63

表 2-8　导轨接触系数

每根导轨上的滑块数	1	2	3	4	5
K_C	1.00	0.81	0.72	0.66	0.61

（2）选择结构参数：依据 $C_a \geqslant C_a'$ 的原则选择结构参数。

4. 其他参数的选择

（1）导轨材料的选择：铸铁耐磨性好、热稳定性高、减振性好、成本低、易于加工，在滑动导轨中得到广泛应用。淬硬的钢导轨耐磨性好。镶装塑料导轨具有耐磨性好、动摩擦系数与静摩擦系数接近、化学稳定性好、抗振性好、抗撕裂能力强、工作范围广和成本低等诸多优点。在选材时，支承导件与运动件应选不同的材料，热处理的方式也有所不同。

（2）调整装置的选择：导轨工作时会产生间隙，间隙过小会增加摩擦阻力，间隙过大会降低导向精度，所以应选择合适的调整装置。如滑动导轨副可采用压板调隙和镶条调隙两种方法调整，其结构如图 2-24 所示。

5. 设计示例　现以设计滚动直线导轨为例，已知作用在滑座上的载荷 $F_{\Sigma}=18000\text{N}$，滑座数 $M=4$，单向行程长度 $l_S=0.8\text{m}$，每分钟往返次数为3，工作温度不超过120℃，工作速度为40m/min，每天开机 6h，每年工作 300 个工作日，要求工作 8 年以上，滚道表面硬度取 60HRC。试设计导轨副。

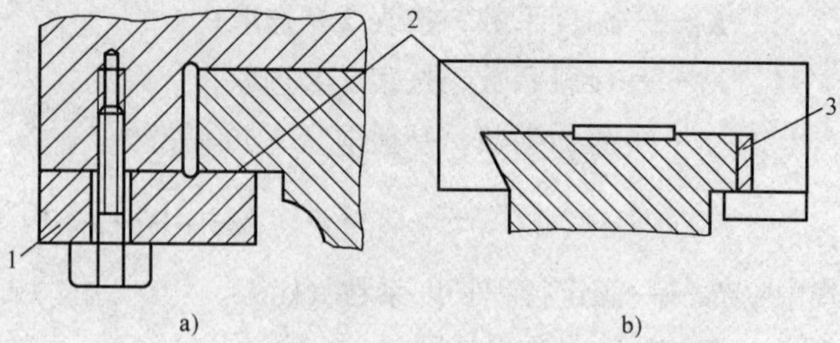

图 2-24　滑动导轨副调隙结构

a）压板调隙　b）镶条调隙

1—压板　2—接触面　3—镶条

解　由已知条件得额定工作时间寿命 T_h 和额定行程长度系数 T_S 分别为

$$T_h = 6\text{h}\times 300\times 8 = 14400\text{h}$$

$$T_S = 2l_S nT_h\times 10^{-3} = 2\times 0.8\text{m}\times 3\times 60\text{h}^{-1}\times 14400\text{h}\times 10^{-3} = 4147.2\text{km}$$

因

$$C_a' = \frac{K_W}{K_H K_T K_C}\sqrt[3]{\frac{T_S}{K}}F$$

查表取 $K_W=2$、$K_H=1.0$、$K_T=0.90$、$K_C=0.81$，则

$$C_a' = \frac{2}{1.0\times 0.90\times 0.81}\times\sqrt[3]{\frac{4147.2}{50}}\times\frac{18000}{4}\text{N} = 53840.2\text{N}$$

选择滚动直线导轨，查表后，选择相应的型号及参数。

复习思考题

1. 简述机电一体化的机械系统的涵义。
2. 简述机电一体化的机械系统与传统的机械系统的功能区别。
3. 简述机械传动装置在机电一体化产品中的性能要求。
4. 简述滚珠丝杠副的特点。
5. 滚珠丝杠副的工作间隙是怎么产生的？如何消除？
6. 如何设计齿轮传动装置的总传动比与各级传动比？
7. 简述齿轮传动的齿侧间隙调整方法。
8. 谐波齿轮减速器是如何实现减速的？
9. 如图 2-23 所示，若液体静压导轨受一顺时针方向的翻转力矩，试分析静压导轨的工作状况。
10. 画出机械传动装置方案设计框图。
11. 某数控铣床工作台进给用滚珠丝杠副平均工作载荷 $F_m=3800\text{N}$，丝杠工作长度 $L=1.2\text{m}$，平均转速 $n_m=100\text{r/min}$，使用寿命 $L_h'=15000\text{h}$，丝杠材料 CrWMn 钢，滚道硬度为 58 ~ 62HRC。试设计滚珠丝杠副（参数见表 2-9）。

表 2-9 汉江机床厂 C1 型滚珠丝杠

滚珠丝杠系列代号	滚珠直径 d_b/mm	导程 P/mm	螺旋角 ψ	额定动载荷 C_a/N
4008—2.5	4.763	8	3°38′	20202
5006—3	3.969	6	2°11′	21379
5008—2.5	4.763	8	2°55′	22556

12. 某数控铣床作用在滑座上的载荷 $F_{\sum}=18000$N，滑座数 $M=4$，单向行程长度 $l_S=0.6$m，每分钟往返次数为 4，每天开机 6h，每年工作 300 个工作日，寿命要求 8 年以上，试设计滚动直线导轨副。

第 3 章　执行装置及伺服电动机

在机电一体化系统中，广泛使用机械能流来完成机械运动，做出机械功。机械能流支持系统一般由动力装置、传动装置、执行装置以及能源组成。能源一般采用电源或液（气）压源。动力装置的作用是将电能或液（气）压能转换为机械能。如伺服电动机将电能转化为回转运动的机械能；步进气缸将气压能转换为直线运动的机械能。传动装置是起传递机械运动能量的作用或起转换运动轨迹、运动参数或增速和增大转矩的作用。执行装置的作用则是夹持物料、运动导向以及将机械能有效传入工艺过程。对于直线运动，执行装置包括工作台、刀架和输送带等；对于回转运动，执行装置包括主轴和转台等；对于组合运动，执行装置包括机械手等。传动装置已在第 2 章中叙述，由于篇幅限制，本章仅对常用执行装置及伺服电动机进行分析。

3.1　常用执行装置及分析

机电一体化产品具有信息处理系统、物流系统和加工系统，它是以能量物质或信息的传递、处理、转换和保存等为目的的技术系统，为实现不同的目的和功能，需要采用不同形式的执行装置，其中有电动机的、机械的、电子的和激光的，本节主要介绍几种常用的执行装置。

3.1.1　微动装置

微动装置是一种能在一定范围内精确、微量地移动到给定位置或实现特定的进给运动的装置。在机电一体化产品中，微动装置一般用于精确、微量地调节某些部件的相对位置。如在仪器的读数系统中，利用微动装置调整刻度尺的零位；在磨床中，用螺旋微动装置调整砂轮架的微量进给；在医学领域中各种微型手术器械均采用微动装置。

微动装置一般要求：灵敏度高；传动灵活、平稳，无空程与爬行；抗干扰能力强、快速响应性好和良好的结构工艺性等。

微动装置按其传动原理不同分为机械式、热变形式、磁致伸缩式、电气-机械式、弹性变形式和压电式等多种形式，下面介绍其中的几种形式。

1. 机械式微动装置　常用的机械式微动装置传动类型有螺旋传动、齿轮传动、摩擦传动、杠杆传动以及这几种传动方案的结合。图 3-1 所示为万能工具显微镜工作台螺旋微动装置，它采用螺旋传动，由紧定螺母 2、调节螺母 3、微动手轮 4、螺杆 5 和钢珠 6 等组成。整个装置固定在测微套 1 上。旋转微动手轮 4 时，螺杆 5 顶动工作台，实现工作台的微动。螺旋微动装置的最小微动量 $S_{\min}$（单位为 mm）为

$$S_{\min} = P\frac{\Delta\varphi}{360} \tag{3-1}$$

式中　P——螺杆的螺距（mm）；

$\Delta\varphi$——手轮的最小转角（°）。

为提高该装置的灵敏度，可增大微动手轮 4 或减小螺距。但手轮太大，将使装置的空间

体积增大，操作不灵便；若螺距太小，则加工困难，使用时易磨损。因此该装置的灵敏度不高。

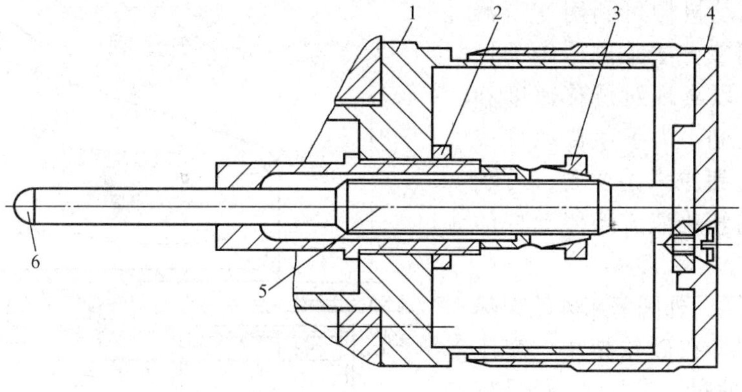

图 3-1　万能工具显微镜螺旋微动装置

1—测微套　2—紧定螺母　3—调节螺母　4—微动手轮　5—螺杆　6—钢珠

2. 热变形式微动装置　该类装置利用电热元件作为动力源，靠电热元件通电后产生的热变形实现微小位移，其工作原理如图 3-2 所示。传动杆 1 的一端固定在机座上，另一端固定在沿导轨移动的运动件 3 上。当电阻丝 2 通电加热时，传动杆 1 受热伸长，其伸长量 ΔL（单位为 mm）为

$$\Delta L = \alpha L(t_1 - t_0) = \alpha L\Delta t \tag{3-2}$$

式中　α——传动杆材料的线膨胀系数(mm/℃)；

L——传动杆长度(mm)；

t_1——传动杆加热后的温度(℃)；

t_0——传动杆加热前的温度(℃)；

Δt——传动杆加热前后的温度差(℃)。

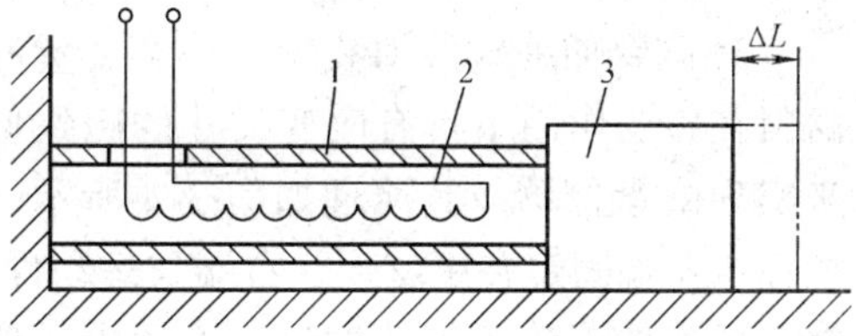

图 3-2　热变形微动装置原理

1—传动杆　2—电阻丝　3—运动件

当传动杆 1 由于伸长而产生的力大于导轨副中的静摩擦力时，运动件 3 就开始移动。理想状态为传动杆的伸长量等于运动件的移动量，但由于导轨副摩擦力性质、位移速度、运动件重量以及系统阻尼等有差异，往往达不到理想状态，实际传动件的伸长量与运动件的移动量有一定差值，称之为运动误差 ΔS（单位为 mm），其计算式为

$$\Delta S = \pm \frac{CL}{EA} \tag{3-3}$$

式中　C——考虑到摩擦阻力、位移速度和阻尼的系数；

L——传动杆长度（mm）；

E——传动杆材料的弹性模量（Pa）；

A——传动杆的截面积（m^2）。

所以，传动件位移的相对误差为

$$\frac{\Delta S}{\Delta L} = \pm \frac{C}{EA\alpha \Delta t} \tag{3-4}$$

为减少微量位移的相对误差，由式（3-4）可知，应增加传动杆的弹性模量 E、线膨胀系数 α 和截面积 A。所以，应选择线膨胀系数和弹性模量大的材料制成传动杆。

热变形微动机构可利用变压器和变阻器等调节方法来调节传动杆的加热速度，以实现对位移速度和微进给量的控制。为了使传动杆或使运动件恢复到原来的位置，可利用压缩空气或乳化液流经传动杆的内腔使之冷却。

图 3-3 所示为外圆磨床砂轮架热变形进给装置。在砂轮架中，变压器输出的电流通过传动杆 1，传动杆 1 的热变形伸长使砂轮架获得微量进给；液压缸 2 用以实现砂轮架快速趋进或离开工件。当砂轮到达预定位置后，通入切削液或压缩空气，使传动杆 1 冷却而恢复到原来位置。

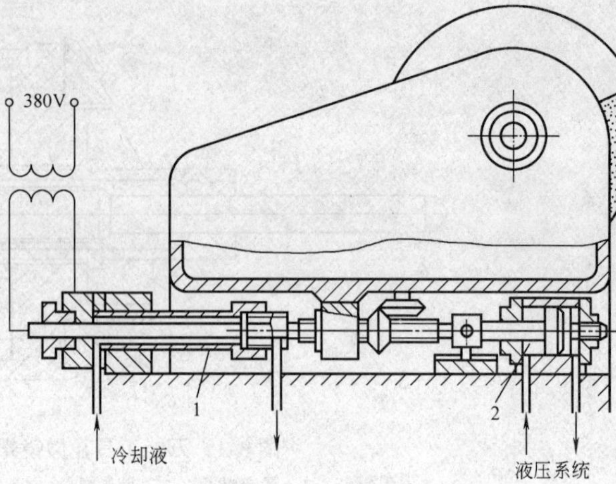

图 3-3　热变形微动装置
1—传动杆　2—液压缸

热变形微动装置具有高刚度和无间隙优点，并可通过控制加热电流来得到所需微量位移，但由于热惯性以及冷却速度难以精确控制等原因，这种微动机构只适用于行程较短、频率不高的场合。

3. 磁致伸缩式微动装置　该类装置利用某些材料在磁场作用下具有改变尺寸的磁致伸缩效应来实现微量位移。其原理如图 3-4 所示，磁致伸缩棒 1 左端固定在机座上，右端与运动件 2 相连，绕在磁致伸缩棒 1 外的磁致线圈通电励磁后，在磁场作用下，磁致伸缩棒 1 产生伸缩变形而使运动件 2 实现微量移动。通过改变线圈的通电电流大小来改变磁场强度，磁致伸缩棒 1 产生不同的伸缩变形，可使运动件 2 得到不同的位移量。在磁场作用下，磁致伸缩棒 1 的变形量 ΔL(单位为 μm)为

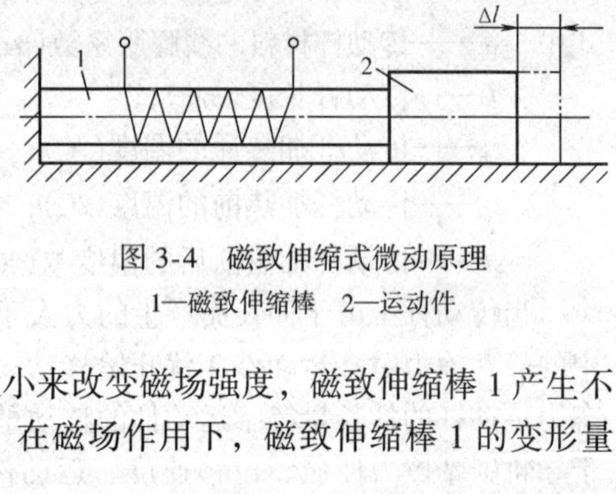

图 3-4　磁致伸缩式微动原理
1—磁致伸缩棒　2—运动件

$$\Delta L = \pm \lambda L \tag{3-5}$$

式中　λ——材料磁致伸缩系数（μm/m）;

L——磁致伸缩棒被磁化部分的长度（m）。

当磁致伸缩棒变形时产生的伸缩力能克服运动件 2 导轨副的摩擦力时，运动件 2 便产生位移，其最小位移量$\Delta L_{\min}$(单位为 μm)为

$$\Delta L_{\min} > F_0/K \tag{3-6}$$

运动件 2 的最大位移量$\Delta L_{\max}$(单位为 μm)为

$$\Delta L_{\max} \leqslant \lambda_s L - F_d/K \tag{3-7}$$

各式中　F_0——导轨副的静摩擦力(N);

F_d——导轨副的动摩擦力(N);

K——磁致伸缩棒的纵向刚度(N/μm)；

λ_s——磁饱和时磁致伸缩棒的相对磁致伸缩系数（μm/m)。

磁致伸缩式微动装置的特点是重复精度高，无间隙刚度好，转动惯量小，工作稳定性好，结构简单、紧凑，但由于工程材料的磁致伸缩量有限，故该类装置所提供的位移量有限，因而该类装置适用于精确位移调整、切削刀具的磨损补偿、温度补偿及自动调节系统。图 3-5 所示为磁致伸缩式精密工作台，它利用粗、精位移相结合得到所需的较大的进给量。粗位移时，用丝杠螺母副传动；微量位移时，用装在螺母与工作台 3 间的磁致伸缩棒 2 来实现。

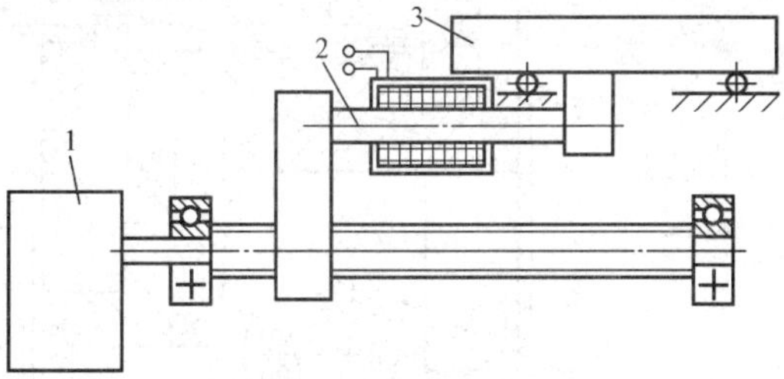

图 3-5　磁致伸缩式精密坐标工作台

1—传动箱　2—磁致伸缩棒　3—工作台

4. 电气机械式微动装置　图 3-6 所示是美国辛辛那提·米拉克隆 S 系列切入式外圆磨床的电气机械式微动装置简图，该装置由步进电动机 1 与 2、齿轮 3、丝杠螺母副、快速液压缸 5 和砂轮架 4 等元件组成。由步进电动机 1 经齿轮 3 和丝杠螺母副带动砂轮架 4 实现粗磨、半精磨和精磨等进给。通过步进电动机 2 经减速器及丝杠螺母副实现补偿进给，最小微进给量为 0.0005mm。

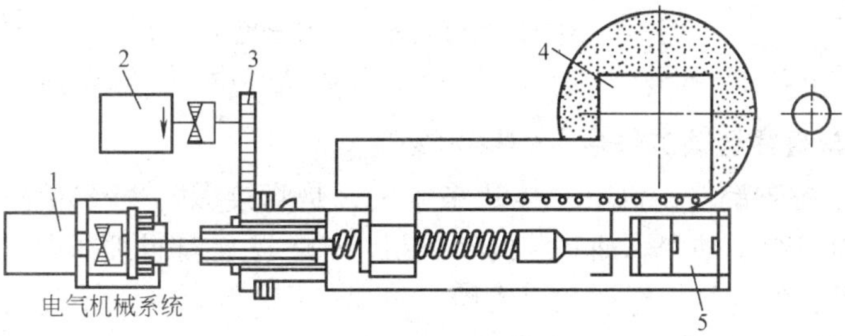

图 3-6　电气机械式微动装置简图

1、2—步进电动机　3—齿轮　4—砂轮架　5—快速液压缸

3.1.2　定位装置

定位装置是机电一体化系统中一种确保移动件占据准确位置的执行装置，通常采用分度机构和定位装置的组合形式来实现精确定位要求。图 3-7 所示的 XH754 型卧式加工中心分度工作台就是这样一种定位装置，工作台面 1 靠端面齿盘 2 和齿盘 4 精确定位。活塞 5 将工作台面 1 抬起，蜗杆蜗轮副 6 使工作台面 1 转动位置。齿盘 4 共有 72 齿，每齿间隙 5°，故每次转位的角度必须为 5°的倍数。

分度前，活塞 5 的下腔通液压油，经推力轴承 3 把工作台面 1 抬起，端面齿盘 2 和齿盘 4 分开。工作台的定心轴 7 与蜗轮为花键联接。分度时，直流伺服电动机通过十字滑块联轴器（图中未示出)、蜗杆传动蜗杆 6，经工作台定心轴 7 使工作台转位，至此实现工作台粗定位。转位完毕后，活塞的上腔通液压油，把工作台下拉，靠端面齿盘 2 和齿盘 4 定位，由此保证最后定位精度。

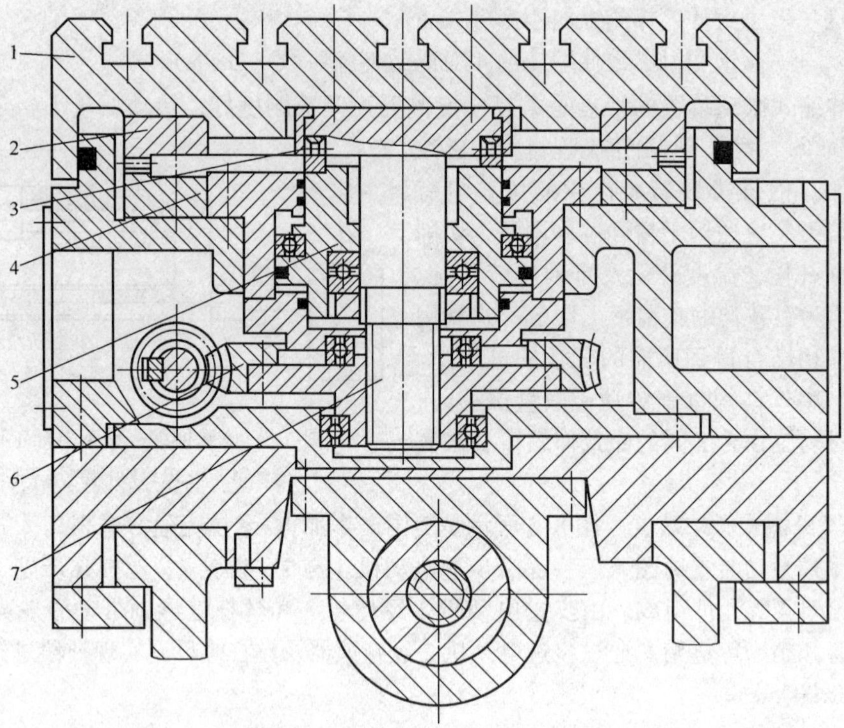

图 3-7　XH754 型卧式加工中心分度工作台

1—工作台面　2—端面齿盘　3—推力轴承　4—齿盘　5—活塞　6—蜗杆副　7—定心轴

3.1.3　主轴部件与直线运动工作台

1. 主轴部件　主轴部件在机电一体化系统中，是直接影响生产效率的执行装置，如加工中心主轴、发电机组主轴和炼油系统的压缩机主轴。主轴部件要求具有足够的旋转精度、刚度、抗振性以及良好的热稳定性和耐磨性。图 3-8 所示为 MJ—50 数控车床主轴部件结构。交流主轴电动机通过带轮 15 把运动传给主轴 7。主轴有前后两个支承，前支承由一个圆锥孔双列圆柱滚子轴承 11 和一对角接触球轴承 10 组成，轴承 11 用来承受径向载荷，两个角接触球轴承 10 一个大口向外（朝向主轴前端），另一个大口向里（朝向主轴后端），用来承受双向载荷和径向载荷。前支承轴承的间隙用螺母 8 来调整，螺钉 12 用来防止螺母 8 回松。主轴的后支承为圆锥孔双列圆柱滚子轴承 14，轴承间隙由螺母 1 和 6 来调整。螺钉 17 和 13 用来防止螺母 1 和 6 回松。主轴 7 的支承形式为前端定位，主轴 7 受热膨胀向后伸长。前后支承所用圆锥孔双列圆柱滚子轴承 11、14 的支承刚性好，允许的极限转速高。前支承中的角接触球轴承能承受较大的轴向载荷，且允许的极限转速高。主轴 7 所采用的支承结构适宜低速、大载荷的需要。主轴 7 经过同步带轮 16 和 3 以及同步带 2 带动脉冲编码器 4 与其同速运转。脉冲编码器 4 用螺钉 5 固定在主轴箱体上。

2. 直线运动工作台　在机电一体化系统中，直线运动工作台是最常见的执行装置，如机床直线运动工作台、AVG 和加工中心之间的渡送装置。直线运动工作台的常见结构如图 3-9 所示，工作台支承于滚动导轨上，一般有 4 个支承点，滚珠丝杠螺母副的螺母和工作台固联。当滚珠丝杠转动时，工作台前后移动，工作上的 T 形槽用于固定各种工件或其他功能元件。直线运动工作台的导向宽度和导向长度有一定的比例关系。

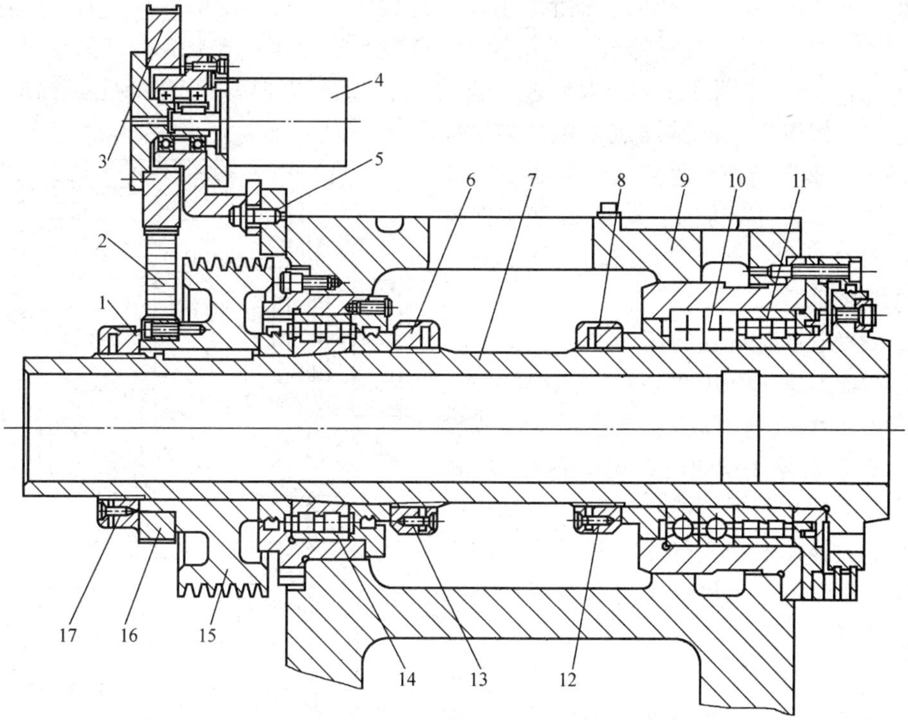

图 3-8　MJ—50 数控车床主轴部件结构

1、6、8—螺母　2—同步带　3、16—同步带轮　4—脉冲编码器　5、12、13、17—螺钉　7—主轴　9—主轴箱体　10—角接触球轴承　11、14—圆锥孔双列圆柱滚子轴承　15—带轮

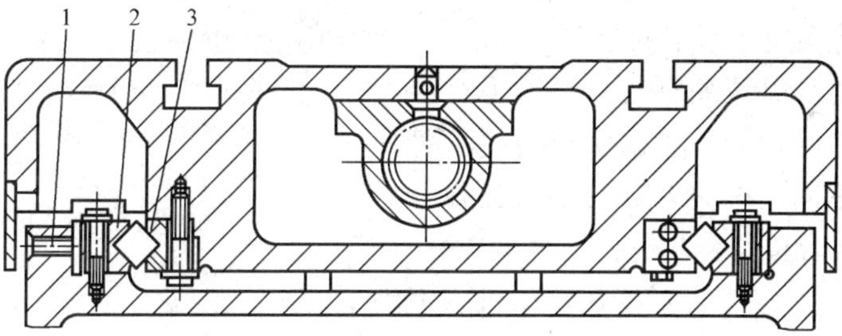

图 3-9　直线运动工作台结构

1—调整螺钉　2—定导轨　3—滚柱

3.1.4　动力卡盘

动力卡盘是数控机床为满足各种加工需求的许多新型执行装置之一。动力卡盘能保证在机床主轴转动的情况下，工件能自动回转，做到一次装夹完成全部加工工序。它广泛应用于十字形零件和 T 形零件的车削加工过程。

图 3-10 所示为 BP4—22 型转塔车床自动回转卡盘。卡盘体由不动部分 2 和可换部分 4 组成。不动盘体中装有动力传动元件（液压缸 3 用于夹紧工件 8，液压缸 12、15 用于回转工件），装在盘体中心孔的配油管沿不动盘体中的管路将液压油送至液压缸。在可换盘体中装有分度元件，枢轴 10 是一多棱体，摇杆 12 装在心轴 11 上。枢轴 10 的具体结构根据工件回转角度而定。夹紧卡爪 7 和定位爪 9 根据工件形状确定。

卡盘由法兰盘 1 固定在机床主轴上，其工作过程为：工件在定位爪 9 上定位；液压油进入夹紧液压缸 3 的左腔，使活塞杆推动滑块 5（滑块 5 的支承套 6 上装有夹紧卡爪 7）向下运动，压紧工件 8；主轴旋转，刀架趋进，进行工件 8 的一面加工；工件 8 的一面加工完毕，主轴停转，刀架退出，液压油进入液压缸 12，液压缸 15 的工作腔与泄漏管接通，从而使摇杆 12 带动工件 8 沿顺时针方向转动 90°，使工件与枢轴 10 多棱体的另一面接触；进行工件 8 的下一个面的切削加工。

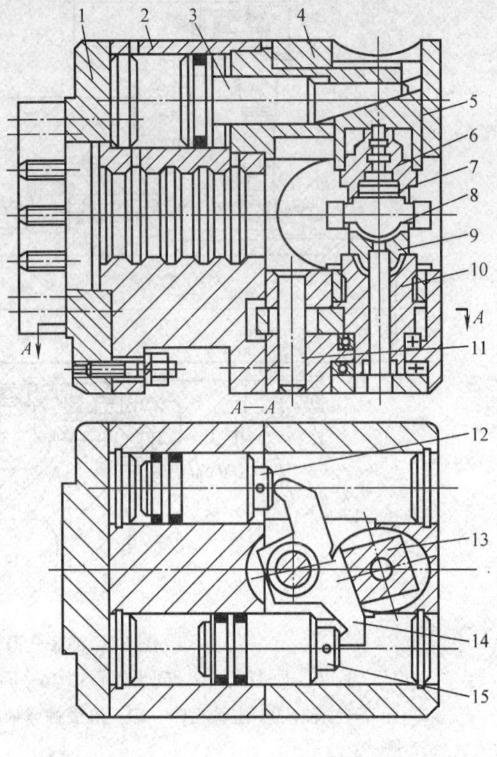

图 3-10　BP4—22 型转塔车床自动回转卡盘

1—法兰盘　2—不动部分　3、12、15—液压缸　4—可换部分　5—滑块　6—支承套　7—夹紧卡爪　8—工件　9—定位爪　10、13—枢轴　11—心轴　14—摇杆

3.1.5　工业机器人末端执行器

工业机器人是一种自动控制、可重复编程、多功能、多自由度的操作机，是搬运工件或操作工具以及完成各种作业的机电一体化设备，工业机器人末端执行器（或称手部）是其执行装置。工业机器人末端执行器因其用途不同而结构各异，一般可分为机械夹持器、特种末端执行器和灵巧手 3 类。

1. 机械夹持器　机械夹持器应具备的基本功能是夹持和松开。夹持器夹持工件时，应有一定的力约束和形状约束，以保证被夹工件在移动、停留和装入过程中不改变姿态。当需要松开工件时，机械夹持器应完全松开。此外，还应保证工件夹持误差在给定的公差范围内。

机械夹持器通常以压缩空气作动力源，经传动机构实现手指的运动。根据手指夹持工件时的运动轨迹的不同，机械夹持器分为圆弧开合型、圆弧平行开合型和直线平行开合型 3 种。

1）圆弧开合型。该类夹持器在传动机构带动下，手指指端的运动轨迹为圆弧。如图 3-11 所示，图 a 采用凸轮机构作为传动件，图 b 采用连杆机构作为传动件。夹持器工作时，两手指 5、12 绕指支点 4、11 做圆弧运动，同时对工件进行夹紧和定心。这类夹持器对工件被夹持部位的尺寸有严格要求，否则可能会造成工件状态失常。

2）圆弧平行开合型。该类夹持器两手指工作时做平行开合运动，而指端运动轨迹为圆弧。图 3-12 所示的夹持器是采用平行四边形传动机构带动手指的平行开合的两种情况，图 3-12a 所示机构在夹持时指端前进，图 3-12b 所示机构在夹持时指端后退。

3）直线平行开合型。该类夹持器手指的运动轨迹为直线，且两手指夹持面始终保持平行，如图 3-13 所示，图 3-13a 采用凸轮机构实现两手指的平行开合，在各手指的滑动块 2 上开有斜形凸轮槽 5，当活塞杆 1 上下运动时，通过装在其末端的滚子 4 在凸轮槽 1 中运动，实现手指 6 的平行夹持运动。图 3-13b 采用齿轮齿条机构，当活塞杆齿条 7 带动齿轮 8 旋转时，手指 10 上的齿条做直线运动，从而使两手指 10 平行开合，以夹持工件。

机械夹持器根据作业的需要形式繁多，有时为了抓取特别复杂形体的工件，还设计有特种手指机构的夹持器，如具有钢丝绳滑轮机构的多关节柔性手指夹持器和膨胀式橡皮手袋手指夹持器等。

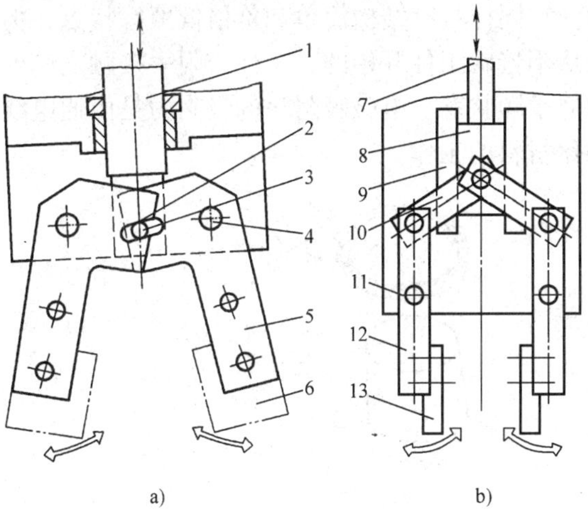

图 3-11　圆弧开合型夹持器

a）采用凸轮机构作为传动件　b）采用连杆机构作为传动件

1—活塞杆　2—凸轮槽　3—销　4、11—指支点　5、12—手指　6、13—卡爪　7—杆　8—十字头　9—导轮　10—中间连杆

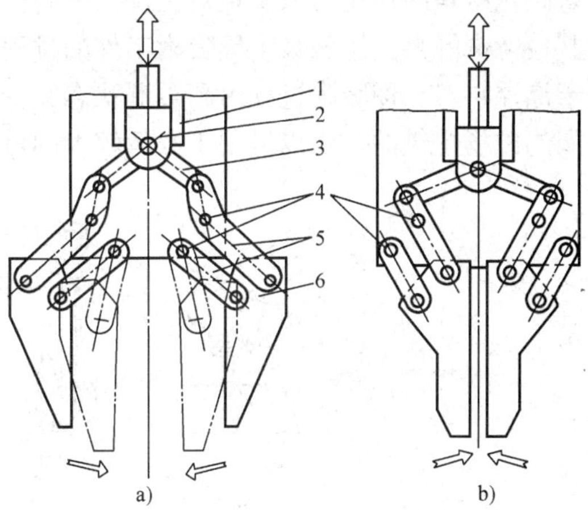

图 3-12　圆弧平行开合型夹持器

a）夹持时指端前进　b）夹持时指端后退

1—导轨　2—十字头　3—中间连杆　4—指支点　5—平行连杆　6—手指

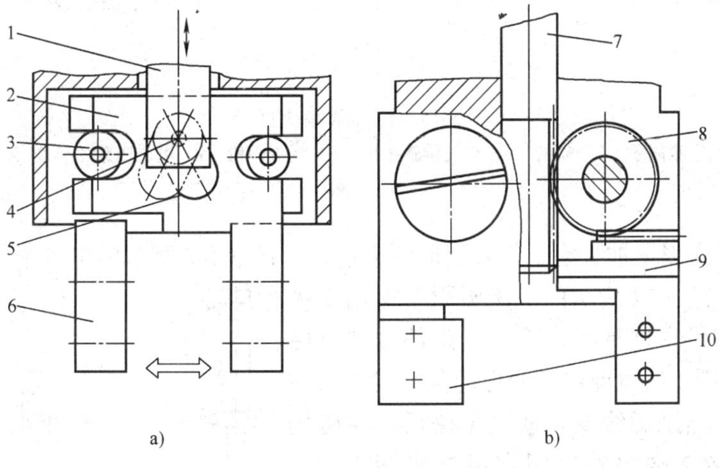

图 3-13　直线平行开合型夹持器

a）采用凸轮机构实现两手指的平行开合　b）采用齿轮齿条机构实现两手指的平行开合

1—活塞杆　2—手指的滑动块　3—导向滚子　4—滚子　5—凸轮槽　6、10—手指　7—活塞杆齿条　8—齿轮　9—手指齿条

2. 特种末端执行器　特种末端执行器供工业机器人完成某类特定的作业，图 3-14 列举了一些特种末端执行器的应用实例，下面简单介绍其中的两种。

(1) 真空吸附手：即通常所说的真空吸盘，如图 3-14a 所示。工业机器人中常把真空吸附手与负压发生器组成一个工作系统（见图 3-15），控制电磁换向阀 3 的开合可实现对工件的吸附和脱开。它结构简单、价格低廉，且吸附作业具有一定柔顺性（见图 3-16），这样既使工件有尺寸偏差和位置偏差也不会影响吸附手的工作。它常用于小件搬运，也可根据工件形状、尺寸、重量的不同将多个真空吸附手组合使用。

(2) 电磁吸附手：即通常所说的电磁吸盘，如图 3-14e 所示。它利用通电线圈的磁场对可磁化材料的作用力来实现对工件的吸附作用。它同样具有结构简单和价格低廉等特点，但其最特殊的是：电磁吸附等吸附工件的过程是从不接触工件开始的，工件与附手接触之前处于漂浮状态，即吸附过程由高柔顺状态突变到低柔顺状态。电磁吸附手的吸附力是由通电线圈的磁场提供的，所以可用于搬运较大的可磁化材料的工作。

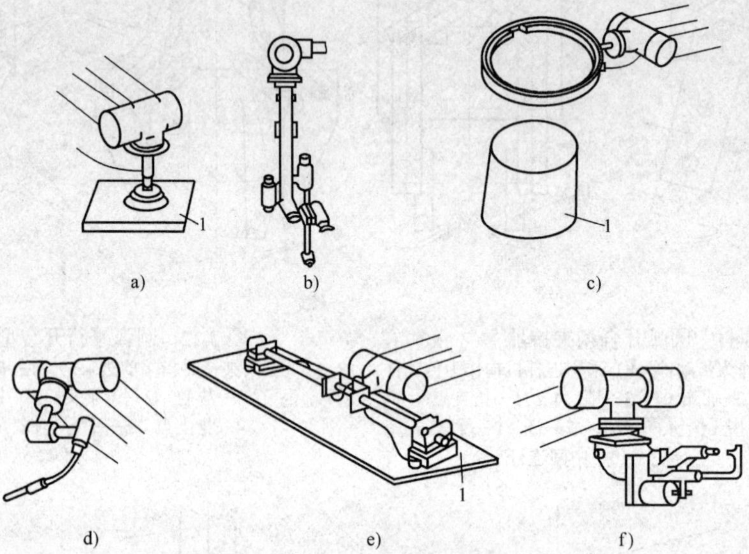

图 3-14　特种末端执行器

a）真空吸附手　b）喷枪　c）空气袋膨胀手　d）弧焊焊枪　e）电磁吸附手　f）点焊枪

1—工件

吸附手的形式根据被吸附工件表面形状来设计。图 3-14e 所示的电磁吸附手用于吸附平坦表面的工件。图 3-17 所示的电磁吸附手可用于吸附不同的曲面工件，这种吸附手在吸附部位装有磁粉袋 2，励磁线圈 1 通电前将可变形的磁粉袋 2 贴在工件 3 表面上，当励磁线圈 1 通电励磁后，在磁场作用下，磁粉袋 2 端部外形固定成被吸附工件 3 的表面形状，从而达到吸附不同表面形状工件的目的。

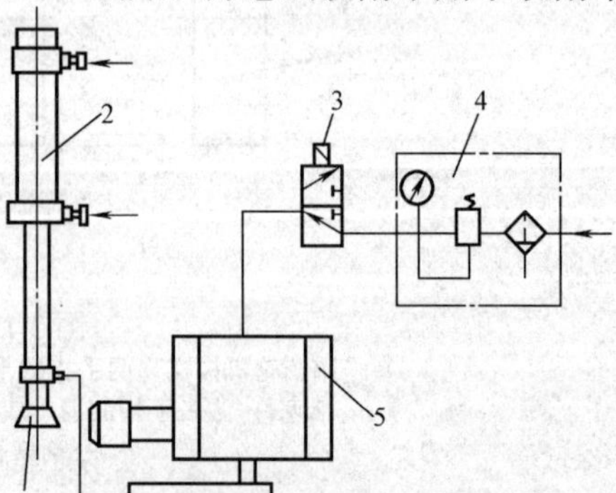

图 3-15　负压真空吸附系统

1—吸附手　2—送进缸　3—电磁换向阀　4—调压单元　5—负压发生器　6—空气净化过滤器

3. 灵巧手　它是一种模仿人手制作的多指、多关节的机器人末端执行器。它可以适应物体外形的变化，对物体施加任意方向、任意大小的夹持力，可满足对任意形状、不同材质的物体的操作和抓持要求，但由于其控制、操作系统技术难度较大，虽然目前国内外对其研究十分重视，却仍处在研制阶段。图 3-18 所示为灵巧手的一个实例。

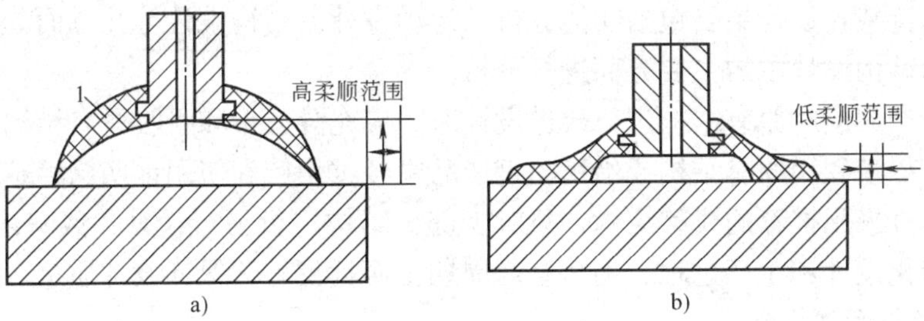

图 3-16　真空吸附手的柔顺性

a）高柔顺状态　b）低柔顺状态

1—真空吸附手

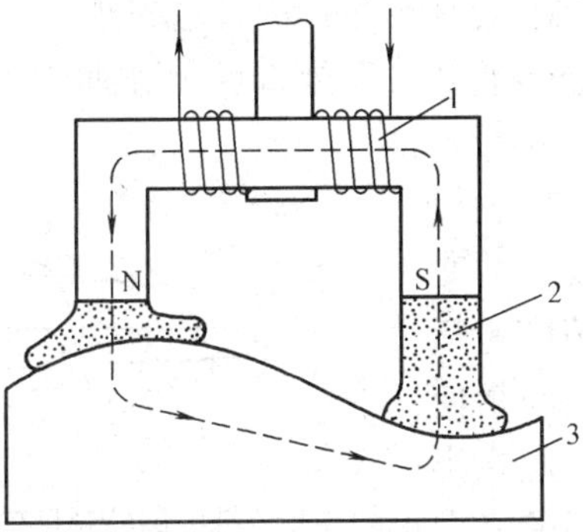

图 3-17　具有磁粉袋的吸附手

1—励磁线圈　2—磁粉袋　3—工件

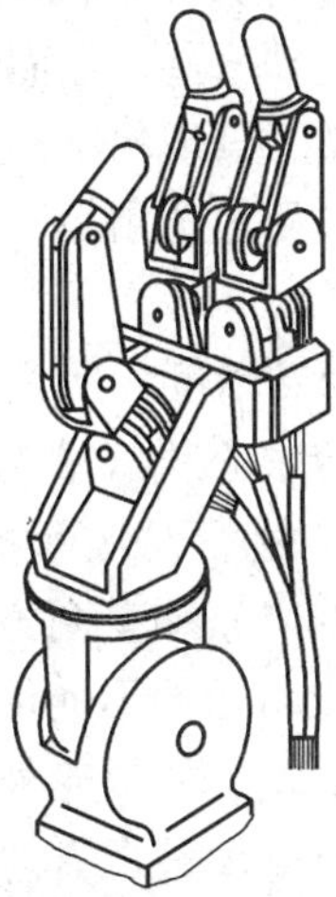

图 3-18　灵巧手

3.2　执行装置设计

3.2.1　概述

执行装置是机电一体化系统的重要组成部分，是能量流系统的末端，它直接接收系统控制器的指令，并通过传动机构来驱动执行装置实现特定的功能。由于执行装置与工作对象相接触，因而它要随工作对象的类型而采取相应的结构形式。例如，在机器人系统中的执行装置是机器人的末端执行器（手部），在数控机床中的执行装置为车床的主轴和刀架，而在改造传统机械基础上得到的机电一体化产品大都保留原执行装置。

对执行装置的设计主要要求如下：

1）具有实现所需的全部运动形式的能力，包括给定的运动轨迹、给定的行程、速度方向及运动的起止点位置的范围等，并具有相应的精度和灵敏度。

2）具有传递所需动力的能力。这要求执行装置具有相应的强度和刚度。

3）具有良好的动态品质，即要求尽量减少装置的转动惯量、提高传动刚度和系统固有频率同时减少摩擦和间隙等。

4）可靠性高、寿命长。

由此，执行装置设计主要包括功能分析、运动设计及结构设计等几方面。本节仅对执行装置的运动和结构设计中的主要方面进行分析。

在设计新产品或对原有结构进行改进设计时，应充分分析和吸收原有结构和相近产品的结构的优点，尽量利用原有结构或借用相近产品中经过生产和使用证明已经掌握的比较成熟的结构，或尽量采用推荐的典型结构，只对少部分结构进行另行设计，或只进行局部改动，这不仅大大简化设计和生产过程、缩短生产周期，而且也易于保证设计质量。

3.2.2 执行装置运动设计

执行装置的运动形式主要有回转运动、直线运动和组合运动等。执行装置运动设计旨在保证运动件具有一定的运动精度、定位精度和运动的稳定性。这里仅对回转精度和低速运动稳定性进行讨论。

1. 运动精度保证　在机电一体化系统中，可以通过几套运动伺服单元的配合实现各种平面或空间的运动轨迹，然而每套运动伺服单元本身的基本运动，如定轴旋转和直线运动等仍然需要用科学、合理的结构来获得正确轨迹。随着现代专业化生产的日趋成熟，在运动结构设计时可以方便地选用品质优秀的各类定型、标准的器件等。此处重点介绍轴的回转精度与回转运动支承。

(1) 轴的回转精度：所谓轴的回转精度是指在运转过程中轴的瞬间回转中心线（轴上线速度为零的点的连线）的变动情况（见图 3-19）。从实际测量的角度出发，回转精度包括径向变动量和轴向窜动量两方面数值。其中，径向变动量使安装在轴上各传动元件不能够按标准圆轨迹运行，引起在半径方向的各种误差，如带轮外圆工作面和齿轮分度圆的径向圆跳动；而轴向窜动量也有对应的性能影响，如车床主轴在车螺纹时产生螺距变动和光盘驱动器主轴使光盘盘面发生跳动等。

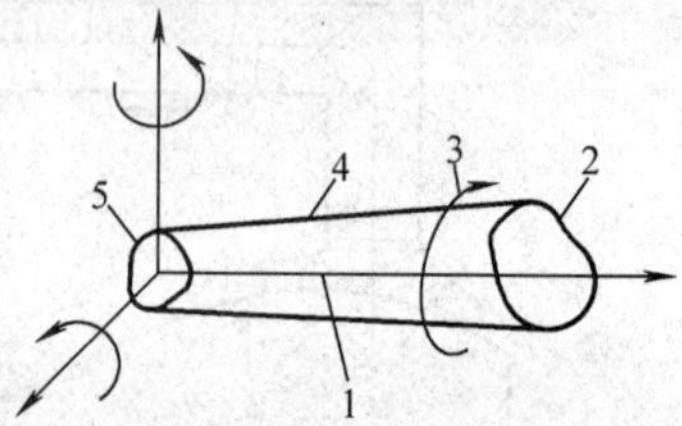

图 3-19　轴的回转精度的概念

1—理想轴心线的位置　2—右轴承处轴心点运动轨迹　3—运动方向　4—左右轴心连线的包络面　5—左轴承处轴心点运动轨迹

(2) 回转运动支承：回转运动支承主要指滚动轴承、动压轴承、静压轴承和磁轴承等各种轴承。它的作用是支承作回转运动轴或丝杠。随着刀具材料和加工自动化的发展，主轴的转速越来越高，变速范围也越来越大。如中型数控机床和加工中心的主轴最高转速可达 5000～6000r/min，甚至更高；内圆磨床为了达到足够的磨削速度，磨削小孔的砂轮主轴转速已高达 24000r/min。因此，对轴承的精度、承载能力、刚度、抗振性、寿命和转速等提出了更高的要求，并逐渐出现了许多新型结构的轴承。机电一体化系统常用轴承及特点见表 3-1。

表 3-1　机电一体化系统常用轴承及特点

性　能	滚动轴承		静压轴承	动压轴承	磁　轴　承
	一般滚动轴承	陶瓷轴承			
精度	一般，在预紧无间隙时较高，精度为 1～1.5μm	同滚动轴承	高，液体静压轴承可达 0.1μm，气体静压轴承可达 0.02～0.12μm	较高，单油楔为 0.5μm，双油楔为 0.08μm	一般，精度为 1.5～3μm
刚度	一般，预紧后较高	不及滚动轴承	液体静压轴承高，气体静压轴承较差	液体静压轴承较高	不及滚动轴承

（续）

性　能	滚动轴承		静压轴承	动压轴承	磁轴承
	一般滚动轴承	陶瓷轴承			
抗振性	较差	同滚动轴承	好	较好	较好
速度性能	用于中、低速	用于中、高速	液体静压轴承可用于各种速度，气体静压轴承用于超高速	用于高速	用于高速
摩擦耗损	较小	较小	小	起动时摩擦较大	很小
寿命	较低	较长	长	长	长
使用维护	简单	较难	较难	比较简单	较难
成本	低	较高	较高	较高	高

1）标准滚动轴承。标准滚动轴承的尺寸规格已标准化、系列化，并由专门生产厂大量生产。使用时，主要根据刚度和转速来选择。如有要求，则还应考虑其他因素，如承载能力、抗振性和噪声等。近年来，为适应各种不同要求，还开发了不少用于机电一体化系统的新型轴承。

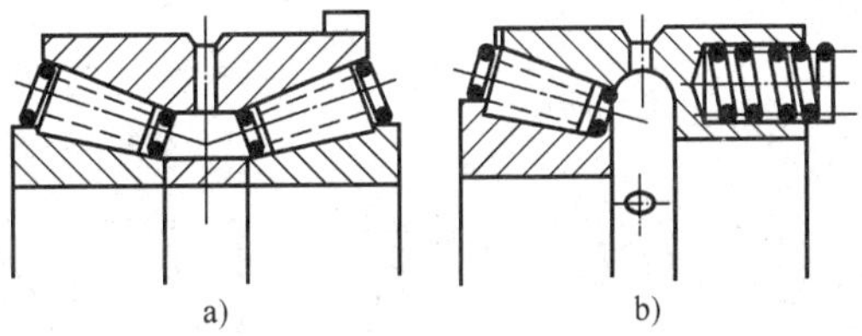

图 3-20　空心圆锥滚子轴承

a）双列空心圆锥滚子轴承　b）单列空心圆锥滚子轴承

图 3-20 所示为空心圆锥滚子轴承（Gamet 轴承），双列空心圆锥滚子轴承（见图 3-20a）一般用于前支承，单列空心圆锥滚子轴承（见图 3-20b）用于后支承，两者配套使用。空心圆锥轴承与一般圆锥滚子轴承不同之处在于：空心圆锥滚子轴承的滚子是中空的，保持架则是整体加工的，保持架与滚子之间没有间隙，工作时润滑油的大部分将被迫通过滚子中间小孔，以便冷却最不易散热的滚子，润滑油的另一部分则在滚子与滚道之间通过，起润滑作用。此外，中空的滚子还具有一定的弹性变形能力，可吸收一部分振动。双列轴承的两列滚子数目相差 1 个，使两列轴承的刚度变化频率不同，以抑制振动。空心圆锥滚子轴承的主轴系统如图 3-21 所示，单列轴承外圈 4 上的弹簧 1 用作预紧，螺母 2 用于调整轴承间隙。这两种轴承的外圈较宽，因此与箱体的配合可以松一些。箱体孔的圆度和圆柱度误差对外圈滚道的影响较小。这种轴承用油润滑，故常用于卧式主轴。

陶瓷滚动轴承的结构与一般滚动轴承相同，目前常用的陶瓷材料为 Si_4N_4。由于陶瓷热传导率低、不易发热、硬度高、耐磨，在采用油脂润滑的情况下，轴承内径为 25 ~ 100mm 时，主轴转速可达 8000 ~ 15000r/min；在油雾润滑的情况下，轴承内径在 65 ~ 100mm 时，主轴转速可达 15000 ~ 20500r/min，在轴承内径为 40 ~ 60mm 时，主轴转速可达 20000 ~ 30000r/min。陶瓷滚动轴承主要用于中、高速运动主轴的支承。

2）非标准滚动轴承。对轴承有特殊要求而又不可能采用标准滚动轴承时，就需根据使用要求自行设计非标准滚动轴承。图 3-22 所示为密珠轴承，它由内圈、外圈和密集于二者间并具有过盈配合的钢球组成。它有径向轴承和推力轴承两种形式。密珠轴承的内、外滚道和止推面分别是形状简单的外圆柱面、内圆柱面和平面，在滚道间密集地安装有滚珠。滚珠在其尼龙保持架的空隙中以近似于多头螺旋线的形式排列，如图 3-22c、d 所示。每个滚珠公转时均沿着自己的滚道滚动而互不干扰，以减少滚道的磨损。滚珠的密集放置有助于减小滚珠几何误差对主轴轴线位置的影响，具有误差平均效应，也提高了主轴精度。滚珠与内、外圈之间保持有 0.005～0.012mm 的预加过盈量，以消除间隙、增加刚度、提高轴的回转精度。

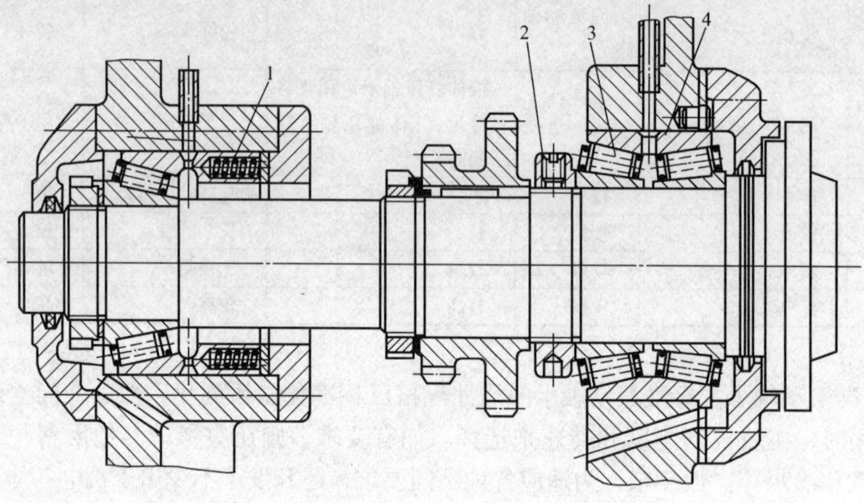

图 3-21　空心圆锥滚子轴承的主轴系统

1—弹簧　2—螺母　3—滚子　4—外圈

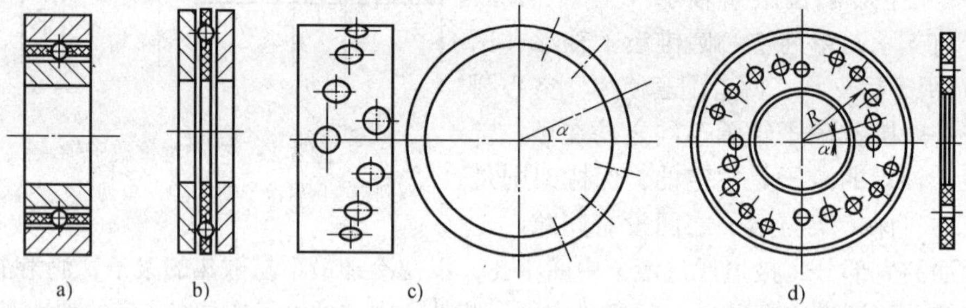

图 3-22　密珠轴承

a）径向轴承　b）推力轴承　c）径向轴承保持架　d）推力轴承保持架

α—滚珠中心夹角　R—滚珠公转半径

图 3-23 为密珠轴承在数字光栅分度头主轴部件中的应用。

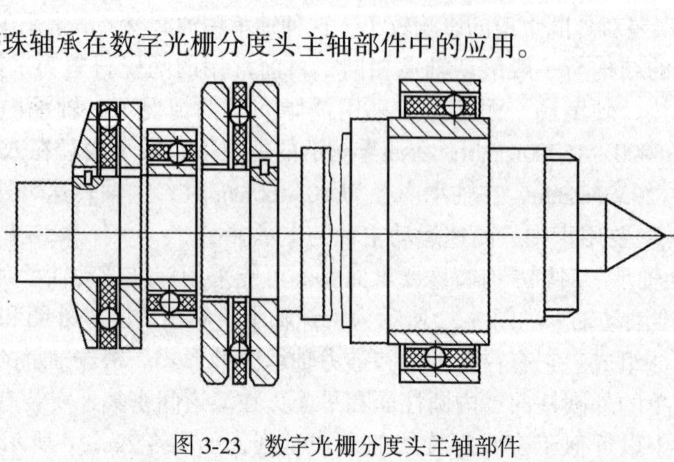

图 3-23　数字光栅分度头主轴部件

3）静压轴承。静压轴承是流体摩擦支承的基本类型之一，它是在轴颈与轴承之间充有一定压力的液体或气体，将转轴浮起并承受负荷的一种轴承。按承受负荷的方向不同，静压轴承分为向心轴承、推力轴承和向心推力轴承 3 种形式。液体静压向心轴承的工作原理如图 3-24 所示。

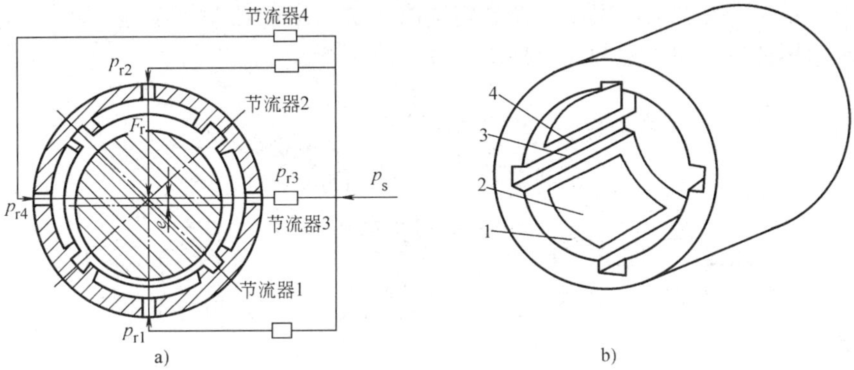

图 3-24　液体静压向心轴承的工作原理

a）工作原理图　b）轴承

1—轴向封油面　2—油腔　3—回油槽　4—周向封油面

p_s—系统压力　p_{r1}、p_{r2}、p_{r3}、p_{r4}—油腔压力　F_r—外负荷　e—偏心量

与普通轴承相比，液体静压轴承具有摩擦阻力小、传动效率高、使用寿命长、转速范围广、刚度大、抗振性好和回转精度高等优点，能适应不同负荷、不同转速的大型或中小型设备要求，但需有一套供油装置。

与液体静压轴承相比，气压静压轴承具有气体的内摩擦很小、粘度极低、摩擦损失极小和不易发热等优点，用于要求转速极高和灵敏度要求高的场合，但负荷能力低。图 3-25 所示为一种美国超精密车床的球面空气静压轴承，其前轴承球的直径为 70mm，后轴承由 1 个球面座及 1 个圆柱轴承组成，圆柱轴承的直径为 22mm。前轴承有 12 个直径为 0.3mm 的小孔节流器作为反馈，凹球与凸球座的间隙为 12μm。后轴承圆柱部分的顶隙为 18μm，轴承在

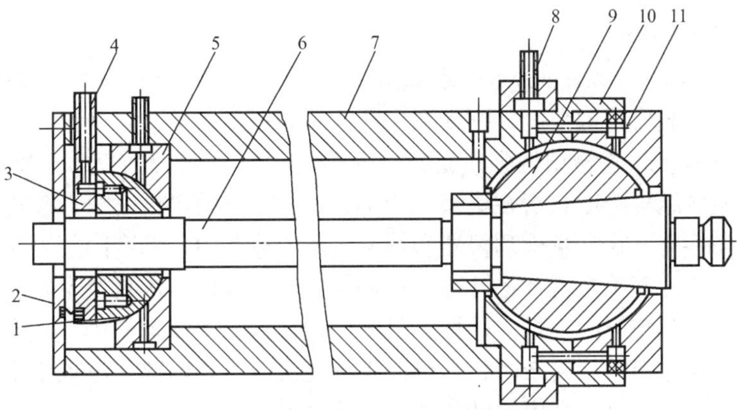

图 3-25　超精密车床的球面空气静压轴承

1—圆柱径向轴套　2—弹簧　3—支承板　4、8—进气口　5、10、11—凹球

6—主轴　7—体壳　9—凸球

200r/min 转速下工作时，径向和轴向跳动分别为 0.03μm 和 0.01μm，径向和轴向的承载刚度分别是 25N/μm 和 80N/μm。

4）磁轴承。磁轴承是利用磁场使轴悬浮在磁场中，轴与轴承座无任何接触，是一种高速轴承，其最高速度可达 60000r/min，且可靠性高。磁轴承的缺点是：在低转速时，轴和轴承存在电磁关系，会使轴承座振动；在高转速时，磁力结合的动刚度差。它常用于机器人、精密仪器和陀螺仪等。向心磁轴承原理图如图 3-26 所示。

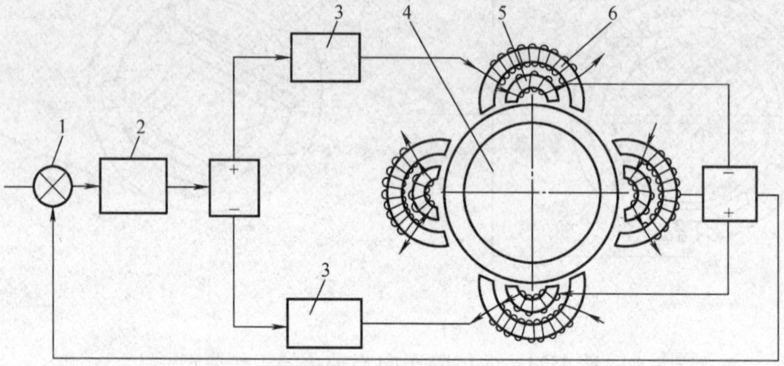

图 3-26　向心磁轴承原理图

1—比较元件　2—调节器　3—功率放大器　4—转子　5—位移传感器　6—电磁铁

2. 运动的稳定性　在机电一体化系统中，很多运动部件需要以极低而稳定的运动速度运动如高精度镜面磨床，当用金刚石笔精细修正砂轮表面时，金刚石笔要能以最小稳定速度移动，一般要求每分钟几百或几十微米。但是，由于机械结构的力学特性，当运动速度低于某一数值后，尽管原动件的速度恒定，但从动部件仍然要出现忽快忽慢、甚至忽走忽停的现象，影响或破坏了系统的工作性能，这就是“爬行现象”。消除爬行现象的主要途径有：

1）改善导轨的摩擦特性，以减少动、静摩擦系数之差，如采用导轨油、改进导轨材料、以滚动摩擦代替滑动摩擦。

2）提高传动系统的刚度。

3）尽量减小从动件的重量。

3.2.3　执行装置结构设计

3.2.2 节对常用的执行装置的结构及性能特点进行了分析。本节从执行装置结构设计品质出发，介绍对执行装置结构强度、刚度和工艺性等问题。

1. 结构刚度和强度　机械结构强度是指在预定的设计年限内，正常运转的机械结构至少不发生破坏；机械结构刚度是指在机械结构中，承载超过限定值时执行装置发生变形，并严重地影响其工作性能。在计量检测仪器和精密机床等设备中，刚度问题更加突出。传统的强度设计是按结构强度理论进行校核计算。这种设计可以保证结构具有足够的承载能力，但不能使材料的潜力得到充分的发挥。同样，对于简化结构，在静力作用下的变形完全可以用材料力学的方法解决，但结构复杂时，简单计算将无法解决。因此，以理论定性、经验定量的原则是目前进行结构刚度和强度设计的主要手段之一。

（1）刚度和强度与构件的截面形状：在结构设计中，构件截面形状的设计应为最基本的设计工作，因为它与强度及刚度有很密切的关系。截面积相同时各种截面的抗弯、抗扭特性见表 3-2。

表 3-2 截面积相同时各种截面的抗弯、抗扭特性

截 面 形 状	惯性矩相对值		截 面 形 状	惯性矩相对值	
	抗弯	抗扭		抗弯	抗扭
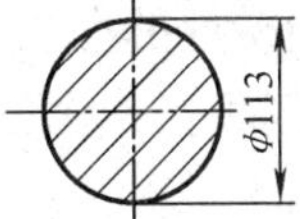 (实心圆)	1.0	1.0	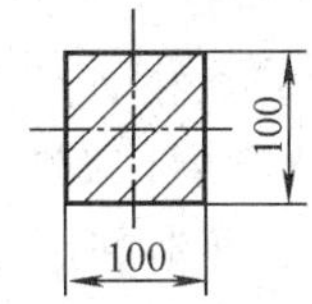 (正方实心截面)	1.04	0.88
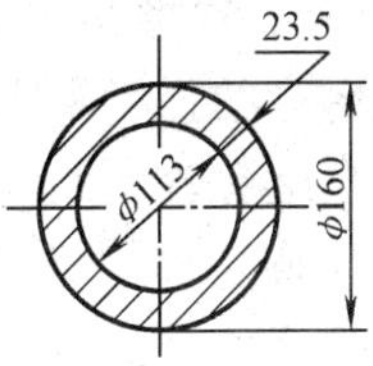 (空心细管)	3.02	3.02	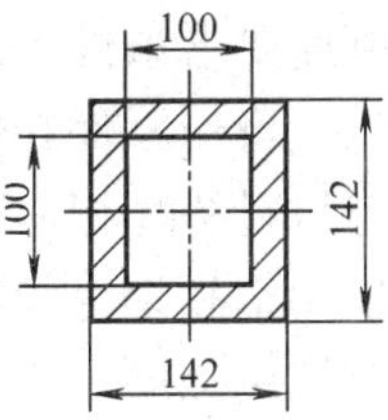 (空心方管)	3.21	1.27
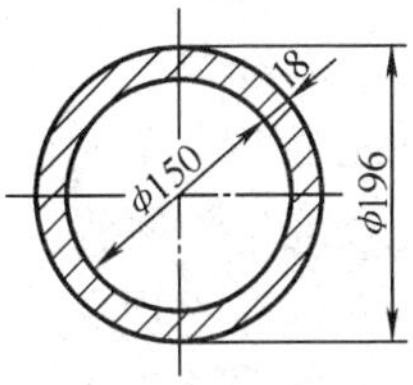 (空心粗管)	5.04	5.04	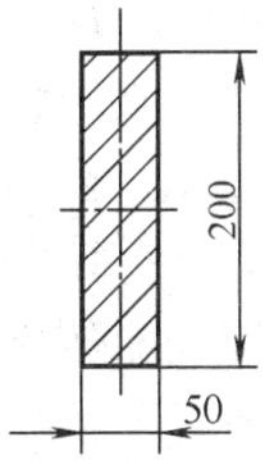 (竖板)	4.17	0.43
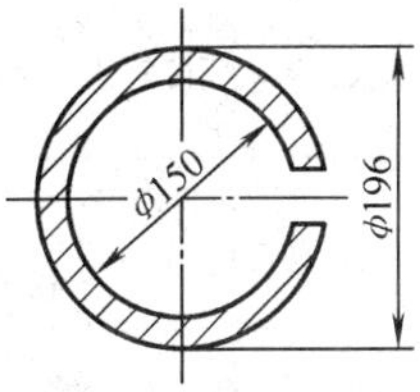 (空心开缝管)	—	0.07	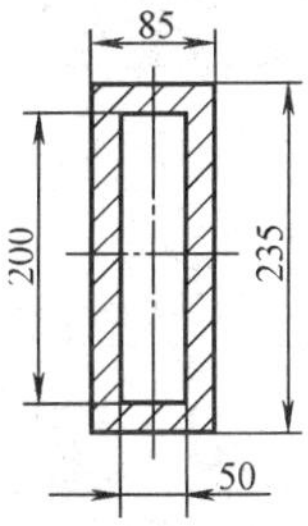 (空心竖方管)	7.35	0.82
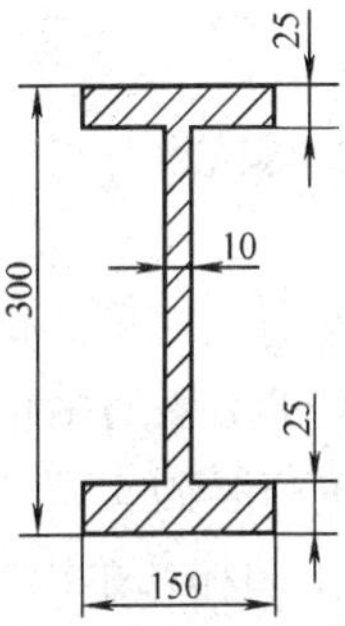 (竖工字梁)	19.4	143	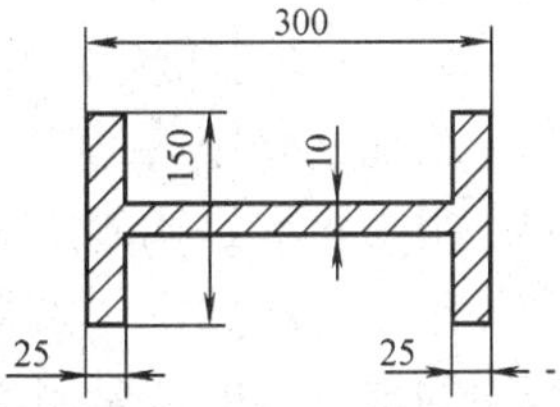 (横工字梁)	3.4	—

由表 3-2 可见：

1）在截面积相等的情况下，加大截面外形尺寸，特别是加大受力方向上的外形尺寸，可提高强度。

2）空心截面的惯性矩比实心的大，加大截面轮廓尺寸、减小壁厚，也可以大大提高刚度。因此，在工艺可能的条件下，应尽量减薄截面壁厚，而不用增加壁厚的办法。

3）方形截面的抗弯刚度比圆形的大，但其抗扭刚度较低。若截面主要承受的是弯矩，则应取方形或矩形为好；环形的抗扭刚度比方形、方框形和长框形的大，而抗弯刚度小；不封闭的截面比封闭的截面刚度低得多，特别是抗扭刚度下降更多。因此，在可能条件下，应尽量设计成封闭的截面形状。

在一定的强度和刚度要求条件下，合理地选择截面形状将有利于节省材料、减轻重量；反之，合理的截面形状，可使零件在相同材料消耗的条件下，获得更高的强度和刚度。

（2）刚度和强度与材料特性相适应：当材料的抗拉强度和抗压强度有较大差别时，此问题比较突出。例如，使用钢和铝等弹塑性材料时，应尽量用拉、压代替受弯；而用铸铁等脆性材料时，则应利用其抗压强度远高于抗拉强度的特点，当截面承受弯曲载荷时，应使其较多的面积分布在中性轴的受拉应力一侧。

（3）构件结合面的刚度：在结构设计中，在满足零件自身刚度要求之后，还应当特别注意构件结合面的刚度问题，其中包括结合面接触刚度和结合件刚度两大环节。由于任何加工表面不是绝对平整的，因此，任何两构件在结合面处的自然接触只能是几个个别点，真实的接触面积是极其微小的。这种接触面积可用测量接触电阻的方法比较准确地测得。当对结合面施加压力时，接触弹性变形使接触面积增加，相应抵御施加的压力，这一现象就是接触刚度。显然，表面粗糙度值及形位误差值越小的表面，其接触刚度就越高。表 3-3 为用接触电阻法的钢平板表面施加结合压力与真实接触面积的试验数据。

表 3-3　钢平板表面的真实接触面积

施加压力/N	真实接触面积/mm^2	真实接触面积与名义接触面积之比	实际接触点数	接触点平均半径/mm
5000	5	1/100	35	0.21
1000	1	1/2000	22	0.12
200	0.2	1/10000	9	0.09
50	0.05	1/40000	5	0.06
20	0.02	1/100000	3	0.05

由表 3-3 可见：提高结合面接触刚度的主要手段是提高结合面表面精度，尽量减小表面的粗糙度值，而不是增加结合压力。

设计经验表明，很多机械结构刚度的最薄弱环节往往不是构件本身的刚度，而是将结构件连接起来的结合件刚度。在如图 3-27 所示的升降台铣床工作台丝杠支架的结构中，人们往往在工作台 1 截面的抗弯刚度、紧固支架 2 的抗弯刚度、工作台 1 与紧固支架 2 结合面的接触刚度等环节上花费了不少精力，而忽视了紧固支架 2 与工作台 1 的那几个内六角螺钉 3 的直径和它们在高度方向的跨距；在紧固支架 2 受丝杠推送时，这些内六角螺钉 3 中只有一半数量在承受拉伸，而另一半几乎没有受力，这种铣床工作台 1 进给时的刚度薄弱环节恰恰在此！

2. 结构的热稳定性　温度发生变化将引起构件尺寸的变化，这对精度要求较高的设备，应特别注意。提高结构的热稳定性可以从以下几方面入手：

1）用热变形小的材料。某些添加合金元素的材料可获得很小的线膨胀系数，如含30%镍元素的铸铁的线膨胀系数只有普通铸铁的1/5～1/4。

2）控制热源。方法有：减少发热源发热量、加强散热和减弱热源的作用。如采用高精度轴承。

3）合理的结构设计。

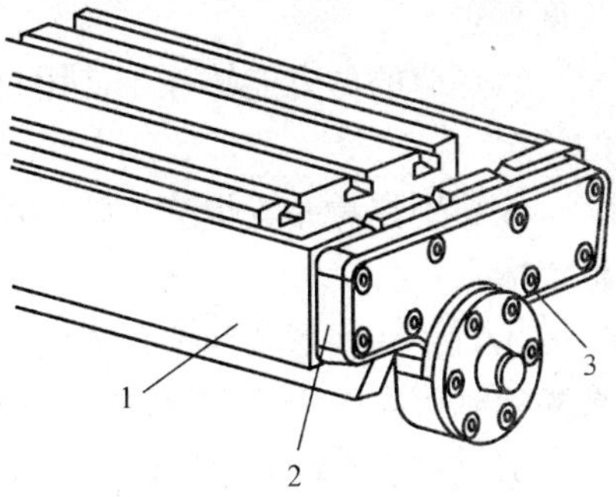

图3-27　升降台铣床工作台丝杠支架的结合刚度
1—工作台　2—紧固支架　3—内六角螺钉

3. 结构的工艺性　结构的工艺性是指所设计的产品的结构和零件，在一定生产规模与具体的生产条件下，能够用最有效、最经济的工艺方法进行加工、测试和装配，并使生产过程最简单、周期短。良好的结构工艺性对简化设计、缩短生产周期、提高生产效率、降低成本有重要意义。它也是实现设计目标、减少差错、减少废品、提高产品质量的基本保证。

（1）结构的工艺性与材料：执行装置中零部件的某些技术性能要求，如强度、刚度、耐磨性、弹性、导热性、导电性、热敏性以及在特定环境条件下工作的稳定性和重力大小等能否满足要求，在很大程度上与正确选用零件的材料是分不开的。选择材料一般考虑以下几方面：

1）依据装置的功能、工作技术性能和工作环境等不同的具体要求，结合材料本身的特性来选择适当材料。

2）依据零件加工的工艺方法和加工条件，结合材料不同的加工性能，来选择适当零件材料，使零件材料与加工方法、加工技术要求和热处理相适应。

3）选择材料时，必须考虑生产的经济性，不要片面地选择优质材料。在满足性能要求的前提下，尽可能采用低成本材料。

（2）结构的工艺性与热加工

1）对铸件结构的主要要求

①壁厚的合理选择。在保证结构的强度和刚度的前提下，尽可能减轻铸件的重量，铸件的壁厚应尽可能小，但为确保浇铸的质量，防止浇注不足，就要注意铸件最小壁厚的问题。

②考虑造型、制芯和排气等铸造工艺。要求铸件外形要方便分型面的确定，设置必须的起模斜角，尽量简化铸件内腔的形状与结构，便于制芯。

③防止气孔、缩松、夹渣、应力变形及裂纹等铸造缺陷。要求铸件壁厚均匀，避免断面过厚、过大，壁厚变化时应力求圆滑、缓慢地过渡。图3-28为合理安排壁厚过渡的示例。

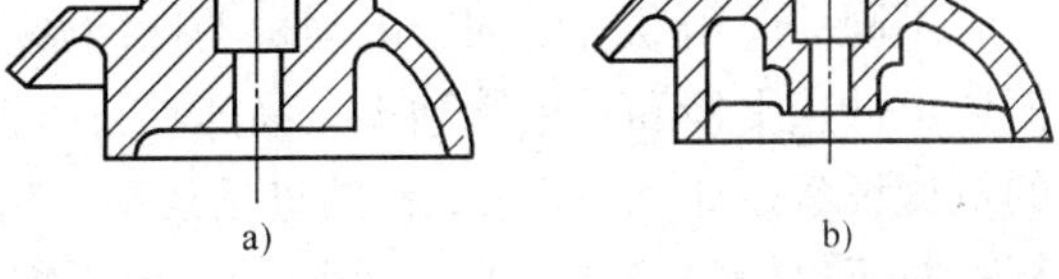

图3-28　合理安排壁厚过渡
a）不合理　b）合理

2）对焊接件结构设计的主要要求

①合理利用冲压件和锻件等作为结构元件，适当增加壁厚、减少肋板用量，使焊缝的总长度缩短。

②焊缝的位置能够处于使用自动焊接工艺的位置上，尽可能避免仰焊、立焊及手动焊接的情况。

③特别注意布置焊缝，防止焊接变形、焊接应力的出现，用设置的内摩擦面实现振动阻尼消振。

④对于一些形状和位置精度高的构件，应设计恰当的焊前安装、配合结构，使被焊元件事先得到可靠的定位，保证焊件的质量。图 3-29 为滚筒法兰与滚动体的两种定位方式。

3）对热处理的主要要求

①为减小热处理应力的影响，零件的几何形状应力求简单、对称。

②尽量使零件的截面均匀分布。

③注意零件的刚度，尽可能避免薄板、细长轴等易变形零件进行热处理。

④避免零件上有锐边、尖角、截面突变等容易在热处理过程中过热、熔化以及开裂的形状。

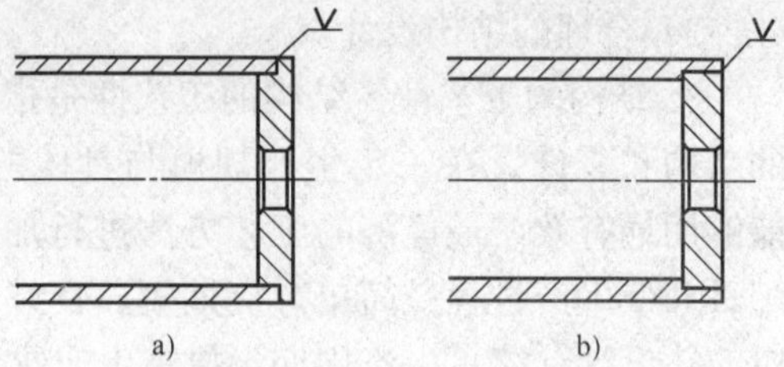

图 3-29　滚筒法兰与滚动体的两种定位方式
a）法兰凸肩定位　b）滚筒体止口定位

(3) 结构的工艺性与切削加工：在达到设计尺寸精度、形状位置精度要求、表面质量要求的前提下，高效率、低成本是切削加工的主要指标。因此，在结构设计过程中，设计者必须考虑现实的加工条件，按现实可行性对设计进行不断的改进和优化，达到完美与现实的统一。随着各种新技术、新工艺的不断出现和推广，加工工艺有时对结构设计概念的变化有决定性的影响。如：加工中心的广泛的应用，传统的六点定位与粗精基准等工艺概念越来越淡化。

3.3　伺服电动机

3.3.1　概述

在机电一体化系统中，伺服电动机是电气伺服系统的执行装置，其作用是把电信号转换为机械运动。各种伺服电动机各有其特点，适用于不同性能的伺服系统。电气伺服系统的调速性能、动态特性和运动精度等均为与该系统的伺服电动机的性能有直接的关系。目前，常用的伺服电动机有步进电动机、直流伺服电动机和交流伺服电动机。

在机电一体化系统中，伺服电动机的性能应具备以下基本要求：

1）性能密度大，即功率密度和比功率大。功率密度的定义为单位重量的电动机输出功率；比功率大小为电动机的额定转矩的平方与电动机转子的转动惯量的比。

不同的应用场合对伺服电动机的性能密度的要求不同。对于启停频率低（如几十次/s），但要求低速平衡和转矩脉动小、高速动行时振动和噪声小、在整个调整范围内均可稳定运动的机械设备，如 NC 工作机械的进给运动、机器人的驱动系统，其功率密度是主要的性能指标；对于启停频率高（如数百次/s），但不特别要求低速平衡性能的机械设备，如高速打印机、绘图机、打孔机和集成电路焊接装置等，高的比功率是主要的性能指标。

2）快速响应特性好，即加减速转矩大，频率特性好。

3）位置控制精度高，调速范围宽，低速运行平稳、分辨率高。

4）适应启停频繁的工作要求。

5）振动和噪声小。

6）空载始动电压小。

7）可靠性高，寿命长。

3.3.2 步进电动机

步进电动机又称电脉冲电动机，是伺服电动机的一种。步进电动机可按照输入的脉冲指令一步步地旋转，即可将输入的数字指令信号转换成相应的角位移。因此，步进电动机实质上也是一种数模转换装置。由于步进电动机成本较低，易于采用计算机控制，因此被广泛用于开环控制的伺服系统中。

1. 步进电动机的工作原理　步进电动机分为反应式、永磁式和混合式3种。

（1）反应式步进电动机：图3-30所示为反应式步进电动机的工作原理。步进电动机由定子和转子组成。定子包括A、B、C 3对磁极的铁心，其上分别缠有A、B、C相线圈，转子由硅钢片叠合而成，在其上做出4个齿。当A相通电，则磁极A产生电磁场，吸引转子，使1、3齿对准磁极A。然后变换为B相通电，则3、1齿对准磁极C，转子逆时针再转过30°。如此按A、B、C、A、…相循环通电，使转子继续回转。每次变换通电的相，转子作出减小磁阻的反应，并在磁阻最小的平衡位置上停留，故名反应式步进电动机。若改变通电顺序，按A、C、B、A、…相顺次通电，则转子顺时针回转。电动机运行一步为一拍。上述电动机变换相序一个循环时共运行3拍，称为三相三拍通电方式。通电顺序为AB、BC、CA、AB、…相时，称三相双三拍方式。通电顺序为A、AB、B、BC、C、CA、A、…相时，称三相六拍方式。电动机每运行一拍，转子转过的角度称为步距角 α，可由下式计算，即

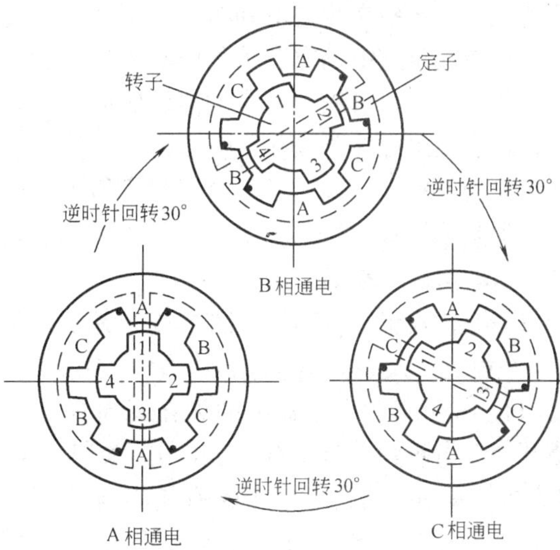

图3-30　反应式步进电动机的工作原理

A、B、C—磁极　1～4—齿

$$\alpha = \frac{360°}{PZK} \tag{3-8}$$

式中　P——步进电动机的相数；

Z——转子齿数；

K——状态系数。单、双三拍时，$K=1$；单、双六拍时，$K=2$。

由于反应式步进电动机转子上的齿不必充磁，在机械加工所允许的最小齿距情况下，转子的齿数可以做得很多，因此步距角小，转角分辨率高，一般步距角 $\alpha = 0.75° \sim 9°$。步进电动机的转速n(单位为r/min)为

$$n = \frac{60f\alpha}{360} = \frac{f\alpha}{6} \tag{3-9}$$

式中　f——输入脉冲频率（Hz）；

α——步距角。

（2）永磁式步进电动机：图 3-31 所示为永磁式步进电动机的工作原理。转子为永磁体，在其上做出 2 个齿，组成一对磁极。定子包括 A、B 两对磁极，其铁心上分别缠 A、B 相线圈。当按 A、B、(A_-)、(B_-)、A、…相顺次通电时，磁极产生的磁力线吸引转子，使转子顺时针回转，步距角为 90°；若按A、AB、B、B(A_-)、(A_-)、(A_-)(B_-)、(B_-)A、A…相顺次通电，则步距角为 45°。

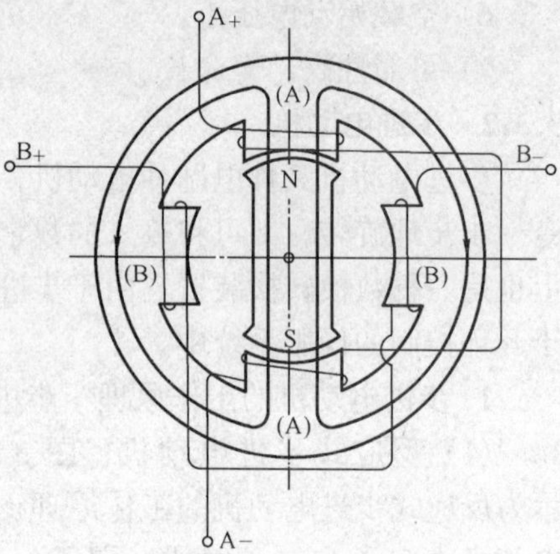

图 3-31　永磁式步进电动机的工作原理

A、B—磁极　A_+、B_+—正脉冲

A_-、B_-—负脉冲　N—N 极　S—S 极

永磁式步进电动机的转子为永磁体，定子磁极对转子的吸引力较反应式步进电动机大。在获得相同转矩的情况下，永磁式步进电动机的体积较小，耗电量亦小。永磁式步进电动机转子的电磁阻尼较大，单步运行振荡时间短，可缩短每步的停转时间。当电源切断后，转子受永磁体磁场作用，有定位转矩，被锁住在断电时的位置上，即转子不会漂移。但由于转子需充磁，限制了齿数，所以步距角 α 较大，一般为 15°、22.5°、30°、45°、90°等。

（3）混合式步进电动机：图 3-32 所示为混合式步进电动机的工作原理。转子由永久磁钢 2、左齿盘 1 及右齿盘 4 组成，左、右齿盘上均有 18 个齿，两齿盘上的齿在圆周方向错开半个齿距角。定子有 A、B、C、D 共 4 对磁极，每对磁极的铁心上缠有相应的线圈。永久磁钢的磁路 5 由 N 极经左齿盘 7、左气隙、定子铁心 3、右气隙、右齿盘 4 和 S 极回到 N 极。当 A 相线圈通电时，A 相线圈的电磁路6 由左齿盘 1 上正对 A 磁极的最上方 2 个齿和最下方 2 个齿（M—M 截面图示位置）经 A 磁极、定子铁心 3、C 磁极、右齿盘4 上正对 C 磁极的最左方 2 个齿和最右方 2 个齿（N—N 截面图示位置）及永久磁钢 2 回到左齿盘 1。上述正对 A、C 磁极的 8 个齿与磁极间的气隙最小，因此磁阻最小，磁动势最大，两截面图示转子位置是永久磁动势与电磁动势合成的磁动势达到最大值的位置，也是 A 相线圈通电时转子的平衡位置。当变换为 B 相线圈通电时，转子顺时针转过 1/4 齿距角，转到相应的平衡位置。如此顺次变换通电的相，每次转

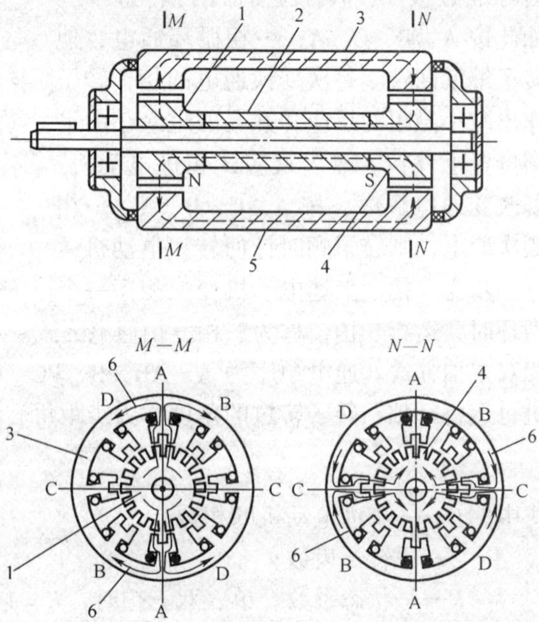

图 3-32　混合式步进电动机的工作原理

1—左齿盘　2—永久磁钢　3—定子铁心　4—右齿盘

5—永久磁钢的磁路　6—A 相线圈通电时的电磁路

A、B、C、D—磁极　N—N 极　S—S 极

过的步距角 α 为

$$\alpha = \frac{360^\circ}{4 \times 18} = 5^\circ$$

混合式步进电动机的转子由永久磁钢和齿盘组成，永久磁钢只有一对磁极，所以可将其看作永磁式步进电动机。但从定子的导磁体来看，它又和反应步进电动机相类似，因而混合式步进电动机既具有步距角小、位置分辨率高的优点，又具有体积小、励磁功率小、省电和定位转矩等优点。

2. 步进电动机的主要性能指标

(1) 最大静转矩：指步进电动机在某相始终通电而处于静止不动状态时，所能承受的最大外加转矩，也就是所能输出的最大电磁转矩，它反应了步进电动机的制动能力和低速步进运行时的负载能力。

(2) 步距误差：指空载时实测的步进电动机步距角与理论步距角之差，它在一定程度上反映了步进电动机的角位移精度。步距误差主要决定于步进电动机的制造误差。目前，国产步进电动机的步距误差一般在 $\pm(10' \sim 30')$ 范围内，精度较高的步进电动机可达 $\pm(2' \sim 5')$。

(3) 运行矩频特性：指步进电动机运行时，输出转矩与输入脉冲频率的关系。图 3-33 所示为 110BF 型步进电动机的运行矩频特性曲线。可见，步进电动机的输出转矩随运行频率的增加而减小，即高速时其负载能力变差，这一特性是步进电动机应用范围受到限制的主要原因之一。选择步进电动机时，为保证电动机有足够的输出转矩而不失步，应使步进电动机的转矩-频率工作点落在特性曲线的下方。

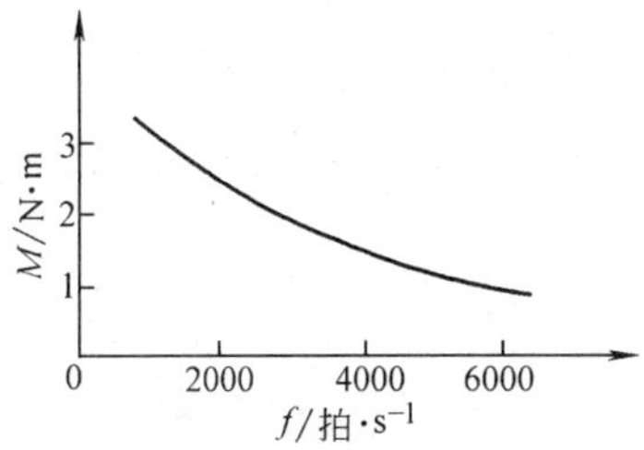

图 3-33　110BF 型步进电动机的矩频特性

(4) 最大相电压和最大相电流：分别是指步进电动机每相线圈所允许施加的最大电源电压和流过电流。实际应用的相电压和相电流如果超出允许值，可能会导致步进电动机线圈被击穿或因过热而烧坏，如果比允许值小得太多，步进电动机的性能又不能充分发挥出来。

3. 步进电动机的特点及选用　前面已介绍 3 类步进电动机的特点及工作原理，步进电动机与交、直流伺服电动机相比，具有下列优点：

1) 控制简单容易。步进电动机的转角或转速取决于脉冲数或脉冲频率，而不受电压波动和负载变化的影响，脉冲信号也很容易控制。

2) 体积小。步进电动机及其驱动电路的结构简单、体积小，能装入仪器、仪表及小型设备的内部。

3) 价格低。步进电动机既是动力元件，又是角位移控制元件，不需要测量装置和反馈系统，故控制系统简单、价格低廉。

然而，步进电动机的转矩和功率较小，角位移和角速度精度较低，步距角小时，难于获得高转速。

综上所述，步进电动机适用于中小型机电一体化设备和仪器、仪表中，可与传动装置组合，成为开环控制的伺服系统。在步距角小、功率小以及价格低的场合宜选用反应式步进电动机；在步距角大、运动速度低、对定位性能要求高的场合，宜选用永磁式步进电动机；对于既要求步距角小，又要求定位性能好的场合，可选用混合式步进电动机。

3.3.3 直流伺服电动机

1. 直流伺服电动机工作原理　直流伺服电动机的工作原理如图 3-34 所示。与普通直流电动机一样，直流伺服电动机由定子、转子、电刷和换相片等零件组成。定子上有磁极，它可以是永磁体，也可以是由硅钢片叠合而成的铁心。铁心上缠有线圈，线圈内通直流电后，便产生固定的磁场。转子上缠有线圈，称电枢线圈，线圈内通直流电后，便产生电磁转矩，使转子旋转。利用电刷和换相片使电磁转矩的方向保持不变，转子不断地旋转。通过控制直流电源的电压，便可变换转子的转速。

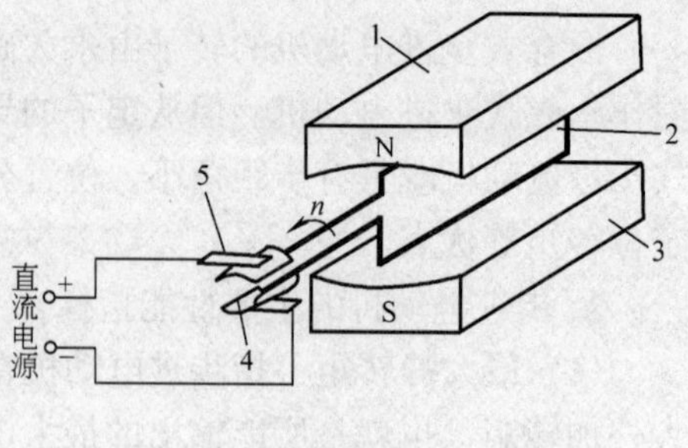

图 3-34　直流伺服电动机的工作原理

1—N 磁极　2—电枢线圈　3—S 磁极　4—换相片　5—电刷

直流伺服电动机的转速-转矩特性表达式为

$$n=\frac{u_a}{C_e\Phi}-\frac{R_a}{C_eC_T\Phi^2}T \tag{3-10}$$

式中　n——电动机转速；

u_a——电枢电压；

C_e——电动势系数；

Φ——定子磁场的磁通；

R_a——电枢电阻；

C_T——转矩系数；

T——电动机转矩。

由式（3-10）可得直流伺服电动机的转速-转矩特性曲线，又称机械特性曲线，如图 3-35 所示。该曲线表明，负载转矩 T 的变化对转速 n 的影响很小。这种特性符合许多机械的工作要求。

2. 直流伺服电动机的类型及控制方式

（1）类型：直流伺服电动机按电枢的结构与形状可分成平滑电枢型、空心电枢型和有槽电枢型等。平滑电枢型的电枢无槽，电枢铁心为光滑圆柱体，电枢线圈用环氧树脂粘固在圆柱铁心表面上，具有气隙大、转动惯量小和换向良好等特点；空心电枢型的电枢无铁心，电枢线圈用环氧树脂浇注成杯形，空心杯电枢内外两侧均有铁心构成回路，具有转动惯量小、换向好、低速运动平滑、响应速度快、寿命长和效率高等特点；有槽电枢型的电枢与普通直流电动机的电枢相似，具有转矩大、伺服性能好、反应迅速和稳定性好等特点。

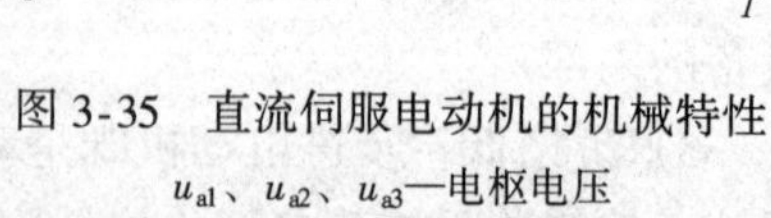

图 3-35　直流伺服电动机的机械特性

u_{a1}、u_{a2}、u_{a3}—电枢电压

直流伺服电动机还可按转动惯量的大小而分成大惯量、中惯量和小惯量直流伺服电动机。大惯量电动机的转子直径大、输出转矩大，可不经减速齿轮副直接传动丝杠。由于转子长度小、散热条件好，可输入电枢线圈较大的电流，获得较大的输出功率；而小惯量电动机的转子为细长型，转动惯量小，因此加（减）速时间短，对指令响应快，具有高的响应性

能，但散热条件差，温升高。为了避免温升过高，对输入电枢线圈的电流加以限制，导致电动机功率和转矩小。

(2) 控制方式：直流伺服电动机的控制方式主要有电枢电压控制和励磁磁场控制两种。

1) 电枢电压控制。电枢电压控制是在定子磁场不变的情况下，通过控制施加在电枢线圈两端的电压信号来控制电动机的转速和输出转矩。

2) 励磁磁场控制。励磁磁场控制是通过改变励磁电流的大小来改变定子磁场强度，从而控制电动机的转速和输出转矩。采用电枢电压控制方式时，由于定子磁场保持不变，其电枢电流可以达到额定值，相应的输出转矩也可以达到额定值，因而这种方式又被称为恒转矩调速方式。而采用励磁磁场控制方式时，由于电动机在额定运行条件下磁场已接近饱和，因而只能通过减弱磁场的方法来改变电动机的转速。由于电枢电流不允许超过额定值，因而随磁场的减弱，电动机转速增加，但输出转矩下降，输出功率保持不变，所以这种方式又被称为恒功率调速方式。

机电一体化伺服系统中通常采用永磁式直流伺服电动机，因而只能采用具有恒转矩调速特点的电枢电压控制方式，这与伺服系统所要求的负载特性也是吻合的。

3. 直流伺服电动机的选用　直流伺服电动机具有精度高、响应快和调速范围宽等优点，广泛应用于半闭环或闭环伺服系统中。设计时，在对工艺、负载、执行元件和伺服电动机特性等特点进行分析的基础上，选用直流伺服电动机的型号。

1) 根据负载的转矩和功率选用直流伺服电动机的型号。当工艺或负载要求恒转矩调速时，选用电枢控制调速方法；当工艺或负载要求恒功率调速时，选用励磁磁场控制调速法。

2) 根据执行元件的重量选用直流伺服电动机的型号。小惯量直流伺服电动机适用于驱动小重量的传动元件和执行元件，或用于负载转矩和功率较小的场合；大惯量直流伺服电动机适用于驱动大重量的传动元件和执行元件，或用于负载转矩和功率较大的场合。

3) 根据直流伺服电动机的机械特性选用其型号。图 3-36 所示是大惯量直流伺服电动机的机械特性曲线。图线 a、b、c、d、e 是 5 条曲线，这些曲线围成 3 个工作区：连续工作区、断续工作区和加（减）速工作区。选择直流伺服电动机时，应使不同工况时电动机的转速-转矩工作点落在相应的工作区内。

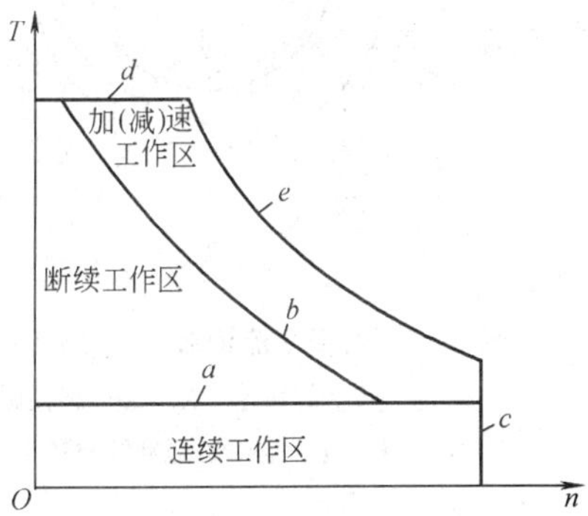

图 3-36　大惯量直流伺服电动机的机械特性曲线

a—绝缘限温曲线　b—换相片出现火花曲线　c—换相片间电压限制转速曲线　d—永磁材料去磁特性限制转矩曲线　e—电动机机械特性曲线

4) 根据直流伺服电动机的结构特点选用其型号。平滑电枢型广泛用于办公自动化、工厂自动化、国防工业、家用电器和仪表等领域；空心电枢型用于快速动作伺服系统，如机器人的腕、臂关节及其他高精度伺服系统；有槽电枢型一般用于需快速动作、功率较大的伺服系统。

3.3.4 交流伺服电动机

1. 交流伺服电动机的工作原理　交流伺服电动机分为同步型和异步型两类。

(1) 同步交流伺服电动机的工作原理：如图 3-37 所示，同步交流伺服电动机主要由转子和定子两大部分组成。在转子内装有特殊形状、高性能的永磁体，用以产生恒定磁场，无须励磁组和励磁电流。在电动机的定子铁心上绕有三相电枢线圈，接在可控的变频电源上。在线圈内通以交流电，便产生旋转磁场 N_0 和 S_0，吸引转子同步旋转，其转速 n_0 的计算式为

$$n_0 = \frac{60 f_0}{p} \tag{3-11}$$

式中　f_0——交流电源的频率（Hz）；

　　　p——定子旋转磁场的极对数。

为了使电动机产生稳定的转矩，电枢电流磁动势必须与磁极同步旋转，因此在结构上还必须装有转子永磁铁的磁极位置检测器，随时检测出磁极的位置，并以此为依据使电枢电流实现正交控制。这就是说，同步伺服电动机实际上包括定子线圈、转子磁极及磁极位置传感器 3 个部分。为了检测电动机的实际运行速度，或者进行位置控制，通常在电动机轴的非负载端安装速度传感器和位置传感器，如测速发电机和光电数码盘等。

(2) 异步交流伺服电动机的工作原理：如图 3-38 所示，异步伺服电动机的结构分为两大部分，即定子部分和转子部分。在定子铁心中安放着空间成 90°电角度的两相定子线圈，其中一相为励磁线圈 2，始终通以交流电压 u_f；另一相为控制线圈 1，输入同频率的控制电压 u_k，改变控制电压的幅值或相位可实现调速。转子的结构通常为笼形。

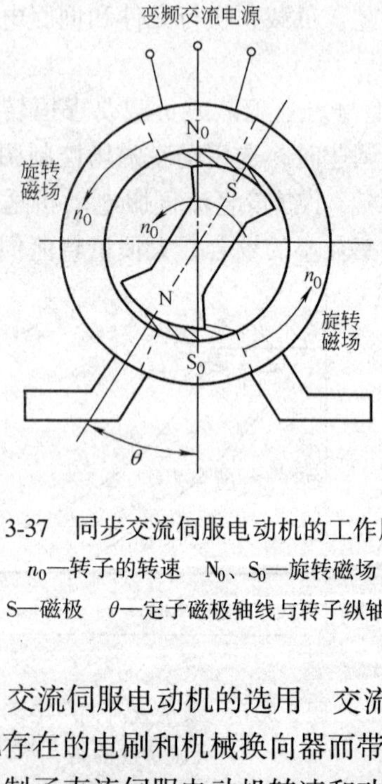

图 3-37　同步交流伺服电动机的工作原理

n_0—转子的转速　N_0、S_0—旋转磁场

N、S—磁极　θ—定子磁极轴线与转子纵轴夹角

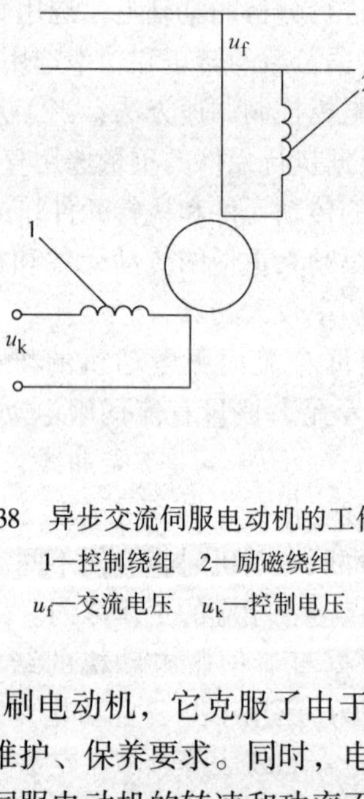

图 3-38　异步交流伺服电动机的工作原理

1—控制绕组　2—励磁绕组

u_f—交流电压　u_k—控制电压

2. 交流伺服电动机的选用　交流伺服电动机是无电刷电动机，它克服了由于直流伺服电动机存在的电刷和机械换向器而带来的限制，无此项维护、保养要求。同时，电刷和换相片还限制了直流伺服电动机转速和功率的提高，而交流伺服电动机的转速和功率不受这种限制，有较宽的调速范围（可达 1:100000）和功率范围。由于交流伺服电动机的转子无线圈，转动惯量小，故具有高的响应性能。交流伺服系统多为闭环控制，精度很高。交流伺服电动机本身的结构简单、价格低，但变频装置复杂、价格昂贵。但随着电子技术、计算机技术和控制理论的发展，交流伺服电动机控制困难的问题得到了解决，从而使其在机电一体化系统中获得了广泛的应用。在选用交流伺服电动机时，要综合考虑工艺对转速和转矩的要求、电动机的特性和价格等因素。同步交流伺服电动机目前在数控机床和工业机器人等小功率场合

得到较广泛的应用，异步交流伺服电动机主要用于小功率控制系统中。

复习思考题

1. 常用的执行机构装置有几种及特点。
2. 采用不同加工方法的执行装置结构工艺性各有哪些？
3. 伺服电动机应具备的基本要求是什么？
4. 直流伺服电动机的类型及控制方式有几种

第 4 章　机电一体化常用电路及应用

机电一体化技术作为机械技术、电子（尤其是微电子）技术和计算机技术等技术的复合技术，其核心技术中的检测传感技术、信息处理技术和自动控制技术等技术无一不涉及电子技术。因此，本章将对模拟电子技术、数字电子技术和集成电路等几个方面的基本知识以及其在机电一体化系统中的有关应用进行简要介绍。

由于现代电子技术的发展，几乎所有的实用电路都由模拟电子器件和数字器件混合组成，而数字器件又多为集成电路器件。所以，在本教材中，对各种电路的分析，只能是尽量对模拟电路和数字电路进行区别。

4.1　模拟电路及应用

4.1.1　构成模拟电路的主要元器件

构成模拟电路的主要元器件包括电阻、电容、电感线圈、变压器、二极管、三极管、石英谐振器和继电器等。

1. 电阻　电阻是电子线路中应用最多的元件之一，其在电路中主要用于分压、分流、滤波、偶合、阻抗匹配以及作为负载等。电阻的符号为“R”，基本单位为“欧姆”，单位符号为“Ω”。

电位器是一种具有 3 个接头的可变电阻，可通过调节电位器的转轴，平滑地改变其电阻值。

电阻按材料和结构可分为碳膜电阻、金属氧化膜电阻、线绕电阻、热敏电阻和压敏电阻等。

电阻的阻值表示方法有数值表示法和色环表示法，如图 4-1 所示。

有关电阻值的色环含义见表 4-1。

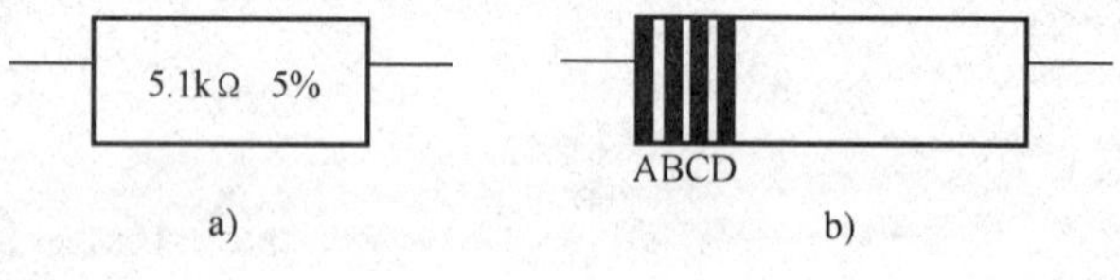

图 4-1　电阻阻值表示法
a）数值表示法　b）色环表示法

表 4-1　电阻值的色环含义

色环颜色	第一色环（A）①	第二色环（B）②	第三色环（C）③	第四色环（D）④
黑	—	0	$\times 10^0$	±1%
棕	1	1	$\times 10^1$	±2%
红	2	2	$\times 10^2$	±3%
橙	3	3	$\times 10^3$	±4%
黄	4	4	$\times 10^4$	—
绿	5	5	$\times 10^5$	±0.5%
蓝	6	6	$\times 10^6$	±0.2%
紫	7	7	$\times 10^7$	±0.1%
灰	8	8	$\times 10^8$	—
白	9	9	$\times 10^9$	—

（续）

色环颜色	第一色环（A）①	第二色环（B）②	第三色环（C）③	第四色环（D）④
金	—	—	$\times 10^{-1}$	±5%
银	—	—	$\times 10^{-2}$	±10%
本身颜色	—	—	—	±20%

①第一色环表示电阻值的第一位数。

②第二色环表示电阻值的第二位数。

③第三色环表示电阻值的乘数。

④第四色环表示电阻值的允许误差。

如某一个电阻的色环分别为棕、黑、红和银色，根据表 4-1 的规定，则该电阻的阻值为 $10\times10^2\Omega$，允许误差为 ±10%。

电阻的测量可以直接用万用表或晶体管图示仪进行。

对于一般的电子线路，可以选用普通的碳膜或碳质电阻；对于高品质的设备，应选用金属膜或线绕电阻；对于测量电路或仪器/仪表电路，应选用精密电阻；在高频电路中，则应选用表面化电阻或无感电阻，不能使用合成电阻或普通的线绕电阻。

2. 电容　电容具有隔直流和通交流的能力，在电气工程和无线电工程中有非常重要的作用。利用电容的充放电特性，可以组成定时电路、锯齿波发生电路、PID 电路及滤波电路等。

电容用符号“C”表示，基本单位是“法拉”，符号为“F”。由于法拉的单位太大，所以常用的单位是毫法（mF）、微法（μF）和纳法（nF）。

电容器的种类很多，从结构上分，有固定电容和可变电容两大类。根据材料的不同可分为气体介质（空气介质、真空介质）电容器、无机固体介质（纸介质、涤纶介质）电容器、液体介质（油浸）电容器、电解介质（液式、干式）电容器和复合介质（纸膜混合）电容器。

电容器的容量和允许误差有数值表示法（用文字和数字或符号直接打印在电容器上）和色环表示法（用 3~4 个色环表示电容器的容量和允许误差）两种，各色环的含义见表 4-2。

表 4-2　电容值的色环含义

颜色	第一色环和第二色环①	第三色环②	第四色环③	颜色	第一色环和第二色环①	第三色环②	第四色环③
银	—	10^{-2}	±10	绿	5	10^5	±0.5
金	—	10^{-1}	±5	蓝	6	10^6	±0.2
黑	0	10^0	—	紫	7	10^7	±0.1
棕	1	10^1	±1	灰	8	10^8	—
红	2	10^2	±2	白	9	10^9	±5
橙	3	10^3	—	无色	—	—	±20
黄	4	10^4	—				

①第一色环和第二色环表示电容器容量的第一位数和第二位数。

②第三色环表示电容器容量的乘数。

③第四色环表示电容器容量的允许误差。

图 4-2a 所示电容的容量为 15×10^4pF，允许误差为 ±10%，图 4-2b 所示电容的容量为 47×10^3pF = 0.047μF。

电容器一般可以用万用表粗略地测量、估算其电容值，精确测量其电容值需要用高频 Q 表或利用 10V 交流电源与万用表配合进行测量。

根据不同类型电容的特点，一般来说，用于低频偶合、旁路的电容宜选用纸质介质电容；用于高频和高压电路时，应选用云母介质和瓷质电容；用于电源滤波电路时宜采用电解电容。

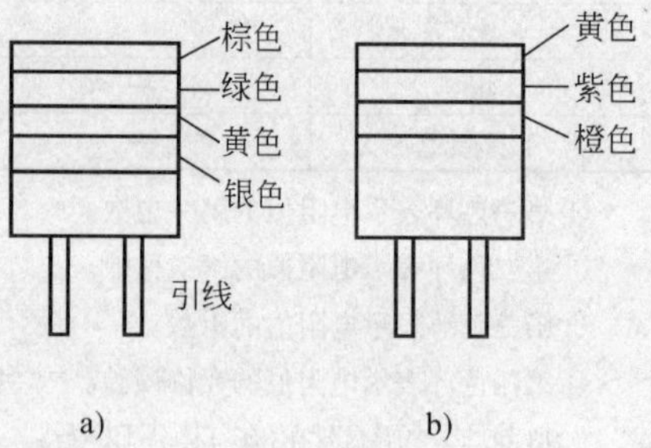

图 4-2　电容器色环表示法

3. 电感线圈和变压器

(1) 电感线圈：电感线圈是根据电磁感应原理制成的器件，在 LC 滤波、调谐放大器或振荡器的谐振和均衡电路等方面有比较多的运用。

电感线圈用符号“L”表示，基本单位是“亨利”，符号为“H”。电感线圈的种类很多，按结构可分为单层线圈、多层线圈、蜂房线圈、带磁心线圈和可变线圈等。

电感线圈可以用万用表直接测量其通断情况，要精确测量电感量还必须依靠高频 Q 表或利用 10V 交流电源与万用表配合进行测量。

电感线圈选用时应注意如下事宜：

1) 按工作频率的要求选择某种结构的线圈。用于音频段时，一般选用带铁心或低氧铁氧体芯的线圈；几百赫兹或几千赫兹甚至更高的高频的场合，一般使用铁氧体芯，并有多股绝缘线绕制的线圈，以减少集肤效应和提高品质因数；在一百赫以上的高频线路中，应该尽量使用空心线圈。

2) 在高频电路中，应使用高频损耗小的高频瓷材料作线圈骨架。一般场合可以选用塑料、纸或胶木骨架。

(2) 变压器：变压器是利用两个绕组的互感原理来传递交流电信号和能量的器件。变压器还能起到变换前后级阻抗而使阻抗匹配的作用。

变压器按照工作频率的不同，可分为高频变压器、中频变压器、低频变压器和脉冲变压器等几种。高频变压器一般在线路中作阻抗变换器；中频变压器经常用于中频放大；低频变压器的种类很多，一般用于电源变压器、I/O 变压器、级间变压器和偶合变压器等；脉冲变压器则主要用于脉冲电路。

变压器的主要参数有电压比、效率和频率响应等。

4. 二极管　二极管是由半导体材料（主要是硅和锗）制造的 PN 结组成，由于 PN 结结构的单向导电性和半导体材料的特殊性能，使二极管在电子线路中得到了极其广泛的运用。

二极管按照其用途可分为检波、整流、稳压、桥式整流组件、硅堆、开关、发光、光电、变容和隧道二极管等。

二极管可以用万用表测量其正负极性和是否被击穿；利用晶体管图示仪测量其正/反向特性和各种参数。

二极管应根据其不同用途正确选用。变容二极管主要应用于通信设备中倍频、限幅和频率微调电路；隧道二极管主要用于高频脉冲电路和高频电路。

5. 三极管　三极管是电子线路中用途十分广泛的器件。主要起电压（或电流、功率）放大、开关和信号反向等作用。

三极管按照材料可分为锗管和硅管；按照其 PN 结的组合可分为 PNP 三极管和 NPN 三极管；按照其工作频率可分为高频管（特征频率在 3MHz 以上）和低频管（特征频率 3MHz 以下）；按照功率大小可分为大功率管（允许耗散功率大于 1W）、中功率管（允许耗散功率为 0.5～1W）和小功率管（允许耗散功率小于 0.5W）。

除了普通的三极管之外，还有几种特殊的三极管，它们是：

（1）场效应晶体管：一种电压控制的半导体器件，可分为结型场效应晶体管（J—FET）和绝缘栅型场效应晶体管（MOS 管）。场效应晶体管具有极大的输入阻抗，因此，常用于电压放大和阻抗变换。

（2）单结晶体管：因其具有两个基极，故又称为双基极三极管。单结晶体管是一个负阻器件，对应每一个电流值，都有一个确定的电阻。而对应每一个电压则可能有多个电流值。根据单结晶体管的负阻特性，该器件常被用于弛张振荡器和自谐振荡器等多种脉冲电路中。

（3）晶闸管：晶闸管是一种能进行强电控制的大功率半导体器件。因此，晶闸管常被用于整流、无触头开关以及逆变和变频的场合。其导通条件是：正负级间加正向电压，且控制级（门极）加触发电压；晶闸管必须有专门的触发电路才能正常工作。

图 4-3 所示为利用单结晶体管 V_1 构成的基本晶闸管触发电路。当开关 S 合上后，电容 C_1 开始充电，单晶管此时处于截止状态；当 C_1 充电至单结晶体管 V_1 峰点电压后，单结晶体管 V_1 导通，电容 C_1 放电，由于电容 C_1 的放电时间常数很小，单结晶体管 V_1 很快再次截止。在其导通的期间，在 R_3 上输出脉冲，作为晶闸管（图中未画出）的触发电压。R_1C_1 的充电时间决定了晶闸管导通角的大小。

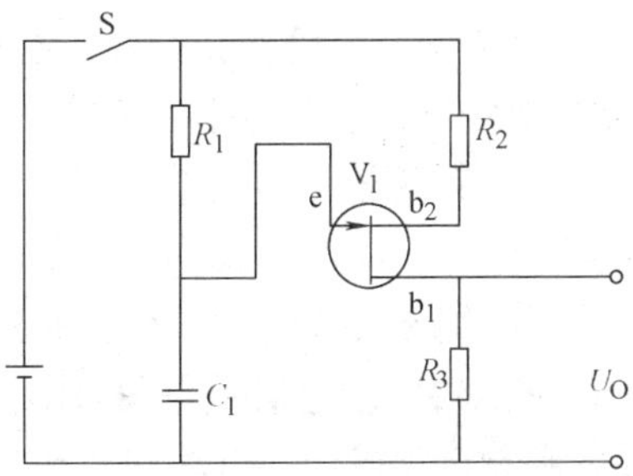

图 4-3　利用单结晶体管构成的基本晶闸管触发电路

各种三极管均可以用万用表和晶体管图示仪测量其参数，判断其管脚极性。

晶体管的型号由电极数目、材料和极性、类型、序号和规格等 5 个部分构成。

1）电极数目。2 表示二极管，3 表示三极管。

2）材料和极性。用汉语拼音字母表示，见表 4-3。

3）类型。用汉语拼音字母表示，见表 4-3。

4）序号。用阿拉伯数字表示。

5）规格。用汉语拼音表示。

表 4-3　晶体管型号中汉语拼音字母的含义

第一部分			第二部分			
符号	含义		符号	含义	符号	含义
A	二极管	N 型锗材料	P	普通管	D	低频大功率管
B		P 型锗材料	V	微波管	A	高频大功率管
C		N 型硅材料	W	稳压管	T	可控整流器
D		P 型硅材料	C	参量管	Y	体效应器件

（续）

第一部分			第二部分			
符号	含义		符号	含义	符号	含义
A	三级管	PNP 锗材料	Z	整流管	B	雪崩管
B		NPN 锗材料	L	整流堆	J	阶跃恢复管
C		PNP 硅材料	S	隧道管	CS	场效应晶体管
D		NPN 硅材料	N	阻尼管	BT	半导体特殊器件
E		化合物材料	U	光电器件	IG	复合管
			K	开关管	PIN	PIN 管
			X	低频小功率管	FG	发光管
			G	高频小功率管		

如果在电路设计或维修中，无法得到与性能要求相符的晶体管，可以用其他型号或类型的晶体管代替。主要可以互相替代的情况有：

1）用高频管代替低频管，需要注意功率的问题，但低频管不能代替高频管。

2）用开关管代替普通管。

3）只要参数相同，PNP 和 NPN 管一般可以互相代替，但要注意管脚极性的变化。

4）用不同三极管代替场效应晶体管。

5）用复合管代替单个三极管，增加放大倍数。

6. 石英谐振器　石英谐振器的主要原料是石英单晶（水晶）。它具有高稳定的物理、化学性能，弹性振动损耗极小，且品质因数极高，是一种用于稳定频率和选择频率的电子元件，广泛应用于无线电话、载波通信和时钟等场合。

7. 继电器　继电器是一种对电路进行控制和换接的器件，是自动化设备中的主要电器元件，起着自动操作、自动调节和安全保护等重要作用。

继电器按照感受的物理现象不同，可以分为电子继电器、机械继电器、光学继电器和声继电器等。按照用途又可分为启动继电器、中间继电器、步进继电器、过载继电器和限时继电器等。在生产实际中，人们又习惯地将继电器分为直流继电器、交流继电器、干簧继电器、时间继电器和固态继电器等。

与普通电磁继电器主要靠线圈吸合/释放来控制触点的通断，进而达到电路控制的原理不同，固态继电器（SSR）是利用电子技术发展起来的无机械触点的电子继电器。其内部组成如图 4-4 所示。就外部特性而言，固态继电器可以与电磁继电器同样使用。

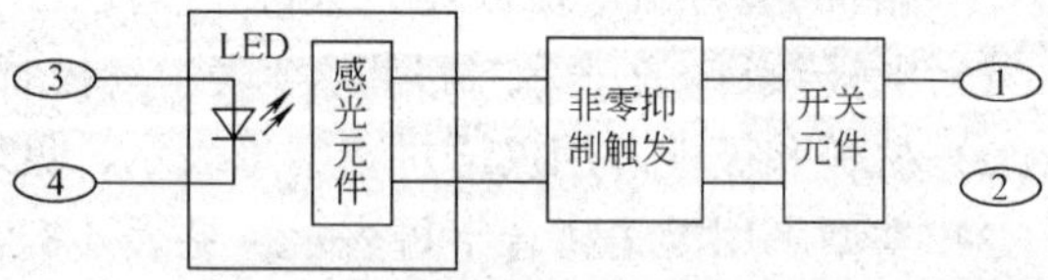

图 4-4　固态继电器内部组成图

继电器使用的原则主要有如下几条：

1）根据所控制的电路确定触点的种类及数量，以触点电路的电流种类、大小及电压高低确定触点容量。

2）根据控制电路的特点，确定继电器的种类、功率及容量。

3）根据控制电路的要求，确定继电器的动作时间。

4）选用继电器应考虑的环境和工作条件包括：温度和湿度，设备或电路的工作寿命，设备的振动和移动对继电器的影响，继电器的外形尺寸、体积和重量。

4.1.2 电路简介

有关模拟电路的电路分析、计算和功能介绍，请查阅有关专业书籍或手册。在这里，仅简要介绍机电一体化系统中常用的部分模拟电路。

1. 电源电路　电源电路主要是指为工作设备的需要，将外部电源转换为设备所需要的电源的电路部分，是设备电路的常用组成部分，最常用的有整流电路、隔离电路和变频电路等。

（1）晶闸管可控电源电路：对于机电一体化系统而言，晶闸管可控电源是比较常见的。下面，简单了解以下单相桥式全控整流电路的工作原理。

单相桥式全控整流电路如图 4-5 所示，外部交流电压 u_1 经变压器 T_1 变压（或隔离）后，在二次侧产生二次侧电压 u_2。晶闸管 Q_1 和 Q_4 组成一对桥臂，Q_2 和 Q_3 组成另一对桥臂。当 u_2 处于正半周（a 端正，b 端负）时，在触发延迟角 α 到达的瞬间，为一组桥臂加上触发电压，使之导通。此时，另一组桥臂则处于反向截止；当 u_2 处于负半周（a 端负，b 端正）时，在触发延迟角 α 到达的瞬间，为另一组桥臂加上触发电压，使之导通。此时，原来一组桥臂则处于反向截止。两组桥臂交替导通，在负载上获得脉动较小的直流电。

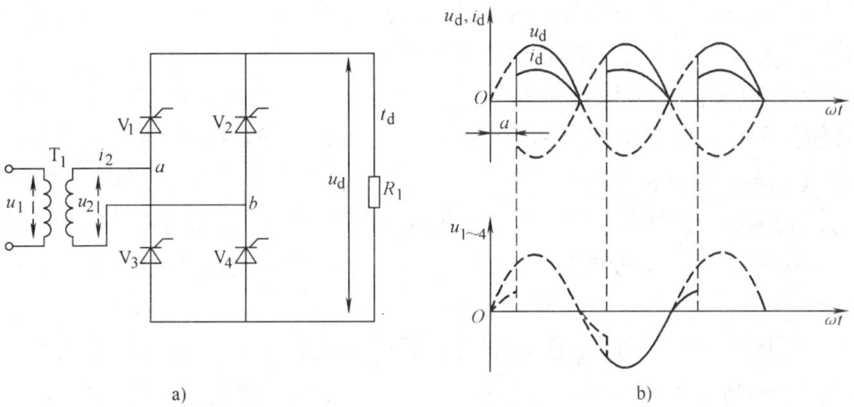

图 4-5　单相全控整流电路及波形

a）电路　b）波形

通过晶闸管触发电路改变触发延迟角 α 的大小，就能够控制负载电压的高低，从而达到控制的目的。

三相交流电也能够通过晶闸管可控整流电流获得可以控制的直流电。其基本原理与单相整流电路类似。

（2）晶闸管变频电路：晶闸管变频电路在电动机变频调速系统中有着十分重要的应用。因此，在机电一体化系统中，时常能看到晶闸管变频电路的身影。晶闸管变频电路的基本电路构成如图 4-6 所示。

该变频电路为交-直-交变频电路，主要由整流器、滤波环节和逆变器 3 部分组成。整流电路为晶闸管三相桥式可控整流电路，其作用是与滤波环节一起，将三相交流电转变为直流电；逆变器的作用则是将直流电逆变为频率可调的交流电，是变频器的主要部分。

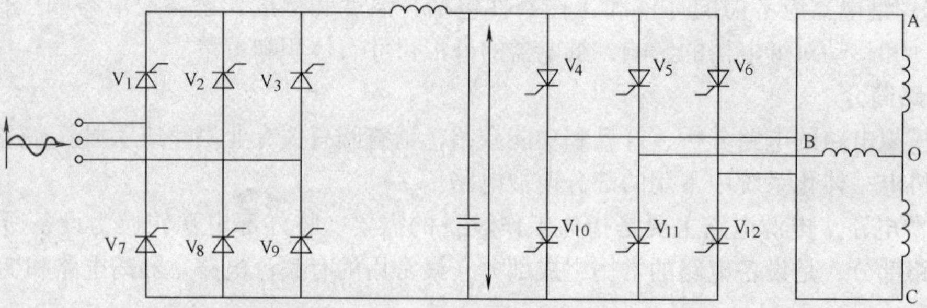

图 4-6　晶闸管变频电路

在逆变器中，晶闸管是作为开关电器使用的，要求有可靠的导通和关断能力。因此，在该电路中，除了要有专门的触发电路之外，还需要一个专门的换相电路保证晶闸管的关断，换相是在同一相桥臂电路中进行的。

根据晶闸管在一个周期内导电的时间不同，该电路有 180°通电型和 120°通电型两种。以 180°通电型为例，当电机正转时，晶闸管的导通顺序是 $V_4 \sim V_{12}$。各触发信号间相隔 60°相位角，由于任意瞬间都有三只晶闸管同时导通（每一个桥臂一个晶闸管导通），所以，在整个周期内，每个晶闸管导通 180°，每相输出电流相位差 120°，是三相交流电。

输出电流的频率控制是通过改变整个电路的频率发生器的振荡频率实现的。

(3) DC/DC 隔离电源：采用 DC/DC 隔离电源的目的主要是隔开两侧电路的地线，以切断电源干扰，是机电一体化系统的重要抗干扰措施。

1）开关稳压电源。开关稳压电源如图 4-7 所示。VT 是大功率晶体管，相当于电源开关，其基极输入的脉冲信号的宽度和频率决定了 u_O 的值。当基极脉冲处于高电平时，VT 导通，u_I 对电容充电；当基极脉冲处于低电平时，VT 截止，电容充电停止，并向后面的负载供电。可见，VT 导通的时间越长，电容充电越充分，电压 u_O 越高，反之，则电压 u_O 越低。因此，在脉冲频率固定的情况下，改变脉冲的高电平宽度就可以改变电压 u_O 的高低。

2）推挽式 DC/DC 变换电源。推挽式 DC/DC 变换电源如图 4-8 所示。工作控制信号从 b_1、b_2 输入，三极管 VT_1、VT_2 工作在推挽方式。当工作控制信号为正半周时，VT_1 导通，放大正半周信号；当工作控制信号为负半周时，VT_2 导通，放大负半周信号。放大后的电压经变压器 T 偶合到二次侧，再经过整流、滤波输出电压 U_O。这样，就实现了直流电压 U_I 变换成直流电压 U_O 的 DC/DC 隔离变换功能。且 U_O 的大小可以受 b_1、b_2 控制信号的控制。

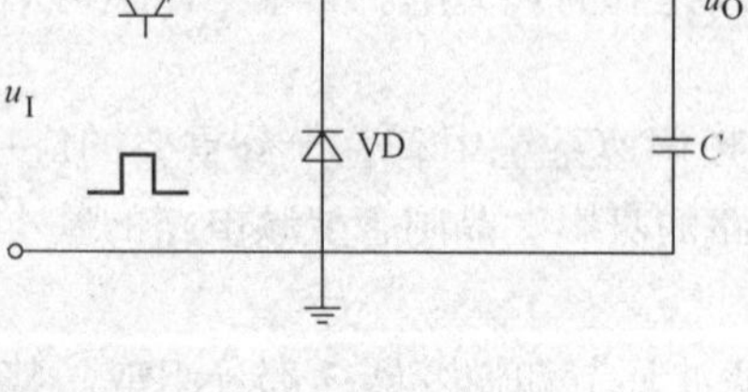

图 4-7　开关稳压电源

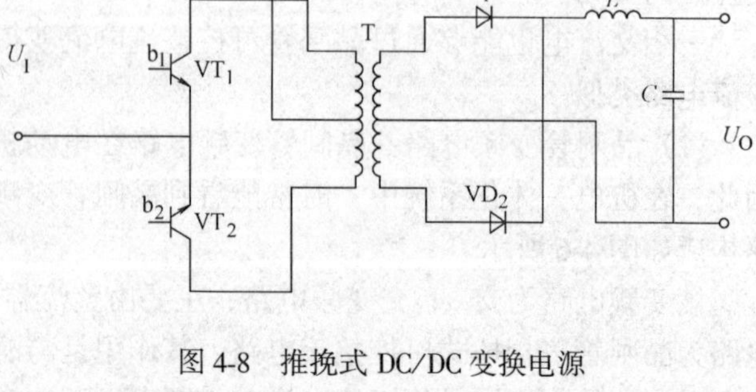

图 4-8　推挽式 DC/DC 变换电源

3）桥式 DC/DC 变换电源。桥式 DC/DC 变换电源如图 4-9 所示，4 个功率三极管 VT_1 ~ VT_4 组成桥式开关功率放大电路。通过控制信号，使 VT_1、VT_4 导通，VT_2、VT_3 截止，或 VT_2、VT_3 导通，而 VT_1、VT_4 截止。这两种工作状态反复循环，产生交变电压，通过变压器 T 偶合到二次侧，再通过整流、滤波，输出直流电压 U_O。这样，就实现了直流电压 U_I 变换成直流电压 U_O 的 DC/DC 隔离变换功能，且 U_O 的大小可以受三极管基极控制信号的控制。

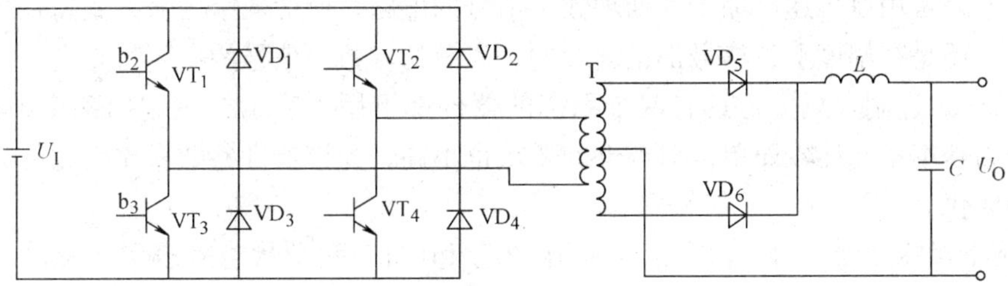

图 4-9　桥式 DC/DC 变换电源

2. 光隔离电路和开关量输出控制　在机电一体化系统中，各种功率、控制信号交织在一起，各个控制系统之间的相互干扰是无法避免的。因此，在各级系统之间，经常要利用光隔离电路来保证信号的正常传递和干扰的隔离。此外，控制系统输出的小功率信号也必须放大成大功率信号才能真正推动执行部件工作。下面，简单介绍集光隔离和开关量输出控制为一体的电路。

电路的组成如图 4-10 所示，虚线框部分就是光隔离电路，以发光二极管为输入端，光敏三极管为输出端。上一级的控制信号通过发光二极管传递到光敏三极管，光敏三极管将信号同步输出至后续电路，完成信号的转换，使控制系统通过光隔离连接起来，有效信号可以正常传递，而干扰信号被隔离。

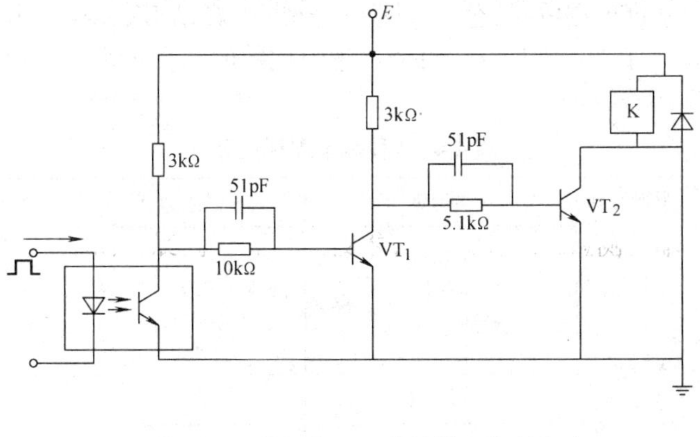

图 4-10　光隔离和开关量输出控制电路

该电路的开关量输出控制由继电器线圈 K 和二极管 VD 构成。由光隔离电路传来的信号经功率三极管 VT_1 和 VT_2 的两级放大传至继电器 K 的线圈。当 a 端输入高电平时，光隔离输出为低电平，VT_1 截止，VT_2 导通，继电器 K 的线圈得电导通，由该线圈控制的触点（本图中未画出）动作；当 a 端输入低电平时，光隔离输出为高电平，VT_1 导通，VT_2 截止，继电器 K 的线圈失电关断，由该线圈控制的触点还原，从而实现了通过上述控制电路的小信号控制了由继电器触点控制的大电流电路。

在继电器 K 的线圈由导通到关断的瞬间，线圈中的感应电动势产生的电流经二极管 VD 释放。

4.2 数字电路及应用

4.2.1 数字电路的特点

数字电路是用以传递、加工和处理数字信号的电路。所谓数字信号，其特征主要是无论在时间上、还是在幅度上，信号都是断续的、离散的。数字信号的主要特点有：

1）采用二进制。只要是具有两个稳态的器件都可用来表示二进制的两个数码。所以，数字电路的基本单元比较简单，对器件的要求也不高，允许器件参数有比较大的离散性，易于实现集成化。

2）抗干扰能力强。由于数字信号是用“0”和“1”两个状态来表示，所以，不易受外界干扰。

3）精度高。数字信号的精度与该信号的数字位数有关，只要增加二进制数的位数，就能十分有效地提高信号的精度。

4）保密性好。数字电路能十分方便地对信号进行保密处理。

5）通用性强。数字技术发展到今天，各种标准的数字集成部件已经十分普遍，我们能够十分方便地用各种标准的数字集成部件组成各种数字电路。

4.2.2 数字电路的基本单元

1. 逻辑门电路及逻辑代数　逻辑门电路一般是利用电路的输入信号作为条件，输出信号作为结果，从而使电路的输入和输出之间有一定的因果关系（逻辑关系）。最基本的逻辑电路有与门、或门和非门。常用的逻辑电路还有与非门、或非门和与或非门等。

谈到逻辑电路就必然涉及逻辑代数。所谓逻辑代数（也称布尔代数），是反映逻辑变量运算规律的数学，是分析逻辑电路的重要工具。逻辑代数也用字母 A、B、C、…、X、Y 等表示变量，但其取值只有“0”和“1”两个。逻辑代数的运算也可以用运算表达式表达（见表 4-4 和表 4-5）。

表 4-4　3 种基本逻辑运算

真值表 \ 逻辑运算		与运算	或运算	非运算
逻辑符号		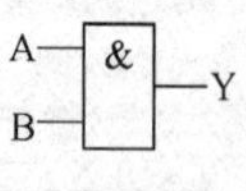	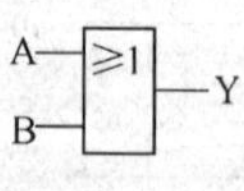	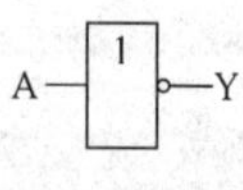
逻辑变量 / 表达式		$Y = A \cdot B$	$Y = A + B$	$Y = \overline{A}$
A	B			
0	0	0	0	1
0	1	0	1	1
1	0	0	1	0
1	1	1	1	0

2. 组合逻辑电路　利用基本逻辑电路，可以组合成能完成一定功能的逻辑电路。组合逻辑电路的分析主要根据其输入和输出信号的关系来判断其功能。

表 4-5 几种常见的复合逻辑运算

真值表 / 逻辑变量		逻辑运算	与 非	或 非	异 或	同 或
		逻辑符号	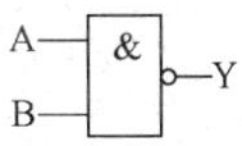	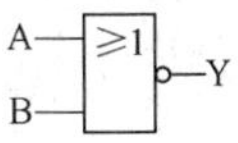	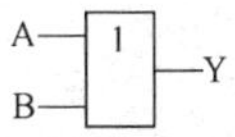	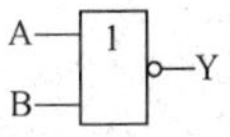
A	B	表达式	$Y=\overline{AB}$	$Y=\overline{A+B}$	$Y=A\overline{B}+\overline{A}B$	$Y=AB+\overline{A}\,\overline{B}$
0	0		1	1	0	1
0	1		1	0	1	0
1	0		1	0	1	0
1	1		0	0	0	1

常用的组合逻辑电路有编码器（将二进制数编成按一定规律排列的代码，且每个代码有固定的含义）、译码器（将二进制代码变换成一定的控制信号或含义）、比较器和存储器等。

4.2.3 双稳态集成触发器及应用

双稳态集成触发器在输入信号的作用下，两个稳态可以相互转换，当输入信号消失后，原有的两个稳态可以保留下来,因此，它具有记忆和存储信息的功能。触发器主要由集成门电路组成，应用十分广泛。

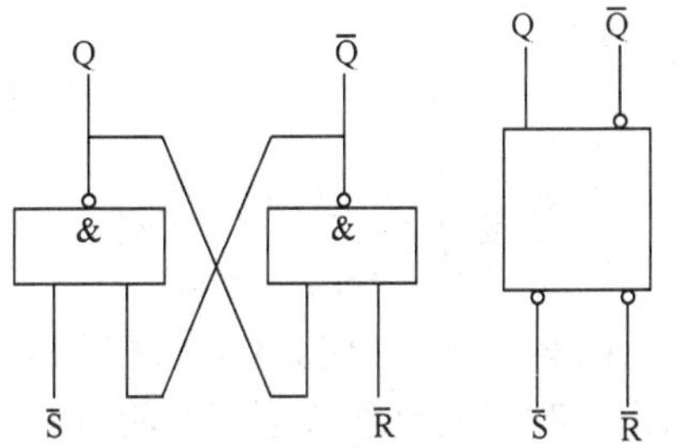

a) b)

图 4-11 基本 RS 触发器

a）逻辑图 b）逻辑符号

1）基本 RS 触发器。用与非门构成的基本 RS 触发器如图 4-11 所示，Q 和 $\overline{Q}$ 是触发器的两个互补输出端，规定 Q 端的状态作为触发器的输出状态。输入端 $\overline{S}=0$ 时，Q 端恒为 1，所以将 $\overline{S}$ 端称为置位端。$\overline{R}=0$ 时，Q 端恒为 0，所以将 $\overline{R}$ 端成为复位端。

2）同步 RS 触发器和主从 RS 触发器。在数字系统中，输出信号不仅需要跟随输入信号变化，而且在更多的情况下，还需要其随系统时钟信号的变化而变化。因此，将 RS 触发器加入时钟脉冲信号构成同步 RS 触发器（见图 4-12)。由两个同步 RS 触发器和非门 G 构成主从 RS 触发器（见图 4-13)。

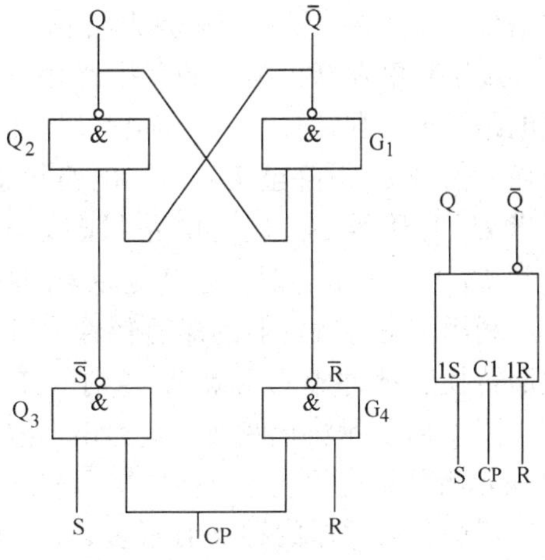

a) b)

图 4-12 同步 RS 触发器

a）逻辑图 b）逻辑符号

由图 4-12 和图 4-13 可件，同步 RS 触发器的输出除了受输入信号 $\overline{S}$和 $\overline{R}$控制之外，还受到时钟同步信号 CP 的控制，使触发器的输出状态的改变与时钟脉冲同步；而主从 RS 触发器则比较复杂，由 2 个同步 RS 触发器和非门构成。FF1 为主触发器，FF2 为从触发器。主从 RS 触发器能严格地保证输出状态与时钟的同步，有效地防止触发器的“空翻”问题。

3）主从 JK 触发器。由于 RS 触发器在输入信号 R = S = 1 时，会出现输出状态不定的情况，因此，把输出端 Q 和 $\overline{Q}$ 分别反馈至主触发器的 R 和 S 端，并分别另加 J、K 两个输入端，构成如图 4-14 所示的主从 JK 触发器。

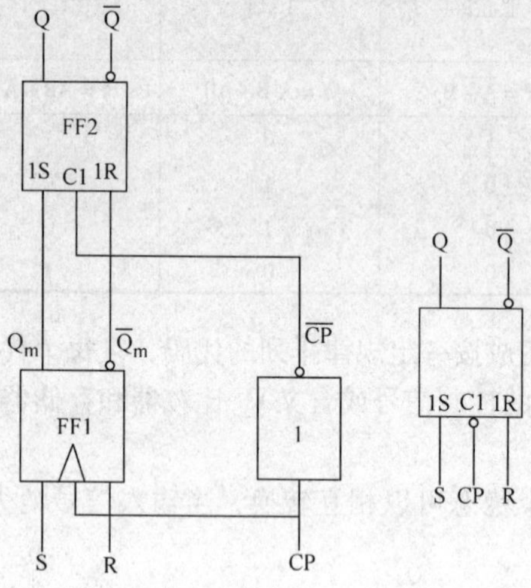

图 4-13　主从 RS 触发器
a）逻辑图　b）逻辑符号

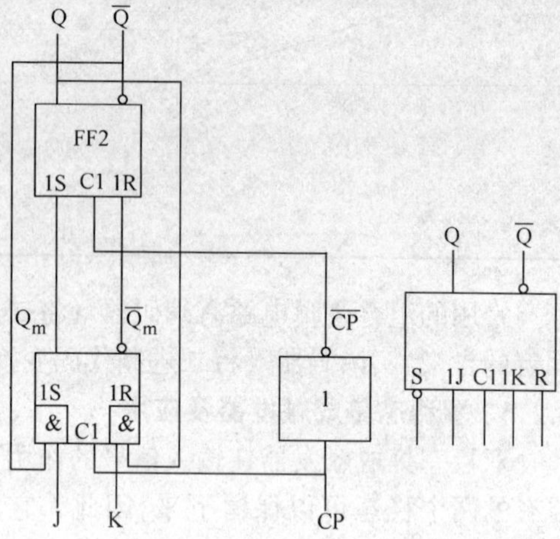

图 4-14　主从 JK 触发器
a）逻辑图　b）逻辑符号

当 J = 0、K = 1 时，Q = 0；当 J = 1、K = 0 时，Q = 1；当 J = K = 1 时，输出状态翻转；当 J = K = 0 时，输出维持不变。所以，当 J = K = 1 时，触发器的输出随着时钟脉冲的输入而变化，处于计数状态；当 J = K = 0 时，输出维持不变，执行保持功能。

4）施密特触发器。施密特触发器是常用的整形电路，可以将缓慢变化的信号（如正弦信号、三角波和锯齿波等）或波形不整齐的脉冲信号变换成边沿陡峭的矩形脉冲信号。

施密特触发器也是一种双稳态触发器，但其电路状态的翻转存在一个滞后（见图 4-15）。当输入信号 U_I 下降至 U_{T-} 时，电路状态翻转。但当 U_I 上升到 U_{T-} 时，电路状态并不翻转，直到 U_I 上升至 U_{T+} 时，才恢复原来的状态。

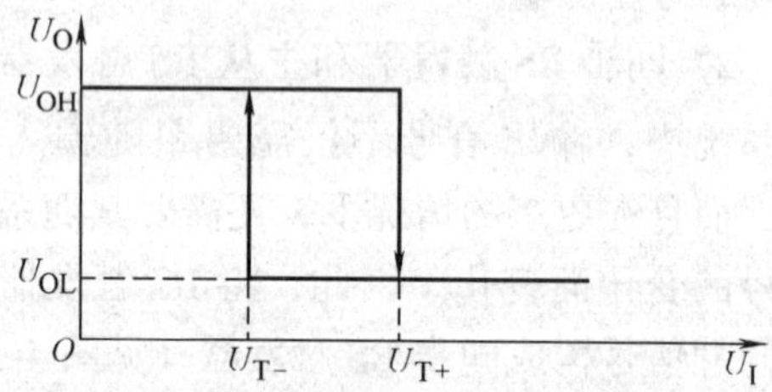

图 4-15　施密特触发器的滞后特性

利用施密特触发器的滞后特性，可以完成波形转换、脉冲整形和幅度鉴别等工作。例如，图 4-16 所示将正弦波转变为矩形波，图 4-17 所示将受干扰的波形变换成矩形波。

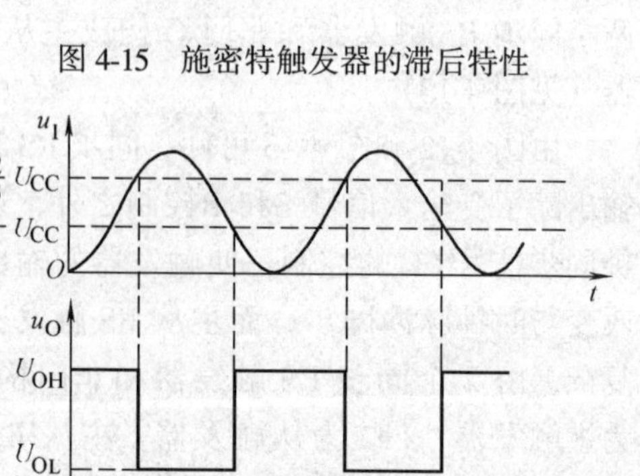

图 4-16　正弦波整形为矩形波

双稳态触发器的种类有很多，如 D 触发器等，此处不再一一叙述。利用双稳态触发器的特点，我们可以组成移位寄存器和计数器等逻辑电路。由于集成电路的发展，在实际应用中，通常将这些逻辑电路制成专用的集成电路。

4.2.4 其他触发器及其应用

1. 单稳态触发器　单稳态触发器电路有稳态和暂稳态两个不同的工作状态。在外加触发脉冲的作用下，单稳态触发器电路能从稳态翻转至暂稳态，在暂稳态维持一段时间后，电路能自动地翻转回稳态。暂稳态维持时间的长短由 RC 延时电路的参数决定，与外加触发脉冲无关。

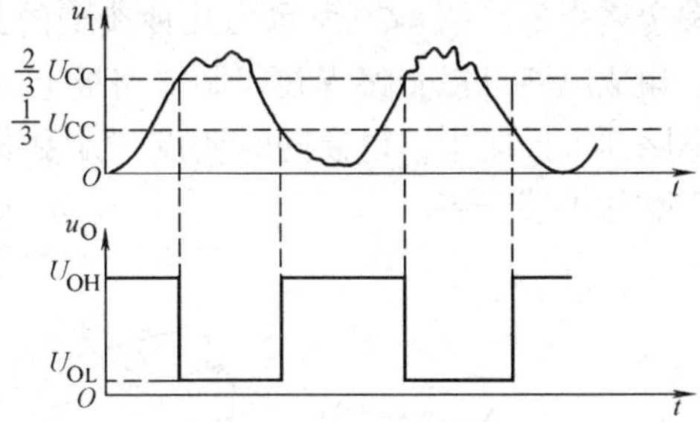

图 4-17　受干扰波整形为矩形波

图 4-18 所示为利用基本 RS 触发器构成的微分型单稳态电路。稳态时，U_I 为高电平、U_{O1}为低电平、U_{O2}为高电平；当触发信号使 U_i 翻转成低电平时，U_{O1}为高电平、U_{O2}为低电平，电路进入暂稳态，同时，RC 电路开始充电。RC 电路充电完毕后，U_{O2}恢复高电平、带动 U_{O1}翻转成低电平，电路恢复稳态。同时，电容 C 放电，为下次触发翻转做准备。

利用单稳态电路可以组成微分电路、积分电路、波形转换电路和脉冲发生电路等。

2. 无稳态触发器（振荡器）　图 4-19 所示为两个 CMOS 反向器组成的多谐振荡器，该电路没有稳态，只有两个暂稳态，$u_{O1}=1$、$u_{O2}=0$ 为一个暂稳态。暂稳态之间的转换时间由 RC 电路的参数决定。无稳态触发器无需外加触发脉冲，只要接通电源，就能自动产生一定频率的矩形脉冲输出，常被用于振荡信号发生电路。

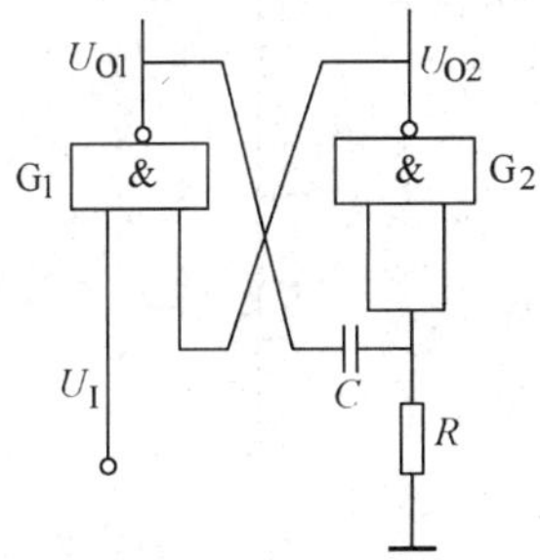

图 4-18　微分型单稳态电路

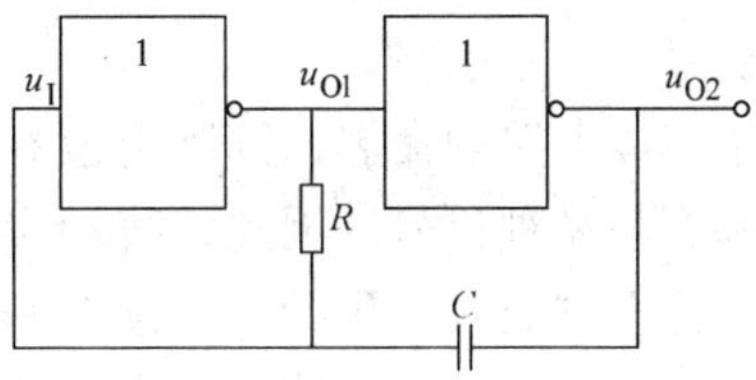

图 4-19　多谐振荡器

4.3 集成电路及应用

所谓集成电路，就是采用半导体工艺，或薄、厚膜工艺，将组成电路的有源和无源元器件以及它们之间的有关连线等，一起制成在一块半导体或绝缘基片上，构成的结构紧密联系的整体电路。

集成电路按结构和工艺的不同，可分为半导体集成电路，薄、厚膜集成电路和混合集成电路 3 种；按应用特点可分为数字集成电路（处理数字信号）和模拟集成电路（处理模拟信号）。

利用集成电路组装的系统或产品具有许多利用分立元器件组装的系统或产品所无法比拟的优越性，主要有：

1）电路合理，系统质量高。

2）降低系统成本，提高生产效率。

3）减少元器件数量，提高系统可靠性。

4.3.1 集成电路的分类和封装形式

集成电路的封装材料主要有金属、陶瓷和塑料等。封装形式主要有双列和单列直插、扁平和金属壳等。图 4-20 所示为几种典型的封装形式。双、单列直插式引线强度大，不易折断，集成电路可以直接焊在印制电路板上，也可以将管脚插座焊装在印制电路板上后，将集成电路插入插座中，以便随时插拔，方便维修。扁平式封装适用于双面覆铜的印制电路板，利于贴片焊接安装。

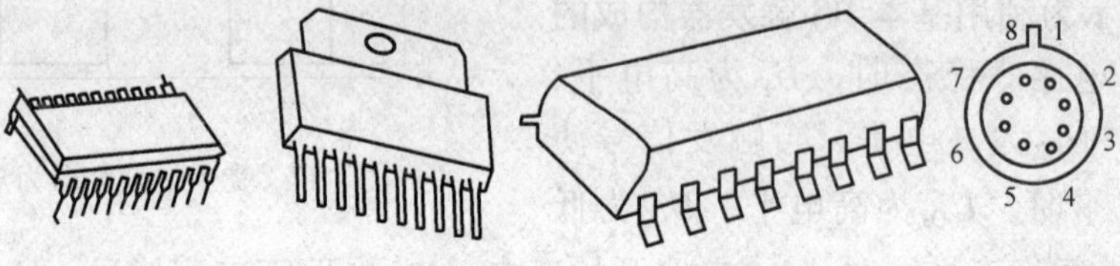

a)　b)　c)　d)

图 4-20　常见的集成电路封装形式

a）双列直插式　b）单列直插式　c）扁平双列式　d）圆形结构

集成电路的引脚虽然数目较多，但其排列还是有一定的规律可循的。一般是从外壳顶部看，管脚按逆时针顺序排列,其中第一脚都有参考标志，如半圆凹槽、色标和管键等。如图 4-21 所示的双列直插式集成电路封装引脚，其上方有一个半圆形的标志，在它的左面第一个引脚就是 1 号引脚，引脚序列按逆时针排列分别是 2、3、4、…，直至该标志的右面最后一个引脚。

图 4-21　封装引脚的识别

对于集成电路的命名，国际上没有统一的标准，只有工厂产品代号和产品品种代号。因此，我们实际采用的集成电路很多是无法从名称上判断其作用的，必须查阅有关公司或产品手册。根据我国国标，我国的半导体集成电路型号有 5 个部分构成，见表 4-6。

表 4-6　半导体集成电路的型号命名（国标）

第 1 部分		第 2 部分		第 3 部分	第 4 部分		第 5 部分	
用字母表示器件		用字母表示器件类型		用数字表示器件的系列和品种代号	用字母表示器件工作温度范围		用字母表示器件的封装	
符号	意　义	符号	意　义	意　义	符号	意　义	符号	意　义
C	中国制造	T	TTL		C	0 ~ 70℃	W	陶瓷扁平
		H	HTL		E	－40 ~ 85℃	B	塑料扁平
		E	ECL		R	－55 ~ 85℃	F	全密封扁平
		C	CMOS		M	－55 ~ 125℃	D	陶瓷直插
		F	线形放大器				P	塑料直插
		D	音响、电视电路				J	黑陶瓷直插
		W	稳压器				K	金属菱形
		J	接口电路				T	金属圆形
		B	非线形电路					
		M	存储器					
		μ	微机电路					
		AD	模数转换电路					
		DA	数模转换电路					

4.3.2 集成电路的主要应用

集成电路的应用是极其广泛的，今天，我们几乎已经找不到没有集成电路的电气设备。在机电一体化系统中，无论是微机控制系统还是检测、采样、A/D 转换系统和 D/A 转换系统，其主要元件都是集成电路（有关内容将在以后的章节中叙述）。下面，我们简单介绍一些常见的通用集成电路及其运用。

1. 集成运算放大器及其运用　运算放大器（简称运放）是高增益的直流放大器。作为一种独立的电子器件，其运用几乎遍及各个技术领域，因此，又有“万能电子器件”的美称。集成运放的电路符号如图 4-22 所示。

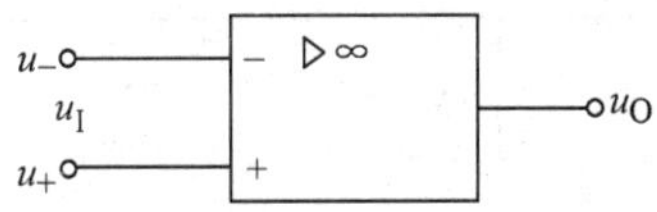

图 4-22　集成运放的电路符号

集成运放的主要特点是：电压放大倍数高；输入电阻大（可减少信号源的负载）；输出电阻小（提高运放的带负载能力）。集成运放是一种理想的直流放大器。利用运放可以完成信号的比例放大、多路输入信号的加减运算、信号的差动放大、PID 调节、电压比较、U/I 转换、U/F 转换、采样-保持和多谐振荡等各种各样的电路。由于篇幅所限，这里只能简要介绍集成运放的部分运用。

（1）比例放大电路：图 4-23 所示为由集成运算放大器构成的基本比例放大电路。其输出电压 u_O 与输入电压 u_I 呈同相或反相的线性关系。比例放大是集成运算放大器的基本运用。

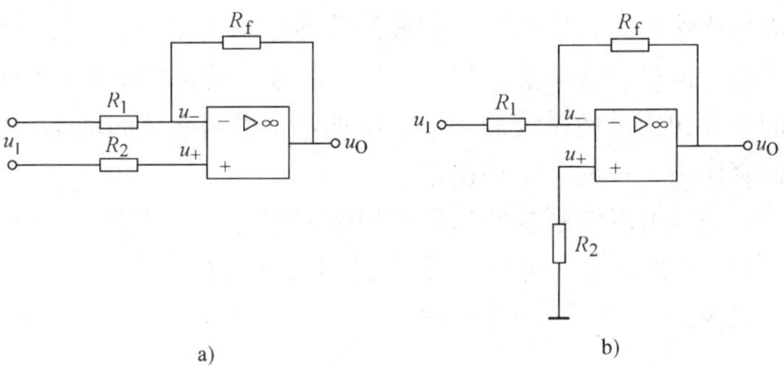

图 4-23　由集成运放构成的基本比例放大电路

a）同比例放大　b）反向比例放大

（2）采样-保持电路：在对高速变化的模拟信号进行采样时，必须在输入模拟信号和 A/D 转换之间加上采样-保持电路，才能保证 A/D 转换的可靠性和准确性。图 4-24 所示就是利用 LF389 和运放比较器 LM311 构成的采样“峰值”保持电路。

图 4-24 中，LF389 是采样-保持的专用集成电路。其输出电压 u_O 与输入电压 u_I 通过比较器 LM311 进行比较。当 u_I 高于 u_O 时，LF389 控制端“8”被置成高电平，使 LF389 处于采样状态；当 u_I 低于 u_O 时，LF389 控制端“8”被置成低电平，使 LF389 处于保持状态，将采集的“峰值”保持到 A/D 转换电路读取该“峰值”为止。

如果要保持信号的“谷底”值，则只要将二极管 VD_1 换成一个“非门”即可。

（3）PID 调节电路：在自动控制系统中，PID 调节器是广泛应用的通用校正装置，其作用是对经过传感器转换的信号与给定信号相比较得到的偏差量进行运算，产生相对的输出，去控制系统执行环节。

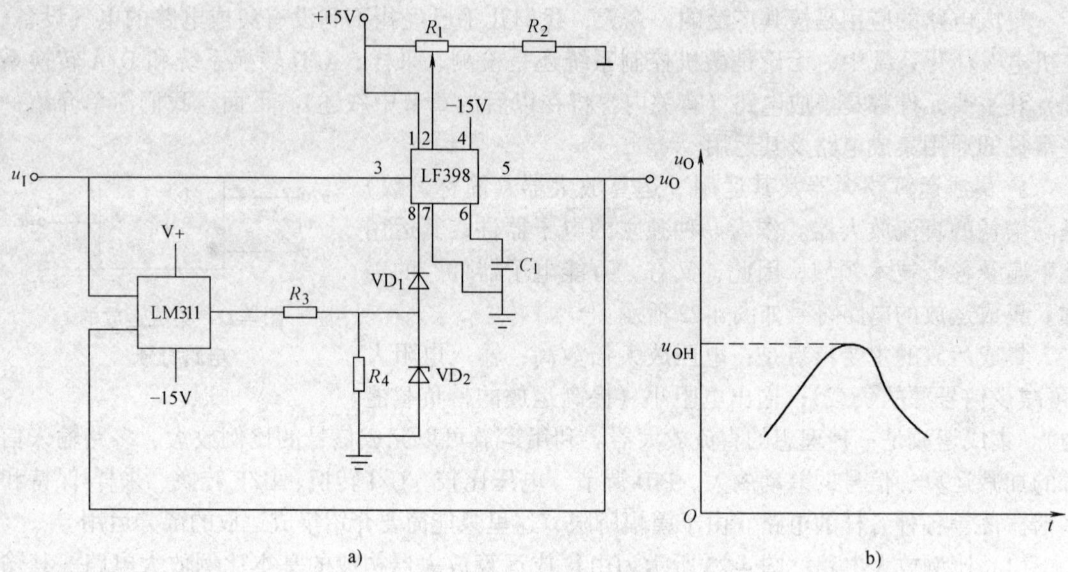

图 4-24　采样“峰值”保持电路

a）电路　b）“峰值”保持波形图

PID 调节就是对偏差量进行比例（P）、积分（I）和微分（D）调节。比例调节的作用主要是对产生信号进行比例放大，即增益；积分调节的作用主要是消除输出的静态误差，使系统有良好的静态特性，但过于强调静态误差的减少将使系统的响应时间延长，其动态特性将恶化；微分调节的主要作用是使系统的响应速度加快，提高系统的动态特性，但由于微分调节对静态误差无抑制作用，一般不单独使用。

合理地应用 PID 调节可以使系统的响应既快速、敏捷，又平稳、准确。

PID 调节电路如图 4-25 所示，它实际是由比例微分（C_d、R_d 和 R_b）、放大（A_1）和比例积分（C_I、R_1、C_p 和 A_2）3 个环节构成的。

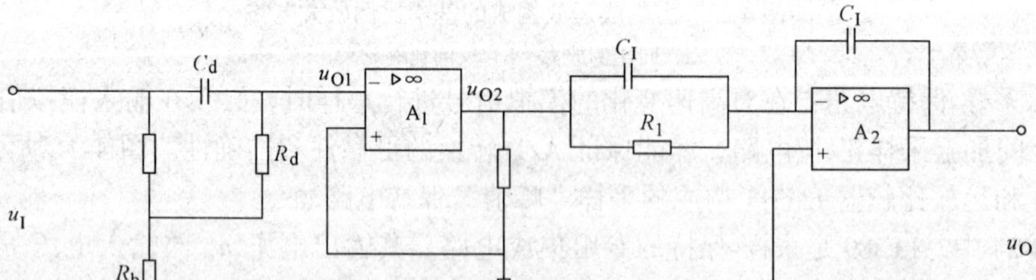

图 4-25　PID 调节电路

该电路的 I/O 时间响应关系为

$$u_O(t) = K_c\left[u_I(t) + \frac{1}{T_i}\int u_I(t)\mathrm{d}t + T_d\frac{\mathrm{d}u_I(t)}{\mathrm{d}t}\right]$$

式中　K_c、T_i、T_d——系数，与各环节的电阻、电容的数值有关。我们可以根据系统调节的需要，改变有关参数，以达到完善系统特性的目的。

2. 555 电路的基本运用　集成 555 定时器是另一种运用十分广泛的多用途集成电路。它只要外接几个电阻、电容元件，就可构成施密特触发器、单稳态触发器和多谐振荡器等电路。555 集成电路使用十分方便、灵活，在很多领域有着广泛的运用。555 集成电路共有 8 个引脚，如图 4-26 所示。

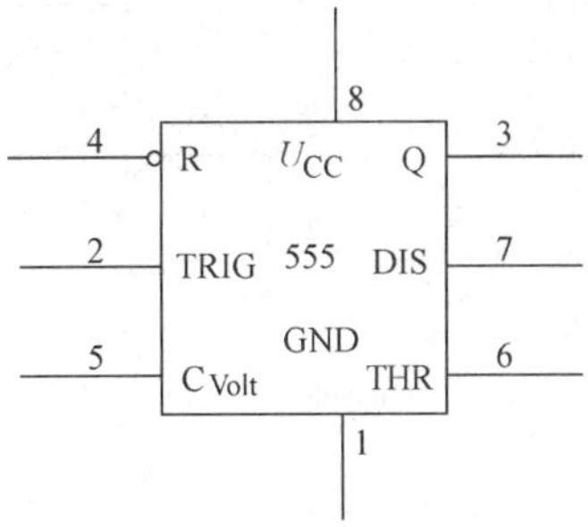

图 4-26　555 集成电路

(1) 利用 555 定时器构成施密特触发器电路：如图 4-27 所示，将 2、6 引脚连接在一起作为输入端，4、8 引脚作为工作电压 U_{CC}的接入端。为提高稳定性，接入 1T0.01μF 的滤波电容。

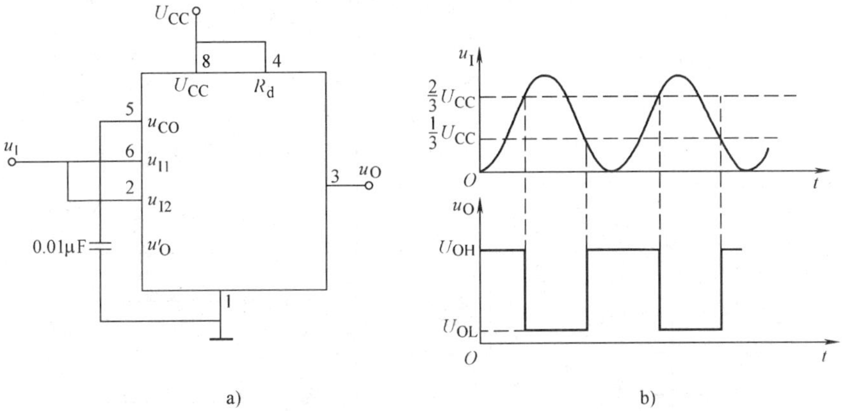

图 4-27　施密特触发器及工作波形图

a) 电路　b) 波形图

(2) 利用 555 定时器构成单稳态电路：如图 4-28 所示，引脚 2 作为输入端，用负阶跃信号触发。由图 4-28b 可见，该电路输出低电平为稳态，高电平为暂稳态。输出脉冲宽度 t_w 就是暂稳态的维持时间，由 RC 电路的充电时间常数决定。该电路的输出脉冲宽度可以根据 RC 参数的不同，从几微秒到几分钟。

(3) 利用 555 定时器构成多谐振荡器电路：如图 4-29 所示，由于是无稳态电路，因此，无需输入信号，接通电源就可产生振荡。

电路进入第一稳态后，U_{CC}通过 R_1 和 R_2 对电容 C 充电至$\frac{2}{3}U_{CC}$时，触发器翻转，进入第二稳态，同时，电容 C 经 555 内部电路放电。电容 C 放电至$\frac{1}{3}U_{CC}$时，触发器再次翻转回到第一稳态，同时，C 再次开始充电。

第一稳态的维持时间 t_{w1} 由 R_1、R_2 和 C 充电时间常数决定；第二稳态的维持时间 t_{w2} 由 R_2 和 C 充电时间常数决定。整个振荡周期 T 为

$$T = t_{w1} + t_{w2}$$

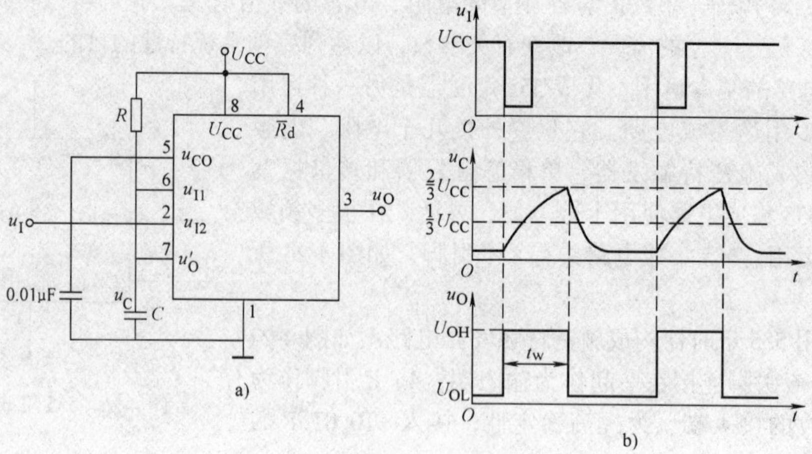

图 4-28　单稳态触发器及其工作波形图

a）电路　b）波形图

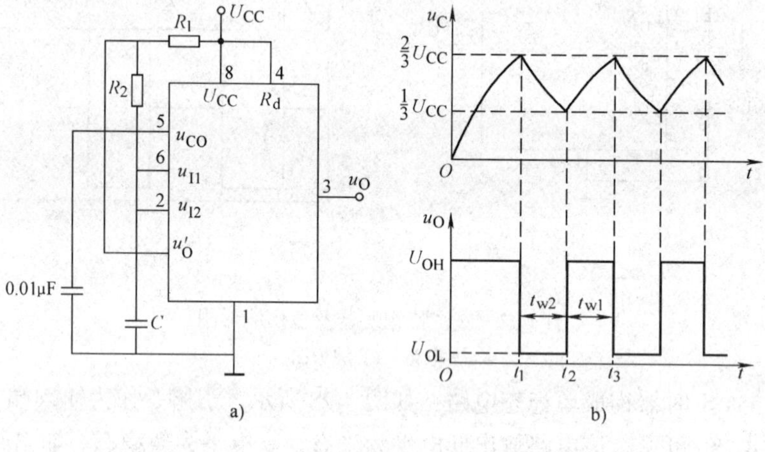

图 4-29　多谐振荡器电路及其工作波形

a）电路　b）波形图

3. 直流稳压集成电路　直流稳压集成电路有很多种，主要有 78/79 系列固定型输出稳压电路和 317/337 系列输出电压可调型稳压电路。下面以 7800 集成电路构成的稳压电路为例来简要说明稳压集成电路的应用。

由 7800 集成电路构成的稳压电路如图 4-30 所示。其中，三极管 VT_1 和 VT_2 组成达灵顿管的方式，用于增加电源输出电流。VD 用于增加电源的输出电压。通过改变电阻 R_3 和 R_4 的分压比，可以调节电源的输出电压。7800 集成电路的作用主要是将未经过稳压的直流电压变换成稳定的直流电压。

4.3.3　集成电路的使用注意事项

1. 含有集成电路的电路板布线要求　集成电路都是安装在印制电路板上的，印制电路板合理的布线是防止干扰、提高电路性能的重要方面。集成电路在印制电路板上的位置，一要参考其逻辑功能分布，二要考虑信号的流向。在实际的印制电路板设计中，应该要做到降低地线阻抗、尽量避免平行布线、布线应尽量短、在双面或多层印制电路板上要尽量减少通孔的数量。

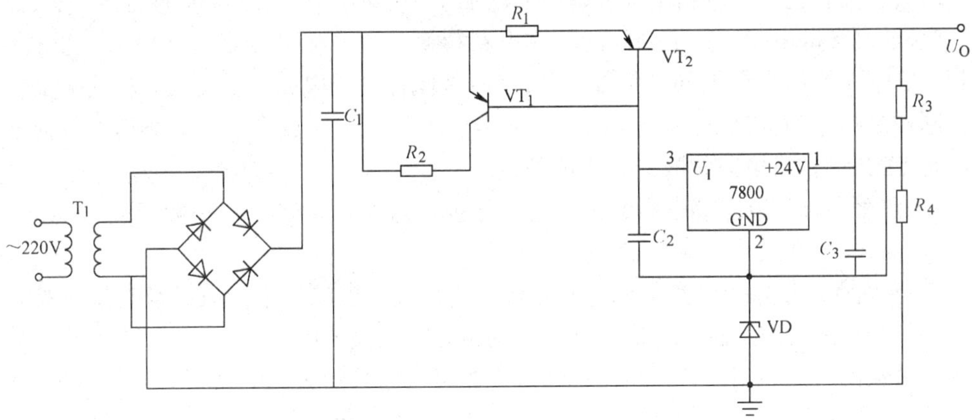

图 4-30　由 7800 集成电路构成的稳压电路

2. 集成电路的正确使用　集成电路在使用时要特别注意以下几个方面的问题：

1）不允许在超极限的条件下工作。

2）正确控制输入信号的强度。

3）注意引脚的排列顺序，特别是在用其他集成电路替代原设计集成电路时，更要注意这一点。

4）要注意消除集成电路的自激现象，可通过在相应引脚接入电容的方法防止自激。

5）注意不同集成电路之间的电平配置。

4.3.4　集成电路替换技巧

在实际电路设计、制作或维修时，经常会碰到集成电路替换的问题，下面就介绍一些集成电路替换的技巧。

1. 直接替换　直接替换是指用其他集成电路不经任何改动而直接取代原来的集成电路，替换后不影响机器的主要性能与指标。

直接替换要掌握的原则是：替换集成电路的功能、性能指标、封装形式、引脚用途、引脚序号和间隔等几方面均相同。其中，集成电路的功能相同不仅指功能相同，还应注意逻辑极性相同，即输出、输入电平的极性、电压和电流幅度必须相同。除此之外，还有输出不同极性 AFT 电压和输出不同极性的同步脉冲等集成电路都不能直接替换，即使是同一公司或厂家的产品，都应注意区分；性能指标是指集成电路的主要电参数（或主要特性曲线）、最大耗散功率、最高工作电压、频率范围及各信号输入阻抗和输出阻抗等参数要与原集成电路相近。功率小的代用件要加大散热片。

（1）同一型号集成电路的替换。同一型号集成电路的替换一般是可靠的，但在安装集成电路时，要注意方向不要搞错，否则，通电时集成电路很可能被烧毁。有的单列直插式功放集成电路，虽型号、功能、特性相同，但引脚排列顺序的方向是有所不同的。例如，双声道功放集成电路 LA4507，其引脚有“正”、“反”之分，其起始脚标注（色点或凹坑）的方向也不同。

(2) 不同型号集成电路的替换

1) 型号前缀字母相同、数字不同的集成电路替换。只要相互间的引脚功能完全相同，其内部电路和电参数稍有差异，也可相互直接替换。如：伴音中放集成电路 LA1363 和 LA1365，后者比前者在集成电路第 5 引脚内部增加了 1 个稳压二极管，其他完全一样。

2) 型号前缀字母不同、数字相同的集成电路替换。大多数可以直接替换，但也有少数虽数字相同，但功能却完全不同。例如，HA1364 是伴音集成电路，而 UPC1364 是色解码集成电路；同样是标号为 4558 的集成电路，有 8 个引脚的是运算放大器 NJM4558，而有 14 个引脚的则是 CD4558 数字电路，故二者不能替换。

3) 型号前缀字母和数字都不同的集成电路替换。除非非常熟悉，一般建议不要进行替换。

2. 非直接替换　非直接替换是指不能进行直接替换的集成电路，稍加修改其外围电路，改变原引脚的排列或增减个别元件等，使之成为可替换的集成电路的方法。

非直接替换的替换原则：替换所用的集成电路可与原来的集成电路引脚功能不同、外形不同，但功能要相同、特性要相近；替换后不应影响原机性能。

1) 不同封装集成电路的替换。相同类型的集成电路芯片，但封装外形不同，替换时只要将新器件的引脚按原器件引脚的形状和排列进行整形。例如，AFT 电路的 CA3064 和 CA3064E，前者为圆形封装，辐射状引脚，后者为双列直插塑料封装，两者内部特性完全一样，按引脚功能进行连接即可。

2) 电路功能相同但个别引脚功能不同的集成电路的替换。替换时可根据各个型号集成电路的具体参数及说明进行。如电视机中的 AGC 和视频信号，输出有正、负极性的区别，只要在输出端加接倒相器后即可替换。

3) 类型相同但引脚功能不同的集成电路的替换。这种替换需要改变外围电路及引脚排列，因而需要一定的理论知识、完整的资料和丰富的实践经验与技巧。

需要注意的是：内部等效电路和应用电路中有的引脚没有标明，遇到空的引脚时，不应擅自接地，这些引脚为更替或备用脚，有时也作为内部连接。

3. 用分立元器件替换集成电路　有时可用分立元器件替换集成电路中被损坏的部分，使其恢复功能。替换前应了解该集成电路的内部功能原理、每个引脚的正常电压和波形图及其与外围元器件组成电路的工作原理。同时还应考虑：信号能否从集成电路中取出，接至外围电路的输入端；经外围电路处理后的信号，能否连接到集成电路内部的下一级去进行再处理（连接时的信号匹配应不影响其主要参数和性能）。

4. 组合替换　组合替换就是把同一型号的多块集成电路内部未受损的电路部分重新组合成一块完整的集成电路，用以代替功能不良的集成电路的方法。在买不到原配集成电路的情况下，组合替换是十分适用的。但要求所利用集成电路内部完好的电路一定要有接口引脚。

非直接替换关键是要查清楚互相替换的两种集成电路的基本电参数、内部等效电路、各引脚的功能、集成电路与外部元器件之间连接关系的资料。实际操作时需注意如下几点：

1) 要注意集成电路引脚的编号顺序，切勿接错。

2) 为适应替换后的集成电路的特点，与其相连的外围电路的元器件要作相应的改变。

3）电源电压要与替换后的集成电路相符。如果原电路中电源电压高，应设法降压；如果原电路中电源电压低，则要看替换的集成电路能否工作。

4）替换以后要测量集成电路的静态工作电流，如电流远大于正常值，则说明电路可能产生自激，这时须进行调整。若增益与原来有所差别，可调整反馈电阻阻值。

5）替换后集成电路的输入、输出阻抗要与原电路相匹配；检查其驱动能力。

6）在改动时要充分利用原电路板上的脚孔和引线，外接引线要求整齐，避免前后交叉，以便检查和防止电路自激，特别是防止高频自激。

7）在通电前，电源回路里最好再串接一直流电流表，将降压电阻阻值由大到小改变，观察集成电路总电流的变化是否正常。

【小知识】 印制电路

机电一体化设备的电子线路全部是采用印制电路制作而成，因此，在此介绍一些有关印制电路的常识。

1. 有关名词解释

1）印制线路。在绝缘材料表面上，提供元器件之间电器连接的导电图形。

2）印制电路。在绝缘材料表面上，按预定的设计，用印制的方法制作成印制线路和印制元件，或由两者组合而成的电路，称为印制电路。

3）印制电路板。已经完成印制线路或印制电路加工的绝缘板的统称。

4）低密度印制板。大批量生产印制板，在 2.54mm 标准坐标网格交点上的 2 个盘之间布设 1 根导线，导线宽度大于 0.3mm。

5）中密度印制板。大批量生产印制板，在 2.54mm 标准坐标网格交点上的 2 个盘之间布设 2 根导线，导线宽度约为 0.2mm。

6）高密度印制板。大批量生产印制板，在 2.54mm 标准坐标网格交点上的 2 个盘之间布设 3 根导线，导线宽度为 0.1～0.15mm。

2. 印制电路按所用基材的分类　按所用基材不同，印制电路可分为刚性、挠性和刚-挠性。

3. 一般覆铜箔板的制作　一般覆铜箔板是用增强材料（玻璃纤维布、玻璃毡和浸渍纤维纸等）浸以树脂粘合剂，通过烘干、裁剪、叠合成坯料，然后覆上铜箔，用钢板作为模具，在热压机中经高温、高压成形而制成的。

覆铜箔板的品种按板的刚、柔程度，增强材料的不同，可分为刚性覆铜箔板和挠性覆铜箔板。按增强材料的不同，可分为纸基、玻璃布基、复合基（CEM 系列等）和特殊材料基（陶瓷和金属基等）4 类。

4. 根据国标 GB/T4721—1992 规定介绍印制电路板的型号　产品型号第一个字母 C 即表示覆铜箔。第二、三两个字母表示基材所用的树脂；第四、五两个字母表示基材所用的增强材料；在字母末尾，用一短横线连着两位数字，表示同类型而不同性能的产品编号。

5. 有关标准的英文缩写　有关标准及其缩写见表 4-7。

表 4-7　有关标准及其缩写

英文缩写	标　　准	英文缩写	标　　准
JIS	日本工业标准	IEC	国际电工委员会标准
ASTM	美国材料试验学会标准	BS	英国标准协会标准
NEMA	美国制造协会标准	DIN	德国标准协会标准
MIL	美国军用标准	VDE	德国电器标准
IPC	美国电路互连与封装协会标准	CSA	加拿大标准协会标准
ANSI	美国国家标准协会标准	AS	澳大利亚标准协会标准
UL	美国保险协会实验室标准		

6. 压延铜箔和电解铜箔的性能特点和制法　压延铜箔是将铜板经过多次重复辊扎而制成的。它如同电解铜箔一样，在毛箔生产完成后，还要进行粗化处理。压延铜箔的耐折性和弹性系数大于电解铜箔，铜纯度高于电解铜箔，在毛面上比电解铜箔光滑。

7. 一般纸基覆铜箔板与环氧玻璃布基覆铜箔板的比较　一般纸基覆铜箔板与环氧玻璃布基覆铜箔板相比，具有价格低和PCB可冲孔加工等优点。但一些介电性能、机械性能不如环氧玻璃布基板。吸水性较高也是此类板的突出特点。

8. 印制电路的作用　首先，为晶体管、集成电路、电阻、电容和电感等元器件提供了固定和装配的机械支撑；其次，它实现了晶体管、集成电路、电阻、电容和电感等元器件之间的布线和电气连接、电绝缘，并满足其电气特性；最后，为电子装配工艺中元器件的检查、维修提供了识别字符和图形，为波峰焊接提供了阻焊图形。

9. 印制电路制造工艺的分类

(1) 加成法：避免使用大量蚀刻铜，降低了成本，简化了生产工序，提高了生产效率，能达到齐平导线和齐平表面，提高了金属化孔的可靠性。加成法又分为全加成法、半加成法和部分加成法，其工艺流程分别为：

1) 全加成法工艺流程为钻孔、成像、增粘处理（负相)、化学镀铜、去除抗蚀剂。

2) 半加成法工艺流程为钻孔、催化处理和增粘处理、化学镀铜、成像（电镀抗蚀剂)、图形电镀铜（负相)、去除抗蚀剂、差分蚀刻。

3) 部分加成法工艺流程为成像（抗蚀刻)、蚀刻铜（正相)、去除抗蚀层、全板涂覆电镀抗蚀剂、钻孔、孔内化学镀铜、去除电镀抗蚀剂。

(2) 减成法：工艺成熟、稳定、可靠。减成法又分为全板电镀和图形电镀两种，其工艺流程分别为：

1) 全板电镀（掩蔽法）工艺流程为双面覆铜板下料、钻孔、孔金属化、全板电镀加厚、表面处理、贴光致掩蔽型干膜、制正相导线图形、蚀刻、去膜、插头电镀、外形加工、检验、印制阻焊涂料、热风整平、网印制标记符号、成品。

2) 图形电镀（裸铜覆阻焊膜）工艺流程为双面覆铜板下料、冲定位孔、数控钻孔、检验、去毛刺、化学镀薄铜、电镀薄铜、检验、刷板、贴膜（或网印)、曝光显影（或固化)、检验修版、图形电镀铜、图形电镀锡铅合金、去膜（或去除印料)、检验修版、蚀刻、退铅锡、通断路测试、清洗、阻焊图形、插头镀镍/金、插头贴胶带、热风整平、清洗、网印制标记符号、外形加工、清洗干燥、检验、包装、成品。

10. 单面板、双面板和多层板

1) 单面板。单面板是一种一面有覆铜，另一面没有覆铜的电路板。这种印制电路板只可以在有覆铜的一面布线，并放置元件。单面板制作成本低，不用打过线孔，应用广泛。

2) 双面板。双面板包括元件面（顶面）和焊锡面（底面)，双面板两面都有覆铜，都可以布线，因此，在印制电路设计时比较方便。

3) 多层板。多层板就是包括多个工作层面的印制电路板，除了双面板顶面和底面之外，还包括中间层、内部电源层和接地层等。随着电子技术的发展，电路板也越来越复杂，多层电路板的应用也越来越广泛。

4.4 抗干扰技术

1. 干扰的来源　在机电一体化系统中，干扰是产生元器件失效、数据传输和处理错误，从而影响整个系统稳定、可靠地工作的一个最常见和最主要的因素之一。因此，在进行机电一体化系统或设备的设计和制造时，如何最大限度地抑制各种干扰对系统或设备的影响是提高系统或设备可靠性的重要方面。

工业生产中的干扰一般以脉冲的形式“窜入”机电一体化设备的控制系统中。干扰“窜入”的渠道如图 4-31 所示，主要有传导型和辐射型两大类。

(1) 传导型干扰：传导型干扰可分为供电干扰、强电干扰和接地干扰。

1) 供电干扰。供电干扰是从交流电网传来的干扰信号，主要来源于附近大容量用电设备的负载变化和开启、关闭时产生的电压波动以及雷电的冲击电流。此外，电网的突然断电也是一种干扰，它会造成数据的丢失和程序的错误。

2) 强电干扰。强电干扰是由驱动电路中的强电元件（如继电器和电磁铁等）在通、断电时产生的过电压和冲击电流。强电干扰不仅会影响其自身电路的正常工作，而且还会通过电磁感应干扰其他设备的正常工作。

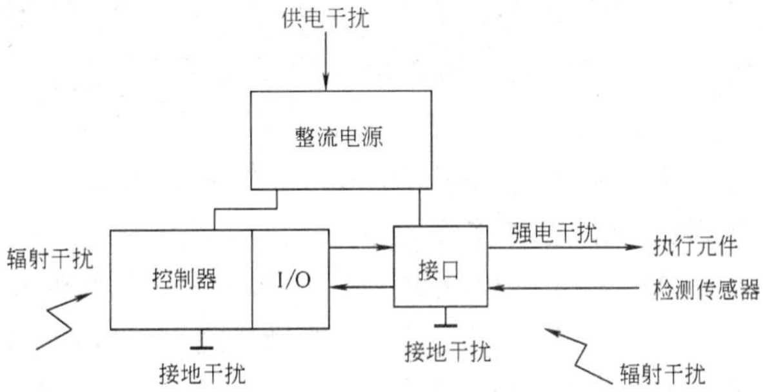

图 4-31　干扰来源

3) 接地干扰。接地干扰是一种比较普遍的干扰，其形成原因也是比较复杂的。主要原因一般是由于接地不当而形成接地环路，使各个接地点之间产生接地环流。图 4-32 和图 4-33 所示电路就是两种主要的接地环流形成原因。如果设备的多个接地点相距比较远或接地工艺不当，就可能由于不同接地点的土壤阻抗或接地线的差异，在接地点之间产生电位差，形成接地环流。如果相距一定距离的设备采用图 4-33 所示的方式将公共地线集中接地，则可能由于各设备的负载差异、漏电以及负载的不平衡造成各设备接地点之间形成接地环流。

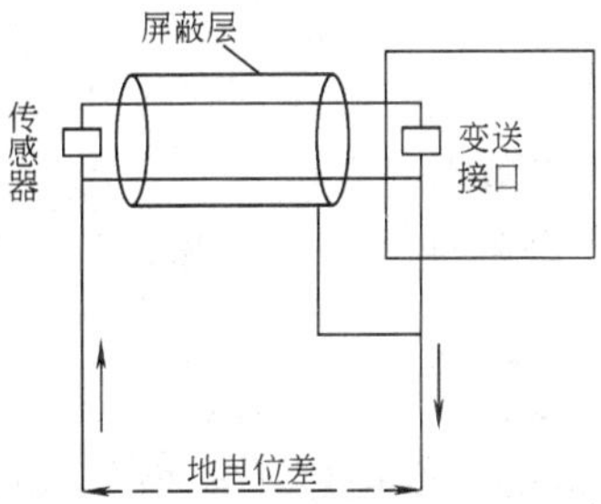

图 4-32　接地点远离形成接地环流

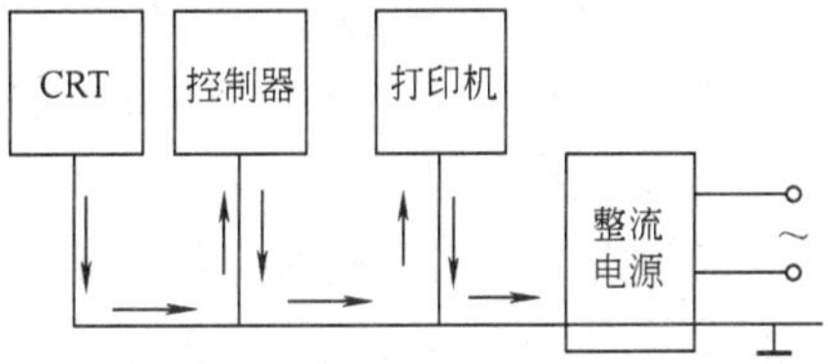

图 4-33　集中接地形成接地环流

(2) 辐射型干扰：辐射型干扰是由存在于设备附近的电磁场和静电场等辐射源，通过空间感应而直接干扰设备的控制系统或导线，使之控制电平发生变化，或产生强烈的脉冲干扰信号。辐射型干扰可分为电磁干扰和静电干扰。

1) 电磁干扰。常见的干扰源一般是系统中的电感性器件（如电动机）的启/停而引起的电磁场的强烈变化，此外，设备运行中产生的电火花会产生高频辐射。

2) 静电干扰。人体和处于浮动接地或未可靠接地的设备都可以带有静电，有时，甚至会带上非常高的静电电压（几千伏到上万伏），一旦这种静电场造成设备或导线的感应，或静电放电产生电火花，就会造成干扰。

2. 抗干扰措施　针对上述各种干扰源的性质和形成干扰的不同部位，我们必须采取各种相应的抗干扰措施，以避免或减轻干扰对系统或设备的影响，提高设备或系统的可靠性。

(1) 供电系统的抗干扰：针对交流电网采取的抗干扰措施主要有稳压、滤波和隔离。

1) 稳压。在交流侧加入交流稳压器，以稳定输入的交流电压。

2) 滤波。由于电源系统的干扰大部分成分是高次谐波，所以，还可以采用如图 4-34 所示的低通滤波电路，让 50Hz 的低频信号通过而滤除高次干扰信号和脉冲信号。为抑制交流浪涌干扰，在交流进线端还可增加扼流滤波器。

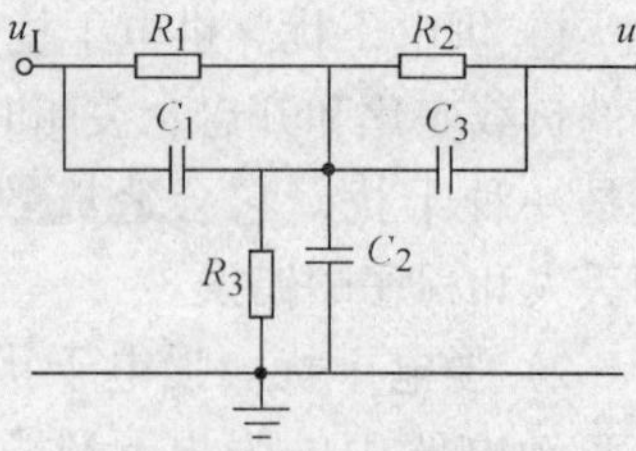

图 4-34　低通滤波电路

3) 隔离。对于整个系统而言，可以采用分散独立的功能模块对系统的各部分单独供电，避免电源故障而使整个系统崩溃；其次，在交、直流之间，加入隔离变压器，一次侧和二次侧之间采用屏蔽层隔离，提高抗干扰能力；在系统内部的直流侧，可以采用图 4-8 和图 4-9 所示的 DC/DC 变换电源，将地线隔开，减少电源的互相干扰；在计算机等可靠性要求高的场合，还可以采用不间断电源（UPS），以解决突然停电所造成的危害。

(2) 地线抗干扰：电器设备接地的目的之一就是抑制干扰，但若接地不当，则可能反而成为干扰来源。接地可分为工作接地和保护接地两大类。对于机电一体化系统的计算机控制系统而言，接地的种类可大致分为如下几种：

1) 数字地。数字地即逻辑开关网络的零电位。印制板的地线应成为网状，条状线也不要长距离平行。

2) 模拟地。模拟地即 A/D 转换或前置放大的零电位。当 A/D 转换器在获取小信号时，必须慎重对待模拟地的问题，可以采用三线采样（即地线和信号同时采样，以消除共模干扰）、双层屏蔽浮地技术。

3) 功率地。为大电流、大功率部件的零电平。应采用较粗的导线直接与地相接。

4) 信号地。信号地通常是传感器的地。不要浮地，应采用单点接地。

5) 屏蔽地。屏蔽地是为防止静电感应和磁场感应而设的地线。要采用高导流金属或高导磁材料构成屏蔽层，通常直接接地为好。

机电一体化控制系统的接地还有“浮地”与“接地”之分。所谓浮地，即机器的各个部分与大地浮置起来。采用浮地时，要求机器各部分与大地的绝缘电阻不能小于 50MΩ。浮地有一定的抗干扰能力，但一旦机器的绝缘下降，便会带来干扰，而且浮地易产生静电。

为提高浮地的抗干扰性能，可以将机器的机壳接地，而内部浮地。但这种方法对机器的制造工艺要求很高。

接地的其他注意事项还有：

1) 单点接地和多点接地。对于高频（1MHz 以上）的电路，应就近采用多点接地。在高频电路中，地线上的电感会很大，从而使地线阻抗增大。在很高的高频电路中，地线的阻抗极大，地线成了天线而对外部辐射干扰。所以，要求高频电路的地线长度要短，且最好能镀银；对于低频电路，则应尽量采用单点接地，以避免多点接地形成接地环流。对于由于接地点相距较远，采用多点接地易产生干扰的情况，可采用图 4-35 所示的单点接地系统来解决。对于多个设备采用公共地线串联形成干扰的情况，可以采用图 4-36 所示的并联接地系统来解决。

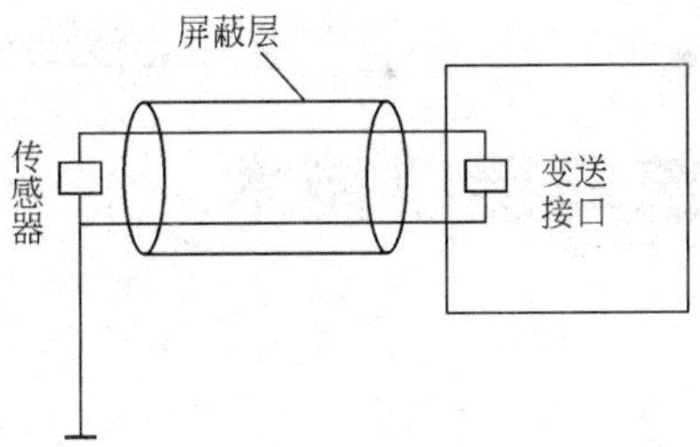

图 4-35　单点接地方式

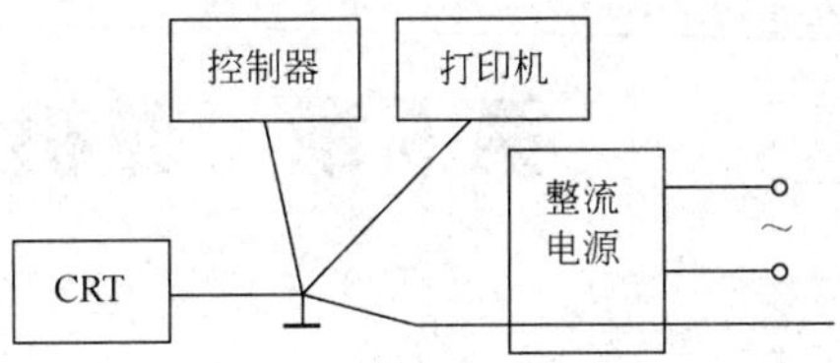

图 4-36　并联接地方式

2）交流地与信号地不能共用。交流地线中的微小电压波动，对于信号电路都将是十分严重的干扰。

3）高电平线和低电平线不要走同一条电缆，不要走同一个接插件。

(3) 抗辐射干扰：抗辐射干扰的主要方法有吸收和隔离两种方法。采用 RC 电路或二极管和稳压二极管，可吸收电感负载突变时产生的过电压，消除强电干扰。

采用如图 4-10 所示的光电隔离电路，在前后两级之间断绝电信号的直接偶合，采用光作为信号传递媒介，可以防止接口电路的强电干扰和其他干扰进入控制器。

复习思考题

1. 电阻和电容色环含义是什么？色环绿、棕、红、金表示的电阻值是多少？
2. 继电器在机电一体化系统中有什么作用？什么是 SSR？
3. 电感及继电器选用时应注意哪些主要事项？
4. 三极管的主要类型及作用有哪些？
5. 晶闸管的导通、关断的条件分别是什么？
6. 晶体管替代使用有哪些情况？
7. 简述图 4-6 所示晶闸管变频电路的原理？
8. DC/DC 变换电路和光隔离电路所起的主要作用是什么？
9. 采用数字信号的优点有哪些？
10. 常见的数字逻辑运算有哪几种？
11. 简述 RS 触发器、JK 触发器和施密特触发器的工作原理及主要作用？
12. 利用集成电路组装系统或产品有哪些优点？
13. 常见的集成电路封装形式有哪些？如何识别集成电路引脚？
14. 集成运算放大器和 555 集成电路有什么特点？
15. 采样-保持器在数字电路中有什么作用？
16. PID 调节指的是什么调节规律？采用 PID 调节有什么特点？
17. 集成电路使用应注意哪些主要问题？替代使用有哪些主要替代方法？
18. 机电一体化设备或系统一般受到的干扰有哪几种？
19. 供电系统的抗干扰方法主要有哪些？
20. 对于机电一体化系统的计算机控制系统而言，接地的种类可大致分为哪几种？抗接地干扰主要有哪些方法？

第 5 章　微机控制系统与接口技术

5.1　概述

微机控制系统是机电一体化系统的中枢，其主要作用是按编制好的程序完成系统信息采集、加工处理、分析和判断，作出相应的调节和控制决策，发出数字形式或模拟形式的控制信号，控制执行机构的动作，实现机电一体化系统的目的功能。在设计机电一体化系统时，必须根据控制方案、体系结构、复杂程度和系统功能等正确地理解和选用工业控制计算机系统。

5.1.1　工业控制计算机系统的组成

工业控制计算机系统的硬件组成如图 5-1 所示，它由计算机基本系统、人-机对话系统、系统支持模块和过程 I/O 子系统等组成。在过程 I/O 子系统中，过程输入设备把系统测控对象的工作状况和被控对象的物理、工位接点状态转换为计算机能接收的数字信号，过程输出设备把计算机输出的数字信息转换为能驱动各种执行机构的功率信号；人-机对话系统用于操作者与计算机系统之间的信息交换，主要包括键盘、图形或数码显示器、声光指示器和语音提示器等。系统支持模块包括软盘、硬盘、光盘驱动器、串行通信接口和打印机并行接口（调制解调器）等。

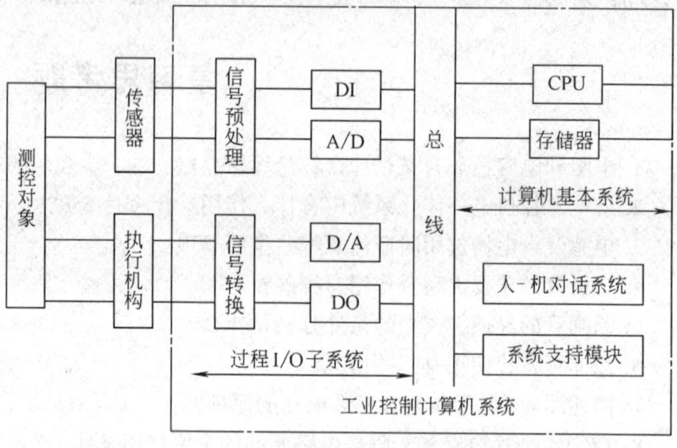

图 5-1　工业控制计算机系统硬件组成示意图

工业控制计算机系统的软件包括适应工业控制的实时系统软件、通用软件和工业控制软件等。

5.1.2　工业控制计算机系统的基本要求

由于工业控制计算机面向机电一体化系统的工业现场，因此它的结构组成、工作性能与普通计算机有所不同，其基本要求如下：

(1) 具有完善的过程 I/O 功能：要使计算机能控制机电一体化系统的正常运行，它必须具有丰富的模拟量和数字量 I/O 通道，以便使计算机能实现各种形式的数据采集、过程连接和信息变换等，这是计算机能否投入机电一体化系统运行的重要条件。

(2) 具有实时控制功能：工业控制计算机应具有时间驱动和事件驱动的能力，要能对生产的工况变化实时地进行监视和控制，当过程参数出现偏差甚至故障时能迅速响应并及时处理，为此需配有实时操作系统及过程中断系统。

(3) 具有可靠性：机电一体化设备通常是昼夜连续工作，控制计算机又兼有系统故障诊断的任务，这就要求工业控制计算机系统具有非常高的可靠性。

(4) 具有较强的环境适应性和抗干扰能力：在工业环境中，电、磁干扰严重，供电条件不良，工业控制计算机必须具有极高的电磁兼容性，要有高抗干扰能力和共模抑制能力。此外，系统还应适应高温、高湿、振动冲击和灰尘等恶劣的工作环境。

(5) 具有丰富的软件：要配备丰富的测控应用软件，建立能正确反映生产过程规律的数学模型，建立标准控制算式及控制程序。

5.1.3　工业控制计算机的分类及其应用特点

根据计算机系统软、硬件及其应用特点，常将工业控制计算机分为单片机、可编程序控制器以及总线型工业控制计算机 3 类。

1. 单片机　单片机是把计算机系统硬件的主要部分，如 CPU、存储器（ROM/RAM）、I/O 口、定时/计数器及中断控制器等，都集成在一个芯片上的单芯片微型计算机。单片机可视为一个不带外部设备的计算机，相当于一个没有显示器、键盘和监控程序的单板机。用单片机组成的计算机控制系统具有以下特点：

1) 片内存储器容量较小。受集成度限制，片内存储器容量较小，一般片内 ROM 小于 4 ~ 8KB，片内 RAM 小于 256B，但可在外部进行扩展，如 MCS—51 系列单片机的片外可插可编程序只读存储器（EPROM）和静态随机存储器（SRAM），可分别扩展至 64KB。

2) 可靠性高。单片机芯片本身是按工业测控环境要求设计的，其抗工业噪声干扰的能力优于一般通用 CPU 程序指令，其常数和表格固化在 ROM 中，不易损坏。常用信号通常是均集成在一个芯片内，信号传输可靠性高。

3) 易扩展。片内具有计算机正常运行所必须的部件，芯片外部有许多供扩展用的总线及并行、串行 I/O 端口，很容易构成各种规模的计算机控制系统。

4) 控制功能强。为了满足工业控制要求，单片机的指令系统中有极丰富的条件分支转移指令、I/O 口的逻辑操作以及位处理功能。一般来说，单片机的逻辑控制功能及运行速度均高于同一档次的微处理器。

5) 软件开发工作量大。一般的单片机内无监控程序或系统通用管理软件，所以软件开发工作量大。但近年来已开始出现了片内固化有 BASIC 解释程序及 C 语言解释程序的单片机开发软件，使单片机系统的开发提高到了一个新水平。

2. 可编程序控制器　可编程序控制器简称 PLC（Programmable Logic Controller）或 PC（Programmable Controller），它是将继电器逻辑控制技术与计算机技术相结合而发展起来的一种工业控制计算机系统。它的低端为继电器逻辑的代用品，而其高端实际上是一种高性能的计算机实时控制系统。它以顺序控制为主，能完成各种逻辑运算、定时、计数、记忆和算术运算等功能，既能控制开关量，又能控制模拟量。PLC 的最大特点是采用了存储器技术，将控制过程用简单的用户编程语言编成程序，并存入存储器中。运行时，PLC 从存储器中一条一条地取出程序指令，依次控制各 I/O 点。PLC 把计算机的功能完善、通用、灵活和智能等特点与继电器控制的简单、直观和价格便宜等优点结合起来，可以取代传统的继电接触器顺序控制，而且具备继电接触控制所不具备的优点。其主要特点如下：

1) 控制程序可变，具有很好的柔性。在生产工艺流程改变或被控设备更新的情况下，不必改变 PLC 的硬件，只需改变程序就可以满足要求。

2）可靠性强，适用于工业环境。PLC 是专门为工业环境应用而设计的计算机控制系统，在硬件和软件上采取了一系列有效措施，以提高系统的可靠性和抗干扰能力，并有较完善的自诊断和自保护能力，能够适应恶劣的工业环境。PLC 的平均无故障工作时间可达数万小时，这是其他计算机系统无法比拟的。

3）编程简单，使用方便。大多数 PLC 采用“梯形图”的编程方式。梯形图类似于继电接触控制的电气原理图，使用者不需具备很深的计算机编程知识，只需将梯形图转换成逻辑表达式，将其输入 PLC 即可使用。

4）功能完善。PLC 具备 I/O、逻辑运算、算术运算、定时、计数、顺序控制、功率驱动、通信、人-机对话、自检、记录和显示等功能，使系统的应用范围大大提高。

5）体积小、重量轻，易于装入机器内部。

3. 总线型工业控制计算机　总线结构型的工业控制计算机，根据功能要求把控制系统划分成具有一种或几种独立功能的硬件模块，从内总线入手把各功能模块设计制造成标准的印制电路板插件（亦称模块），像搭积木一样将硬件插件及模板插入一块公共的称为底板的电路板插槽上，组成一个模块网络系统，每块插件之间的信息都通过底板进行交换，从而达到控制系统的整体功能，这就是所谓的模块化设计。由于总线结构的控制计算机系统将一个较复杂的系统分解成具有独立功能的模块，再把所需的功能模板插到底板上，构成一个计算机控制系统，因而具有如下优点：

1）提高设计效率，缩短设计和制造周期。在系统的整体设计时，将复杂的电路分布在若干功能模板上，可同时并行地进行设计，大量的功能模板可以直接购得，从而大大缩短了系统的设计、制造周期。

2）提高了系统的可靠性。由于各通用模块均由专业制造厂以 OEM（Original Equipment Manufacture）产品形式专业化大批量生产制造，用户可以根据自己的具体需要购买这些 OEM 产品，如中央处理器（CPU）、随机存取存储器（RAM）、只读存储器（ROM）、A/D 和 D/A 等模板及专用 I/O 接口板卡等，来构成自己的计算机系统。由于模板的质量稳定，性能可靠，因此也就保证了控制计算机系统的可靠性。

3）便于调试和维修。由于模板是按照系统的功能进行分解的，维修或调试时，只要根据功能故障性质进行诊断，更换损坏的模板，就可以方便地排除故障，并进行调试。

4）能适应技术发展的需要，迅速改进系统的性能。如有时在新的系统运行后需要根据实际情况改进系统的性能；有时随着技术发展，产品性能需要进一步提高；或者产品随市场需要而改型，要求系统作相应改进；或者随着电子技术的发展，大存储量芯片的出现，新型专用大规模集成电路的推广应用等情况，都需要对原系统的某一部分或模块进行更新。在上述情况下，总线结构的控制计算机只需改进模块和软件，不需对整个系统进行重新设计就能满足对系统提出的新的要求。

本章主要介绍单片机和可编程序控制器的结构、性能及应用。

5.2　Z—80 CPU 微机硬件结构特点及应用

5.2.1　Z—80 CPU 微机硬件结构

Z—80 CPU 是 Zilog 公司于 1977 年左右推出的，是现有 8 位微处理器中功能最强、最完整的芯片，是介于第二代微机和第三代微机之间的产品。它是在充分吸收 intel 8080 微处理器经验基础上设计成功的。Z—80扩充了指令系统，基本指令达158条，包含了intel 8080的78条指令，故intel公司的8080和8085的软件在Z—80上完全可以运行。Z—80在中断处理能力、按位处理能力和十进制调整等方面均比一般8位微处理器强。Z—80的系列外围芯片功能强、集成度高，达到了少而精的目的，从而给组成以Z—80为核心的微计算机系统带来方便。由于Z—80系列提供了完备的配套器件和相应的开发系统，便于构成各种用途、适合各方面用户的微计算机系统，因此，Z—80系列芯片应用广泛。可以这样断言：Z—80 CPU是8位微型计算机的中央处理器（CPU）的首选产品。

Z—80微处理器内部结构框图如图5-2所示。它主要由寄存器阵列、算术逻辑部件（包括ALU和ALU控制）、控制与定时部件（包括指令寄存器、译码网络、控制总线同步与状态控制器、定时与存贮周期控制器）、堆栈结构和总线缓冲器组成。

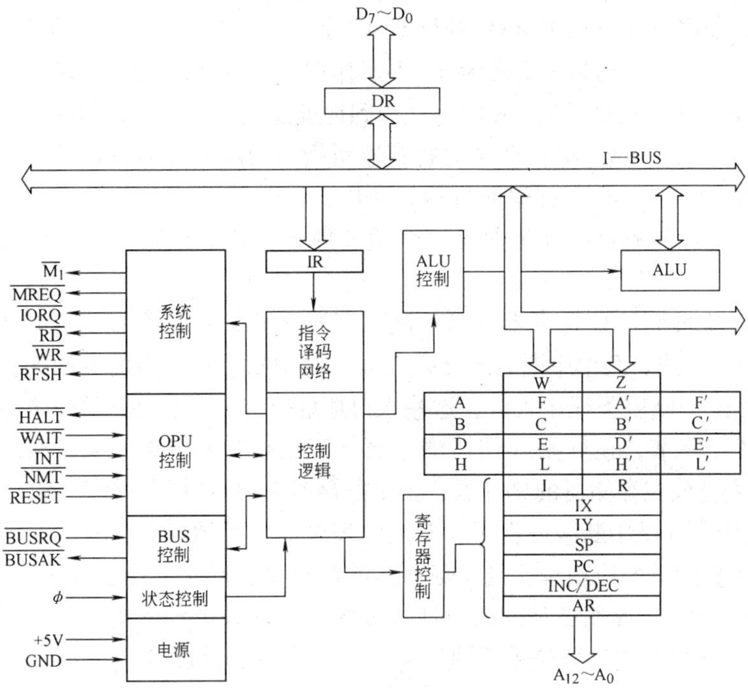

图5-2　Z—80 CPU结构框图

1. 寄存器阵列　Z—80有完善的寄存器结构，可分为通用寄存器和专用寄存器两大类，全部由静态器件实现。

（1）通用寄存器组：Z—80有两组通用寄存器组。一组为B、C、D、E、H和L，另一组为B′、C′、D′、E′、H′、和L′。两组相互对应，可以互相切换，每组中的每个寄存器均为8位。编程使用时必须注意：通用寄存器在一段程序中，只能成组使用（即不是B、C、D、E、H、L，就是B′、C′、D′、E′、H′、L′），不能掺杂使用（即B、C、H′、L′、D′和E等）。可使用交换指令成组切换，这主要是用于单级中断现场保护时，利用交换指令使通用寄存器成组切换，提高了现场保护速度（与入栈保护相比）。但在多级中断嵌套时，不能使用切换方法保护现场。通用寄存器也可成对使用（即BC、DE、HL和B′C′、D′E′、H′L′）。

(2) 累加器和标志寄存器（A、F 和 A′、F′）：Z—80 有两个独立的 8 位累加器（A 和 A′）和两个 8 位标志寄存器（F 和 F′）。其设立的目的与通用寄存器设立副本的目的一样，使用方式也一样。所不同的是：通用寄存器成组切换所用指令为 EXX，而累加器和标志寄存器切换指令为 EX AF，AF′。

在 Z—80 CPU 内部还有两个暂时寄存器 W 和 Z。这两个暂时寄存器各 8 位，用于暂存中间结果和操作数据以及地址。W 和 Z 对用户是透明的。

(3) 变址寄存器（IX、IY）：Z—80 CPU 有两个彼此独立的、16 位变址寄存器 IX 和 IY，用于存放变址寻址方式中的变址基值。例如，LD A，（IX + 7）表示其有效地址为 IX 中内容（变址基值）加上位移量（ + 7）。这类指令的变址寻址方式对于访问表格、处理数组和多字节 I/O 操作非常有用。由于位移量是带符号的二进制补码，所以可正、可负。

(4) 刷新地址寄存器（R）：Z—80 CPU 的一个重要特点是能配用廉价的动态 RAM 存储器，因为它能自动提供刷新动态 RAM 的行地址。Z—80 CPU 内部有一个刷新地址寄存器 R，作为一个 7 位的计数器（其第 8 位常为 0，不起作用）。在每次取指令操作时，R 就自动加 1。当 CPU 在对所取指令进行译码时，R 内容就送到地址总线的低 7 位，同时，还发出一个刷新控制信号。这时，动态 RAM 将自动对 R 寄存器所指示的那一行的各存贮单元进行刷新。由于刷新是在 CPU 对指令操作码译码时进行，所以，不会降低 CPU 的工作速度。这种刷新方式对用户是透明的，具有刷新功能是 Z—80 微处理器有别于其他类型的微处理器的特色之一。

(5) 矢量中断页面地址寄存器（I）：该寄存器 8 位，用于寄存矢量中断的页面地址。Z—80 有 3 种中断方式，其中中断方式 2 是页面矢量中断方式。所谓页面矢量中断方式，就是指允许有 128 个中断服务程序入口，这些入口地址形成一个表格，每个入口地址占用 2 个字节，共计 256 个字节，正好是存储器的一页（以 256 个字节为一页，64K 存储器可分为 256 页）。这个表格放在存储器的哪一页，由 I 寄存器中内容（用户预先确定后置入）决定。所以，I 寄存器中内容是中断服务程序入口地址表格的页面地址。由有中断请求的外围设备提供一个中断矢量的低 8 位地址，与 I 寄存器的内容结合起来（作为高 8 位地址），形成一个 16 位的地址，指向中断服务程序入口地址表中单元（外围设备提供的矢量低 8 位地址的末一位必为 0），该单元内容与该单元地址 + 1 的某单元内容构成这个外围设备的中断服务程序入口地址。该地址由 CPU 自动送入程序计数器，开始为该外围设备服务。其地址转移关系如图 5-3 所示。有页面矢量中断方式也是 Z—80 的特色。

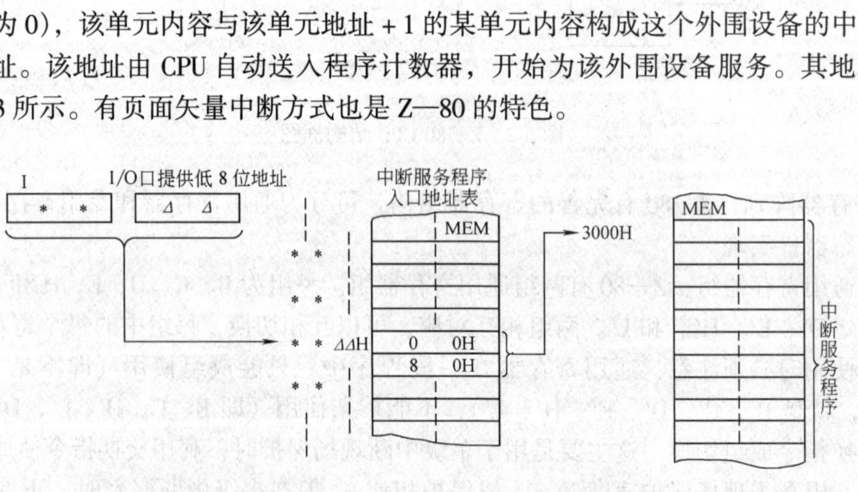

图 5-3　页面矢量中断方式示意图

Z—80 CPU 还具有程序计数器（PC）、堆栈指示器（SP）和对用户透明的增量/减量器（INC/DEC）。

2. 算术逻辑部件　Z—80 CPU 的算术逻辑部件由累加器 A、暂存器（TMP）、全加器及其附加控制逻辑（ALU）、标志寄存器 F、十进制调整网络（DAA）和比较开关等组成，其所能完成的功能有：加 1、减 1，逻辑与、逻辑或、逻辑异或、比较、算术左/右移位、循环移位、逻辑左/右移位、位置位、位复位和位测试等，Z—80 CPU 标志寄存器 F 的内容如图 5-4 所示。

Bit7	bit6	bit5	bit4	bit3	bit2	bit1	bit0
S	Z	X	H	X	P/V	N	C_G

图 5-4　Z—80 CPU 标志寄存器 F 的内容

每个标志的含义如下：

1）符号位 S（Sigu）。带符号的操作数的符号位在该数的最高位。若两个带符号的数运算结果为负数，则 S 位置“1”；若两个带符号的数运算结果为正数，则 S 位置“0”。检验 F 寄存器中的 S 位，即可知道运算结果的正、负。

2）全零位 Z（Zero）。若运算结果为全零，则 Z 位置“1”；反之，则 Z 位置“0”。这对于算术运算和逻辑运算均适用。

3）半和位 E（Ealf-Cary）。该位也称为辅助进位位（AC），用于在二 -十进制（BCD）运算中，若低位向高位有进位时（即 bit3 向 bit4 有进位时），H 位置“1”；反之，则 H 位置“0”。它主要作为对 BCD 码运算结果进行调整的判据。

4）奇偶位/溢出位 P/V（Parity or Overflow）。本位是双功能位。在逻辑运算时，该位为奇偶位（P）；在算术运算时，该位为溢出位（V）。奇偶位用于校验数据传送是否有错。Z—80 是采用偶校验。数据传送后，若该数据（1 个字节）中“1”的个数为偶数，则 P 位置“1”；若传送后数据中“1”的个数为奇数，则 P 位置“0”。通过检验 P 位，即可知数据传送是否出错，若 P 位为“1”，则数据传送无错；若 P 位为“0”，则数据传送出错。

Z—80 对于带符号数的算术运算结果最大范围为 $-128 \sim +127$，若运算结果超过此范围，即为溢出，此时，V 位置“1”；反之，则 V 位置“0”。

5）减法位 N（Add/Subtract）。若本次操作为减法指令，则 N 位置“1”；反之，则 N 位置“0”。减法位用于 BCB 调整时（即执行 DAA 指令）判断是 BCD 加法还是 BCD 减法，从而作出相应的调整结果。

6）进位位 CY（Carry）。在做加法时，bit7 产生进位，或者在做减法时，bit7 有借位，均使 CY 位置“1”；反之，则 CY 位置“0”。在移位操作时，对 CY 位也有影响。

上述对 F 寄存器各标志位的状态的说明是基本情况，实际上，状态变化涉及范围广，还有其他许多因素。在有些指令执行中，状态不变。也有的标志位在某条指令执行中可强置为“1”或“0”。由于标志位可用于转移类指令的判据，故编程时，必须考虑每条指令执行后对状态标志位的影响。所以，真正要掌握每条指令对标志位影响，就需查阅指令表格，指令表格中的说明是最详尽、最正确的。

Z—80 CPU 的十进制调整网络（DAA）具有加法和减法两种调整功能。在加法指令后面紧跟调整指令 DAA，则 Z—80 CPU 对加的结果进行加法调整；在减法指令后面紧跟调整指令

DAA，则 Z—80 CPU 对减的结果进行减法调整。需指出的是，在减法调整时，差值必须为正数（即是大数减小数），调整才有效。若差值为负数，则在 Z—80 CPU 是不能调整的，或者说调整后的结果是错误的。对 BCD 码运算结果能进行加、减调整是 Z—80 CPU 特点之一。

3. 控制部件　Z—80 控制部件由指令寄存器（IR）、指令译码器和控制逻辑组成。控制逻辑包括：系统控制（CPU 对外部电路）、CPU 控制（外部电路对 CPU）、总线控制、定时状态控制、ALU 控制和寄存器阵列控制。其基本的控制功能与前述大同小异。

4. 堆栈结构　Z—80 CPU 堆栈结构由软件和硬件组成。硬件计有堆栈指示器 SP 和后进先出（LIFO）控制电路。栈区在随机读写存储器 RAM 中，其方式是"向下生成"型的，SP 指向栈顶满单元以及栈区在 RAM 底部；软件计有堆栈操作指令 PUSH 和 POP 及调用堆栈操作指令 CALL 和 RET；中断响应过程中堆栈操作的基本情况同前所述。

5. 内部总线　Z—80 CPU 为单总线结构。内部总线是连接内部各部件的通信线。对外部的连接需通过总线缓冲器，主要有地址总线缓冲器（AR）和数据总线缓冲器（DR），其目的主要是实现三态控制，避免总线冲突，其次是增加总线驱动能力。Z—80 CPU 总线对外电平是与 TTL 兼容的，可驱动一个 TTL 门。若总线上需带多片 Z—80 CPU 外围芯片或 TTL 型外围电路，则一定要使 Z—80CPU 的总线经驱动器驱动引出，才能保证微型计算机能稳定、可靠地工作。

5.2.2　Z—80 CPU 接口信号

Z—80 CPU 芯片是一种 40 脚双列直插式器件，其接口信号如图 5-5 所示，其中有地址总线 16 条，数据总线 8 条，控制总线 13 条以及电源线、地线和时钟线各 1 条。

1. 地址总线　用 A_{15} 到 A_0 表示，其中 A_{15} 是最高有效位，A_0 是最低有效位，三态输出，高电平有效。地址总线提供 16 位地址信息，使得 CPU 可以对存储器的 65536（即 64K）个单元直接寻址，而其中的低 8 位信息（即 A_7 ~ A_0）还可以对 256 个 I/O 端口寻址。

2. 数据总线　用 D_7 到 D_0 表示，其中 D_7 是最高有效位，D_0 是最低有效位，三态 I/O，高电平有效。从存储器或外设传送数据到 CPU 寄存器或者从 CPU 寄存器传送数据到存储器或外设，都要通过数据总线，由于它可以两个方向传送数据，因而称为双向数据总线。

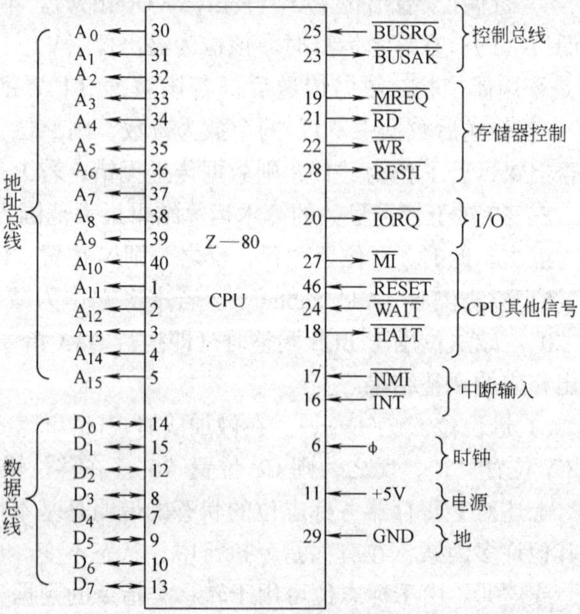

图 5-5　Z—80 CPU 接口信号

3. 控制信号线　Z—80 CPU 所有的控制信号线都是低电平有效，它表示当控制线出现低电平时，该信号起作用，在每个信号的英文字母上加一横道表示低电平有效。

（1）总线控制信号

1）$\overline{\text{BUSRQ}}$。总线请求信号，输入。它是由要取得CPU地址总线和数据总线控制权的外部设备产生的一个信号，主要用于存储器和快速外设之间进行数据传送的直接存储器存取（DMA）操作，在DMA操作期间，CPU必须被封锁，即地址总线、数据总线和三态的输出控制均处于高阻状态，以防止CPU和DMA控制器在同一时间对同一存储单元操作而引起冲突。当外设请求操作时，使$\overline{\text{BUSRQ}}$为低电平，CPU在现行机器周期结束时立即响应。

2）$\overline{\text{BUSAK}}$。总线响应信号，输出。CPU用该信号响应总线请求信号$\overline{\text{BUSRQ}}$，当$\overline{\text{BUSRQ}}$信号为低电平时，告诉总线请求的外设，地址总线、数据总线和三态的输出控制线均已处于高阻状态，CPU已被封锁，外设可以使用上述总线进行DMA操作。

（2）存储器信号

1）$\overline{\text{MREQ}}$。存储器请求信号，三态输出。当该信号为低电平时，表明存储器地址在地址总线上有效。通常，它作为存储器选择信号的一部分，用来控制存储器进行读数据或写数据操作。

2）$\overline{\text{RD}}$。读信号，三态输出。它和$\overline{\text{MREQ}}$信号一起作为存储器的选择信号，当它们同时为低电平时，表明对存储器进行读（存储器输出数据）操作。

3）$\overline{\text{WR}}$。写信号，三态输出。当$\overline{\text{MREQ}}$和$\overline{\text{WR}}$信号同时为低电平时，表明对存储器进行写（存储器输入数据）操作。

无论是读操作，还是写操作，数据总是要沿着数据总线在CPU寄存器和由地址总线上的地址信息规定的存储单元之间传送。

4）$\overline{\text{RFSH}}$。刷新信号，输出。该信号与正常的存储器操作无关，只有当使用动态存储器时才用这一信号。因为动态存储器需要周期地刷新，以保持存储单元中的数据不会消失。当$\overline{\text{RFSH}}$和$\overline{\text{MREQ}}$信号同时为低电平时，地址总线上的低7位指明进行刷新的动态存储器地址。

（3）I/O信号：$\overline{\text{IORQ}}$为I/O请求信号，三态输出。当$\overline{\text{IORQ}}$信号为低电平时，地址总线的低8位（即$A_7 \sim A_0$）提供一个I/O端口地址。与此同时，若$\overline{\text{RD}}$是低电平，表明该地址的I/O端口进行读（从端口输入数据）操作；若$\overline{\text{WR}}$是低电平，表明该地址的I/O端口进行写（输出数据到端口）操作。

（4）CPU其他信号

1）$\overline{\text{MI}}$。取周期信号，输出。CPU执行的每条指令的第一个字节均为取周期，即从存储器中取出指令的操作码，并进行译码。在取周期时，$\overline{\text{MI}}$信号将变为低电平，Z—80有些指令具有2个字节的操作码，则每个取操作码周期，均使$\overline{\text{MI}}$信号处于低电平。在中断响应期间，$\overline{\text{IORQ}}$和$\overline{\text{MI}}$信号一同用来表明中断响应。

2）$\overline{\text{RESET}}$。复位信号，输入。无论系统处在什么状态，当$\overline{\text{RESET}}$信号是低电平时，迫使程序计数器清零，并使CPU复位。CPU复位包括下列操作：

①中断允许触发器IFF复位。

②置中断矢量寄存器I为00H。

③置刷新寄存器R为00H。

④置中断方式为0方式。

⑤地址总线和数据总线处于高阻状态。

⑥所有输出控制信号处于无效状态。

3）$\overline{\text{WAIT}}$。等待信号，输入。这是一个与慢速存储器和 I/O 设备有关的信号，$\overline{\text{WAIT}}$信号处于低电平，表示所寻址的存贮单元或 I/O 设备未准备好传送的数据，通知 CPU 进入等待状态，此时 CPU 不做任何事情，只是不断地插入等待周期，直到该信号变为高电平为止。$\overline{\text{WAIT}}$信号使得低速存储器或低速 I/O 设备在没有缓冲的情况下能和 Z—80 直接接口，也就是说，可以与 Z—80 同步，在$\overline{\text{WAIT}}$处于低电平期间，CPU 不进行动态存储器的刷新操作。

4）$\overline{\text{HALT}}$。暂停信号，输出。当 CPU 执行$\overline{\text{HALT}}$指令时，该信号为低电平，表示 CPU 处于暂停状态。在程序中，$\overline{\text{HALT}}$指令一般用于下述两种情况：程序所有的功能执行完毕；程序等待中断出现（包括可屏蔽中断和非屏蔽中断），当 CPU 接收到中断请求信号，操作才能重新开始。CPU 处于暂停状态期间执行 NOP（空操作）指令，以维持动态存储器的刷新。

（5）中断输入信号

1）$\overline{\text{INT}}$。中断请求信号。当 I/O 设备请求中断服务时，$\overline{\text{INT}}$信号为低电平。此时，如果 CPU 中的中断允许触发器 IFF 已由程序置为开放中断状态，并且没有总线请求信号$\overline{\text{BUSRQ}}$（即$\overline{\text{BUSRQ}}$为高电平），则在现行指令结束时，CPU 响应$\overline{\text{INT}}$中断信号，并在下一个指令的取周期（$\overline{\text{MI}}$）发出$\overline{\text{IORQ}}$信号。请求中断的 I/O 设备辨认$\overline{\text{MI}}$和$\overline{\text{IORQ}}$信号，当它们均为低电平时，表明 CPU 已响应中断。CPU 可以按 3 种不同的方式响应$\overline{\text{INT}}$中断。

2）$\overline{\text{NMI}}$。非屏蔽中断请求信号，负沿触发。它不受中断允许触发器 IFF 控制，并总是在现行指令结束时被 CPU 响应。当 CPU 响应$\overline{\text{NMI}}$时将进行如下操作：

①程序计数器的内容自动送到堆栈中保存，以保证在非屏蔽中断服务以后能返回到中断前的程序。

②迫使 CPU 控制转向存储器 0066H 单元，也就是说，CPU 将从 0066H 单元执行非屏蔽中断服务程序。

$\overline{\text{NMI}}$的中断优先权高于$\overline{\text{INT}}$，低于总线请求信号$\overline{\text{BUSRQ}}$。另外，连续的$\overline{\text{WAIT}}$状态将阻止现行指令的结束，以致使 CPU 难于响应$\overline{\text{NMI}}$信号。

（6）其他

1）ϕ。单相时钟输入端，Z—80 时钟频率为 2.5MHz，Z—80A 时钟频率为 4.0 MHz。

2）+5V。CPU 要求的电源。

3）GND。接地端。

5.2.3 Z—80 CPU 的外部连接

1. Z—80 CPU 与存储器的连接

（1）ROM 与 CPU 的连接：图 5-6 所示为具有 2 个片选择端的 512×8 位 ROM 与 CPU 的连接，9 条地址线和 CPU 地址总线的 $A_0 \sim A_8$ 直接相连，可对 512 个存储单元直接寻址。每个存储单元的 8 位数据从 8 位数据线输出 ，由于 ROM 是三态输出，在 ROM 不被选择时，数据输出线呈高阻状态，因而，8 条数据输出线可以直接和 CPU 的数据总线 $D_0 \sim D_7$ 相连。当复位开关 K 闭合时，$\overline{\text{RESET}}$复位信号变为低电平，使 CPU 复位，程序计数器清零，在取操作码周

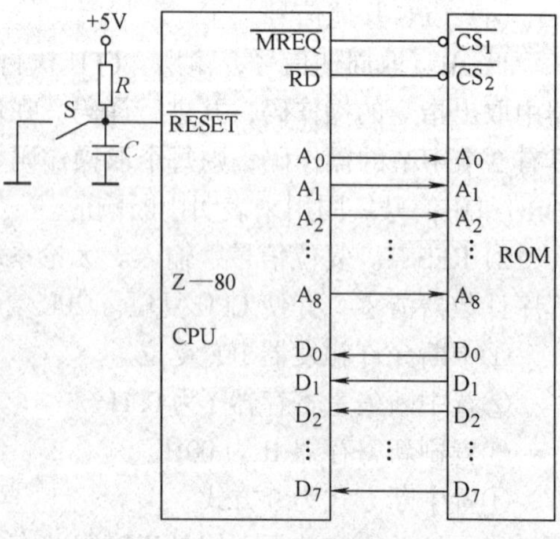

图 5-6　CPU 与 ROM 连接

期$\overline{MI}$，$\overline{MREQ}$和$\overline{RD}$信号均为低电平，它们作为片选择信号使 ROM 被选中，ROM 0 单元的内容经数据线被读入 CPU。由于使用了地址总线的 $A_8\sim A_0$，因而，CPU 可在（0××××××× 00000000)$_2$ 到（×××××××111111111)$_2$ 的范围内对 ROM 寻址，这里的“×”对应地址线 $A_{15}\sim A_9$，可以是任意电平，在这种情况下，一般被悬空。

（2）RAM 与 CPU 的连接：1024×8 位 RAM 与 CPU 的连接如图 5-7 所示，RAM 的 10 条地址线与 CPU 地址总线的 $A_9\sim A_0$ 直接相连，可对片内的 1024 个单元寻址，8 条数据线与 CPU 的数据总线 $D_7\sim D_0$ 直接相连。$\overline{MREQ}$信号和地址总线的 A_{15}经过选通门产生 RAM 的片选择信号，当$\overline{MREQ}$为低电平、A_{15}为高电平、$\overline{CS}$为低电平时，该片被选中。RAM 的读/写控制端$\overline{WE}$直接和 CPU 的$\overline{WR}$信号相接，当 CPU 执行写操作时，$\overline{WR}$为低电平，此时数据总线上的数据写入由 $A_9\sim A_0$ 寻址的存储单元中。若 CPU 执行读操作，$\overline{WR}$为高电平，则从由 $A_9\sim A_0$ 寻址的存储单元中读出数据，并送到数据总线上。由于使用了 A_{15}和 $A_9\sim A_0$ 地址线，因而 CPU 可在（1×××××0000000000)$_2$ 到（1×××××1111111111)$_2$ 范围内寻址。

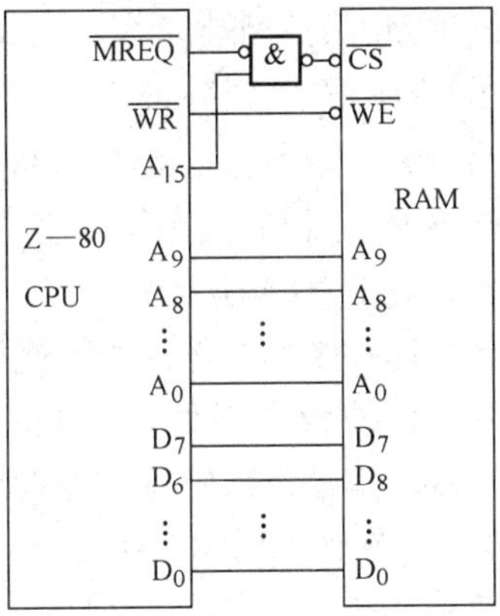

图 5-7　CPU 与 RAM 连接

（3）存储器容量的扩充：图 5-8 所示为一个由 4 个 1024×8 位芯片组成的 4096×8 位存储器,图中地址译码器对地址总线的 $A_{15}\sim A_{10}$位进行译码，获得 64 个输出信号，可控制 64 个 1K的芯片，这里只使用了其中的 $\overline{Y}_0\sim\overline{Y}_3$ 信号，它们分别控制 4 个 1024×8 位芯片。

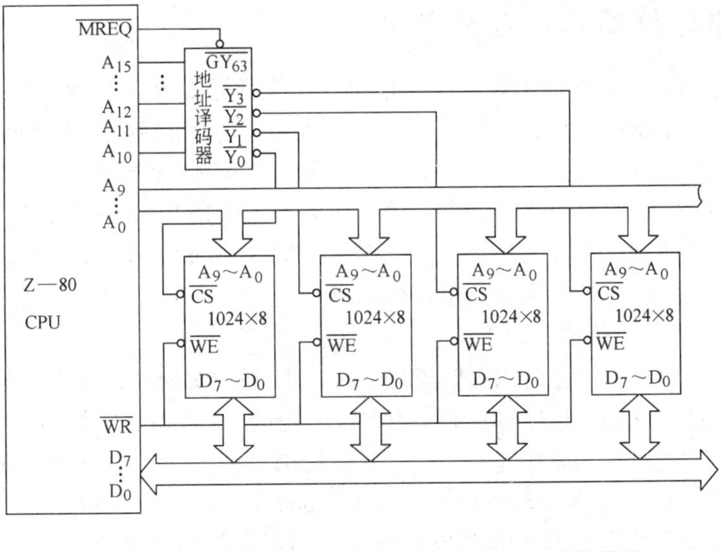

图 5-8　由 4 个 1024×8 位芯片组成的 4096×8 位存储器

2．Z—80 CPU 与 I/O 设备的连接　I/O 设备一般要经过缓冲器或专用接口和 Z—80 CPU 连接，这里只讨论用缓冲器的连接方法，至于专用接口的使用可参考有关专门的著作。无论是哪一种方法，它们和存储器一样，同样要解决地址线、数据线和控制线的连接问题。

（1）单一 I/O 设备的连接：如果系统中仅有一个输出设备和一个输入设备（统称外设），

它们和 Z—80 CPU 的连接原理如图 5-9 所示，CPU 数据总线 $D_7 \sim D_0$ 通过锁存器和输出外设相连，而输入外设用三态缓冲器与数据总线相接，$\overline{WR}$、$\overline{RD}$和$\overline{IORQ}$信号经过与非门 M_1 和 M_2 作为它们的控制信号。当 CPU 执行 OUT（输出）指令时，$\overline{WR}$和$\overline{IORQ}$信号同时为低电平，经过 M_1 门控制锁存器，使数据从数据总线 $D_7 \sim D_0$ 传送到外设。若 CPU 执行$\overline{IN}$（输入）指令，$\overline{RD}$和$\overline{IORQ}$信号同时为低电平，经过 M_2 门控制三态缓冲器，使数据从外设送到数据总线 $D_7 \sim D_0$。

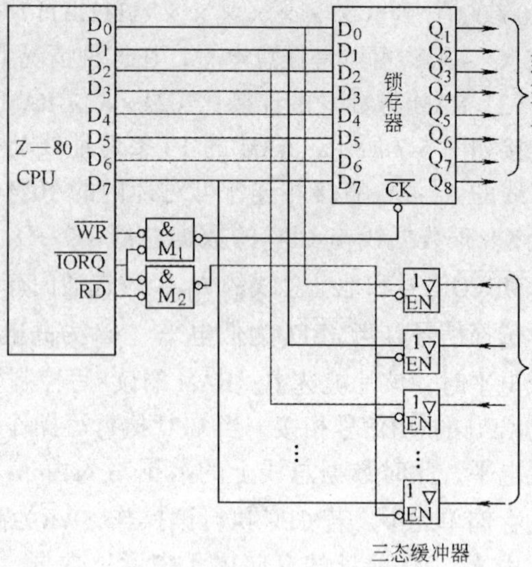

图 5-9　单一 I/O 外设与 Z—80 CPU 的连接原理

（2）具有多个 I/O 设备的连接：通常，系统的 I/O 外设并不只有一个，在这种情况下，就要用端口译码器对外设进行寻址。Z—80 CPU 具有专用的 I/O 指令，且只用一个字节作为外设（端口）地址，故最多可寻址 256 个外外设端口。此外，Z—80 的外设地址和存储器地址在执行读写指令时是完全分开的，可以地址重叠而互不影响。

图 5-10 所示为一个具有 2 个输出、2 个输入的电路图，图中的端口译码器使用 8205，地址总线的 A_7、A_6、A_5 作为 3 个允许信号，当 $A_7 = 1$、$A_6 = 0$、$A_5 = 0$ 时，允许 8205 译码，A_4、A_3、A_2 作为它的输入。

5.3　单片机硬件结构特点及应用

单片机是将 CPU、RAM、ROM、I/O 和定时/计数器等集成在一个硅片上，它因具有体积小、重量轻、抗干扰能力强、可靠性高、环境适应性好和价格低廉等优点而受到工业界的普遍重视，且应用范围日益扩大。单片机种类很多，世界上一些著名的计算机厂家已投放市场的产品有 50 多个系列，400 多个品种。单片机有 8 位、16 位和 32 位，但 8 位单片机仍是工业检测与控制的主角。Intel 公司的 MCS—51 系列单片机最早在我国推广应用。为了不失一般性，本书将以该机型向大家介绍单片机知识。

5.3.1　MCS—51 单片机组成控制系统

MCS—51 单片机典型硬件结构如图 5-10 所示。按照功能划分，整个单片机分 8 个部件，即微处理器、数据存储器、程序存储器、I/O 口、定时/计数器、串行口、中断系统和特殊功能寄存器。它们通过片内总线连在一起，其结构仍是传统的 CPU 加外围芯片的结构模式。对于程序存储器，某些型号的单片机有 ROM（如 8051），有的则是 EPROM（如 8751），而像 8031 单片机则没有程序存储器，需要外扩程序存储器。程序存储器的容量也不尽相同。下面对单片机的部件进行简单的介绍。

1）微处理器。8 位微处理器，内含 1 个 1 位 CPU，不仅可以处理字节，还可以处理位变量。

2）数据存储器（RAM）。片内 128 个字节，外扩可达 64KB。

3）程序存储器（ROM/EPROM）。8031 没有此部件，8051 为 4K ROM，8751 则有 4K E-

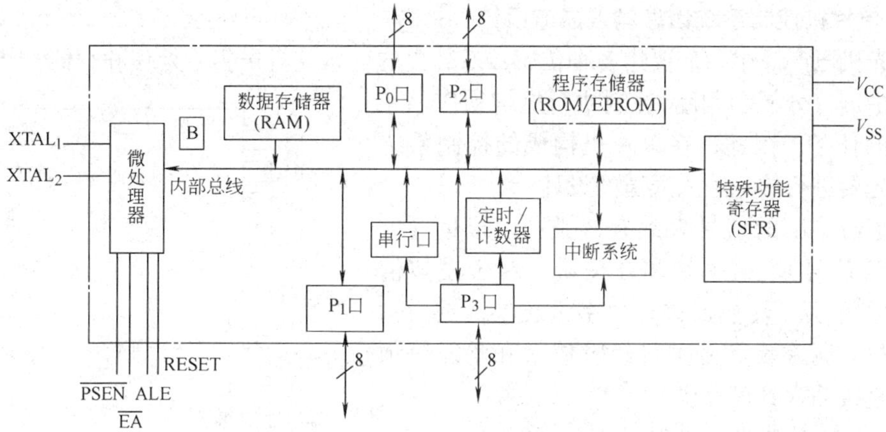

图 5-10　MCS—51 单片机典型硬件结构

PROM。程序存储器外扩可至 64KB。

4）定时/计数器。2 个 16 位的定时/计数器，具有 4 种工作方式。

5）串行口。1 个全双工的串行口，有 4 种工作方式。

6）中断系统。5 个中断源，2 级中断优先级。

7）I/O 口。4 个 8 位 I/O 口 P_0、P_1、P_2、P_3。

8）特殊功能寄存器。21 个特殊功能寄存器，用于管理各个模块。

单片机的 I/O 口是很紧张的资源。对于 MCS—51 系列单片机，虽然有 4 个 I/O 口，但用户能够使用的口只有 P_1 口和部分 P_3 口，或者 P_2 口（对于 8051/8751，如果没有系统扩展，可以允许用户使用该口）。因此，在设计测控系统时，I/O 口常常需要外扩。

用单片机组成的实时控制系统的原理如图 5-11 所示。用 MCS—51 单片机，特别是 8031 单片机构成测控系统，硬件设计简单灵活、系统成本低，在光机电一体化设备中得到广泛的应用。

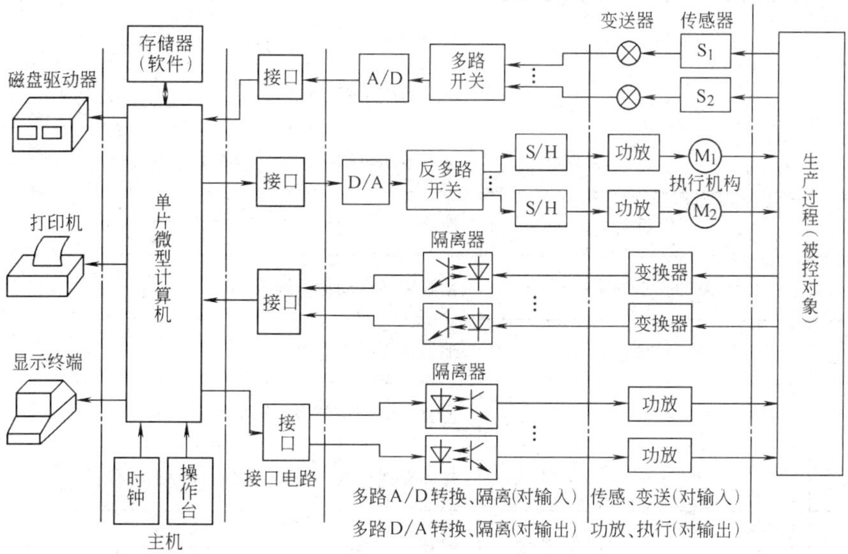

图 5-11　单片机组成的实时控制系统原理

5.3.2 单片机控制系统信息输入通道设计

在光机电产品中，需要用各种传感器对外界的信息进行采集、处理和存储，然后输入到计算机中进行分析和判断,控制执行机构动作，完成特定的任务。因此，在单片机构成的控制系统中，首先要进行信息输入通道的设计。

传感器输出的信号大致有 3 类：模拟量（电压或电流信号)、频率量和开关量。对于模拟信号，需要用 A/D 转换器进行数字量转换，然后输入计算机。频率量和开关量经过放大和整形等预处理，直接输入到单片机。

(1) 8031 单片机与 A/D 的接口：ADC0809 是 8 位逐次逼近型 A/D 转换器，28 脚双列直插式封装。该 A/D 转换器由 + 5V 电源供电，片内有带锁存功能的 8 路模拟多路开关，可对 8 路 0 ~ 5V 模拟电压信号分时进行转换，完成一次转换的时间为 100μs。输出具有 TTL 三态锁存缓冲器，可直接连接到单片机数据总线上。图 5-12 所示为 ADC0809 端子图，各引脚的功能见表 5-1。

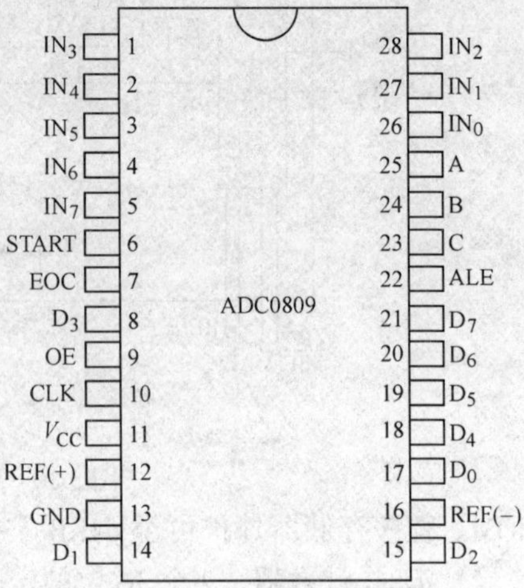

图 5-12　ADC0809 引脚图

表 5-1　ADC0809 各引脚的功能

引脚名称	引　脚　号	功　　能
$D_0 \sim D_7$	17 ~ 21、15、14、8	8 位数字量输出
$IN_0 \sim IN_7$	1 ~ 5、26 ~ 28	8 路模拟量输入
V_{CC}	11	+ 5V 工作电压
REF（+）	12	参考电压正端
REF（−）	16	参考电压负端
GND	13	地
START	6	A/D 转换启动信号输入端
ALE	22	地址锁存允许信号输入端
$\overline{EOC}$	7	A/D 转换结束信号，转换结束后为高电平
OE	9	输入允许控制，打开三态数据输出锁存器
CLK	10	时钟信号输入端
A、B、C	23 ~ 25	地址输入线，用于选通 8 路模拟输入通道

用于选通 8 路模拟输入的地址 A、B、C 的逻辑真值表见表 5-2。

表 5-2　地址线 A、B、C 的逻辑真值表

选中的模拟通道	C	B	A	选中的模拟通道	C	B	A
IN_0	0	0	0	IN_4	1	0	1
IN_1	0	0	1	IN_5	1	0	1
IN_2	0	1	0	IN_6	1	1	0
IN_3	0	1	1	IN_7	1	1	1

ADC0809 与 8031 的查询接口如图 5-13 所示。ADC0809 有输出锁存缓冲器，可以直接和单片机的数据总线相连。引脚 A、B、C 分别与地址总线的低 3 位 A_0、A_1、A_2 相连，用于选通模拟通道 IN_0 ~ IN_7 的任何一个通道。将 $P_{2.7}$(A_{15}) 作为片选信号，在启动 A/D 转换时，由单片机的写信号和 $P_{2.7}$ 控制 ADC0809 的地址锁存和转换。ALE 和 START 连在一起，因此 ADC0809在锁存通道地址的同时，启动 A/D 并进行转换。在读取 A/D 转换结果时，用低电平的读信号和 $P_{2.7}$ 引脚经或非门产生正脉冲作为 OE 信号，用来打开三态输出锁存器。

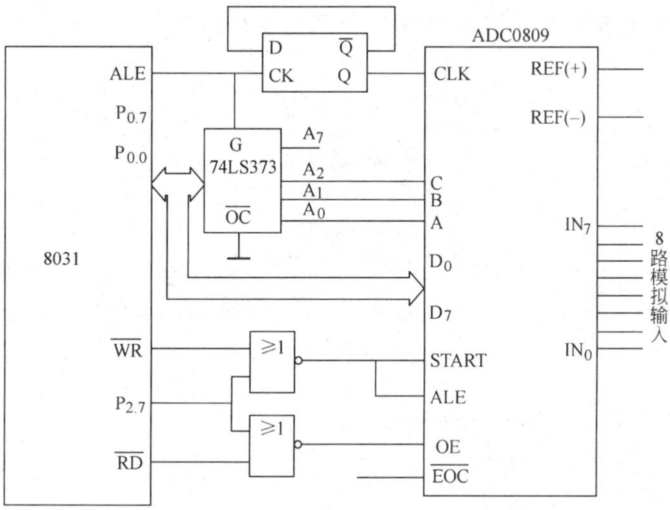

图 5-13　ADC0809 与 8031 的查询接口

由图 5-13 可知，$P_{2.7}$应设置成低电平。用查询方式读取 A/D 转换结果并存储到数据存储区的程序片段如下：

```
AIN：MOV R1， ＃DATA          ；置数据存储区首地址
MOV DPTR， ＃7FF8H            ；指向通道 0
MOV R7， ＃08H                ；置通道数
NEXT：MOVX@DPTR，A            ；启动 A/D 转换
        MOV R6， ＃OAH        ；软件延时，等待转换结束
DELAY：NOP
        NOP
        NOP
```

```
DJNZ R6，DELAY
MOVX A，@DPTR        ；读取转换结果
MOV@R1，A            ；转存
INC DPTR             ；指向下一个通道
INC R1
DJNZ R7，NEXT
```

（2）8031 单片机与 V/F 转换器的接口：A/D 转换技术得到广泛的应用，但在某些要求数据长距离传输、精确度和精密度要求高、资金有限的场合下，使用 A/D 转换技术不方便，此时使用 V/F 转换技术可以实现 A/D 转换。V/F 转换器将电压信号转化为频率信号，其有应用电路简单、外围器件性能要求不高、环境适应性强、转换速度不低于一般的双积分型 A/D 器件和价格低等优点。

常用的 V/F 转换器有 LM131、LM231 和 LM331。下面以 LM331 为例，介绍 V/F 转换接口。LM331 与单片机的接口很简单，直接将频率信号接入单片机的定时/计数器输入端即可。在一些电源干扰大、模拟电路部分对单片机产生电气干扰等恶劣环境中，可以采用光隔离的方法使 V/F 转换器与单片机无线信号联系。如果长距离传输，还需要增加线路驱动器以提高传输能力。图 5-14 所示为 LM331 与 8031 的接口电路。

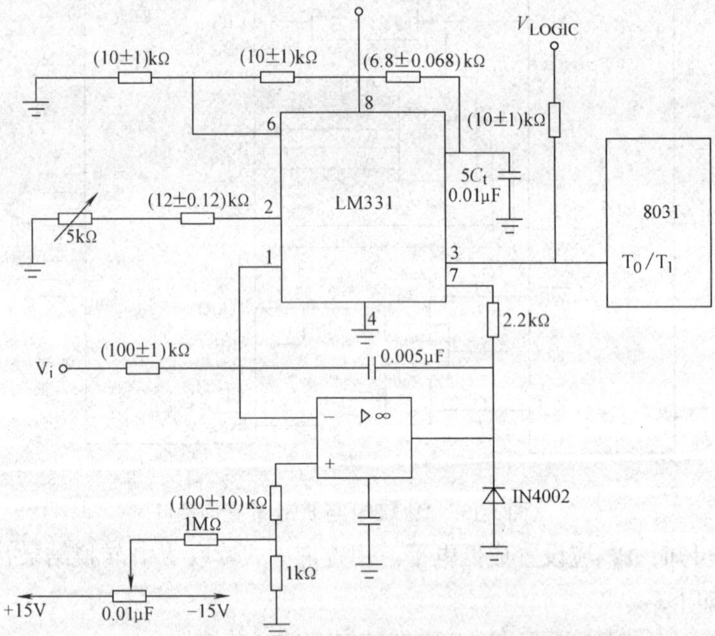

图 5-14　LM331 与 8031 的接口电路

5.3.3　单片机控制系统功率驱动接口设计

在光机电一体化产品中，控制系统需要驱动执行机构或者用模拟量显示设备（如指针式）对参数进行显示等。因此，D/A 转换器是必不可少的器件。D/A 转换器简称 DAC，按照输出量位数划分，有 8 位、10 位、12 位、16 位；按照输出极性划分，有单极性输出和双极性输出；按照工作原理划分，有电流型和电压型等。表 5-3 列出了常用 8 位 DAC 的参数。

表 5-3　常用 8 位 DAC 的参数

型号	分辨率/位	精度	非线性	建立时间/ns	基准电压/V	供电电压/V	输入寄存器	功耗/mW	说　明
AD1048	8		±0.1%	250	+5	+5，-15	无	33	均为电阻型
DAC0808	8	±0.19%	150	150		+4.5	无	33	
0800 DAC0801 0802	8	±1LSB①	±0.1%	100		+18 -18~+4.5	无	20	
AD754	8		±0.1%		-10~+10	-15~+15	单缓冲	20	均为 T 形电阻型
0830 DAC0831 0832	8		8 9 10	1000	-10~+10	-15~+5	单缓冲		
DAC32	8	±1LSB①				-15~+15	无		权阻型

注：DAC32 有内部基准电压。

①1LSB = 1×10^{-12}V。

（1）8031 单片机与 PWM 功能放大器的接口：8031 单片机和 PWM 功率放大器的接口如图 5-15 所示。控制伺服电动机就是在控制系统计算出控制量后，把这个控制数据送到 D/A 转换器 DAC0832 中，将数字量转化为模拟电压，控制 PWM 驱动器工作。

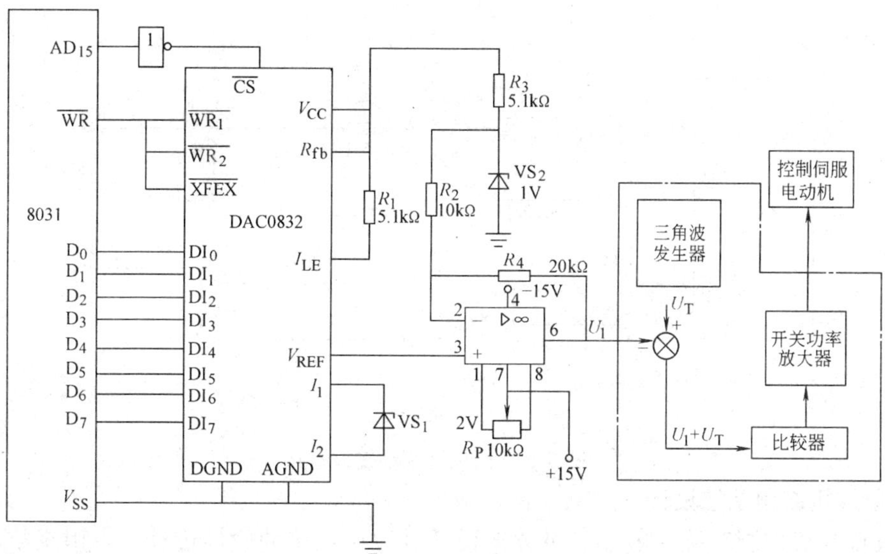

图 5-15　8031 单片机与 PWM 功率放大器的接口

DAC0832 是 8 位 T 形电阻网络式的 D/A 转换器。DAC0832 的基准电压，$V_{REF}=-10\sim10$V，通过改变 V_{REF}的符号来改变输出的极性，即 DAC0832 有单极性输出和双极性输出两种。DAC0832 采用一组电源供电，其值为 +5 ~ 10V。DAC0832 在使用时可以采用双缓冲方式和单缓冲方式（只用一级锁存，另一级直通），也可以采用直通方式。

在图 5-15 中，单片机的数据总线 $D_0\sim D_7$ 和 DAC0832 的数据输入端 $DI_0\sim DI_7$ 直接相连。

单片机的写信号$\overline{WR}$直接与 DAC0832 的写控制端$\overline{WR_1}$、$\overline{WR_2}$和传送控制端$\overline{XFER}$连接。单片机的高位地址 AD_{15}用于产生片选信号$\overline{CS}$。DAC0832 和运算放大器组成完整的 D/A 转换电路，它可以将 00H～0FFH 的数字量转化为 –2.0 ～ 2.0V 的模拟电压信号。

DAC0832 接成电压开关方式。在 I_1、I_2 之间接 $V_{DC}=2V$ 的稳压源作为参考电压，则在输出端 V_{REF}为

$$V_{REF} = V_{DC}D/256 \tag{5-1}$$

式中 D——数字量。

运算放大器的同相端接 V_{REF}，反相端接电阻 R_3 和稳压管 VS_1 形成 1V 的恒压源。若运算放大器的放大倍数为 2，则输出电压 U_1 为

$$U_1 = V_{DC}(D/128-1) \tag{5-2}$$

当单片机的数据在 00H～0FFH 范围变化时，电压 U_1 在 –2.0～2.0V 变化。

(2) 8031 单片机与开关型功率驱动的接口：图 5-16 所示为白炽灯驱动接口电路。接口电路使用光耦合器 MOC3021 用于隔离高、低压系统并驱动双向晶闸管。MOC3021 由 8031 的 $P_{1.0}$端经 7407 控制。当 $P_{1.0}$输出低电平时，双向晶闸管导通，白炽灯亮；当 $P_{1.0}$输出高电平时，双向晶闸管关断，白炽灯不亮。晶闸管控制过程中，需要由电源电压过零时开始计算触发延迟角，因此需要一个过零检测电路。过零检测电路由变压器、二极管和晶体管组成。当电源电压为零，晶体管 VT 截止，$\overline{INT_0}$端输入高电平，电平不产生中断；当电源电压过零，晶体管 VT 导通，$\overline{INT_0}$端输入低电平，电平跳变产生中断，使单片机 8031 得知电源电压过零的时刻。

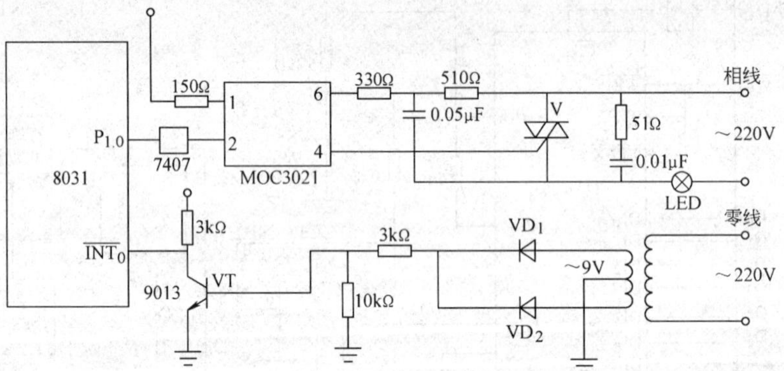

图 5-16 白炽灯驱动接口电路

5.3.4 单片机应用系统设计

设计单片机控制系统一般要经过方案设计、应用系统的硬件设计、应用系统的软件设计、系统调试与性能测定和文档编制等 5 个步骤。

1. 方案设计 设计单片机应用系统，首先要分析用户的需求。需求分析的主要内容有：被控参数的形式（电量、非电量、模拟量和数字量等）、参数范围、性能指标和工作环境等。了解需求后，再着手方案的设计和论证。制订方案的原则是既要满足用户对功能的需求，同时又要使系统简单、经济、可靠。

2. 应用系统的硬件设计 方案论证后，首先要将方案具体化，设计出应用系统的电路原理图和 PCB 图。用软件工具对电路图进行仿真，确认正确无误后，制作电路板。其次，

选择和购买电子元器件。硬件设计主要集中在项目的初期阶段，而软件贯穿于整个设计过程中。为了使硬件设计尽可能合理，应重点考虑下面几点：

1）尽量采用集成度高、功能强的芯片，以简化电路设计。

2）为将来的扩展和修改留有余地。

①ROM。尽量选用型号为2764以上的EPROM，将来软件扩展和升级方便。

②RAM。尽量在单片机外部扩展RAM芯片，弥补片内RAM的不足。

③I/O口。在工业控制中，I/O口往往不够用，在设计硬件时，应多预留一些I/O口。

④A/D和D/A通道。和I/O口同样的理由，多预留一些A/D和D/A通道，将来会解决大问题。

3）以软代硬。单片机CPU芯片的处理速度越来越快，能用软件完成的任务，就不要用硬件。硬件多了不仅增加电路板的体积和成本，还使发生故障的概率大大提高。

4）工艺设计。工艺设计要求考虑安装、维修和调试的方便。硬件抗干扰的措施也应考虑。

3. 应用系统的软件设计　硬件制作完成后进行软件的编制，其设计方法为：

1）软件需求分析。分析用户的需求，将设计方案"自顶向下"逐层分解细化，直到功能单一的模块，将每个模块的功能描写清楚。

2）软件设计。将需求分析转化为具体的设计方案，画出软件的流程图和功能描述。

3）编写软件代码。用汇编语言或C语言编写代码。

4）软件调试。对软件进行测试，以发现软件代码存在的潜在错误，并修改。

4. 系统调试与性能测定　编制的软件和焊接的电路板不能按照预定的设计要求工作是很正常的事情，这时需要耐心寻找差错，并进行调试。软件调试先进行模块调试，然后再联调。如果系统能够正常工作，还要在实验室模拟工业现场环境，测试系统的工作可靠性是否达到预定的要求。

5. 文档编制　编制文档是系统维护所必需的一项工作。文档包括：需求分析与说明、设计方案、性能测试报告、使用指南、软件流程图和源代码、电路原理图和PCB图等。

5.4 可编程序控制器

5.4.1 可编程序控制器的结构

可编程序控制器（programmable logic controller，PLC）是在继电器控制和计算机控制的基础上开发出来的，并逐渐发展成以微处理器为核心，把自动化技术、计算机技术、通信技术融为一体的新型工业自动控制装置。早期的PLC只能进行逻辑控制，现在市场上的PLC都采用了微型机的CPU，使得PLC不仅能进行简单的逻辑控制，还能完成模拟量控制、数值控制、过程监控和通信联网等功能。PLC因具有程序可变、可靠性高、功能强、环境适应性好、抗干扰能力强、体积小和重量轻等特点而在光机电一体化系统中得到广泛的应用。PCL的系统框图如图5-17所示。

中央处理器（CPU）是PLC的核心。一般中型的PLC都有2个CPU，即字处理器和位处理器。字处理器以字为单位进行信息的加工和存储，这是和其他微处理器不同之处；位处理

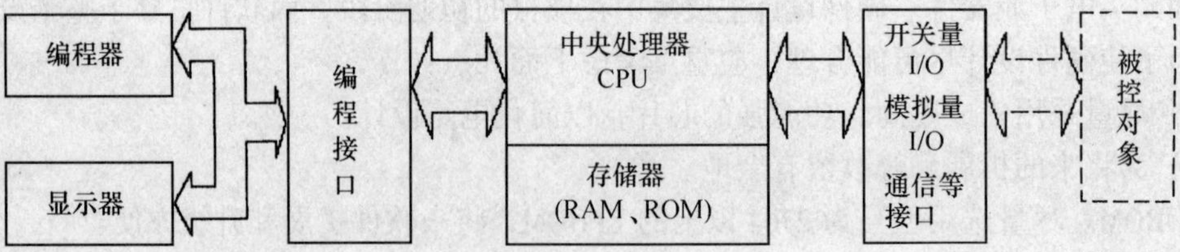

图 5-17　PLC 的系统框图

器是用专用芯片设计而成的，主要用于处理位操作以及将梯形图等 PLC 编程语言转换为机器语言。PLC 的处理器一般用 16 位或 32 位单片机实现。

I/O 接口模板是 PLC 与工业现场进行信号联系，并完成电平转换的桥梁。I/O 模板包括数字量 I/O 板、模拟量 I/O 板、通信 I/O 板和智能 I/O 板等，这些 I/O 板可分为直流（交流）型或电压（电流）型。现介绍 PLC 最常用的数字量 I/O 板和模拟量 I/O 板。

1. 数字量 I/O 板

(1) 数字量输入 I/O 板：数字量输入 I/O 板用于工业控制过程中的各种转换开关和限位开关等设备。数字量输入 I/O 板原理如图 5-18 所示。图 5-18a 所示为 24V 直流信号输入模板，光耦合二极管发光，光敏三极管导通。当现场开关 S 闭合时，光耦合器的发光二极管发光，光敏三极管导通，A 点有电压输入，为高电平，同时指示灯 H 亮；反之，当现场开关 S 断开时，光耦合器的发光二极管不发光，光敏三极管截止，*A* 点无电压输入，为低电平。2.5kΩ 和 1.3kΩ 电阻分别起限流和分压的作用，光耦合器的光敏三极管的开关信息通过 150kΩ 电阻和 22μF 的电容滤波，形成 CPU 所需要的标准电平，接到 PLC 用户数据区，供 CPU 作逻辑或数值运算使用。

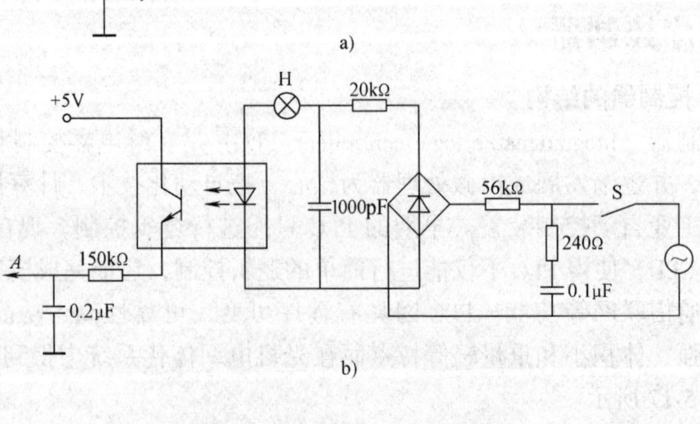

图 5-18　数字量输入 I/O 板原理

a）24V 直流信号输入原理图　b）220V 交流信号输入原理图

图 5-18b 所示输入为 220V 交流信号，而 CPU 只能接收 0～5V 的直流信号。220V 交流信号通过 56kΩ 限流电阻和桥式整流电路将交流信号整流成直流信号，经阻容滤波后送入光耦合器输入端。工作过程同直流信号，不再赘述。

（2）数字量输出 I/O 板：24V 直流模板适合于工业过程中各种显示灯的驱动，模板带光耦合器，电路原理如图 5-19a 所示。当需要产生输出时，CPU 将相应的数据输送到输出模块。当 CPU 输出高电平时，光藕合器导通，用户提供的 +24V 电压通过功率驱动器驱动功率管，+24V 电压加在负载上。LED 为有无负载指示灯，F820 为熔断器。稳压管 IN4055 和 IN4005 分别为保持电源和输出端恒压以防止过电压导致对模板和外设的破坏。

图 5-19b 是交流信号输出模板，用于各种中间继电器和电磁铁线圈等负载。它将 PLC 内部信号转换为外部工业过程所需要的信号。交流输出模板的驱动电路采用光控双向晶闸管进行驱动放大，所以交流数字量输出模块又称为晶闸管输出模块。该模块外加交流负载电源，带负载能力一般为每个输出点 1A 左右，每个模块 4A 左右。不同型号的交流开关量输出模块的外加交流负载电源电压和带负载能力有所不同。晶闸管输出模块为无触头输出模块，使用寿命较长。图 5-19b 中，VD_1 为输出指示灯，R_1、R_2 为限流电阻，V 为光控双向晶闸管，A 为浪涌吸收器，F 为熔体，R_3 和 C 构成阻容吸收电路。

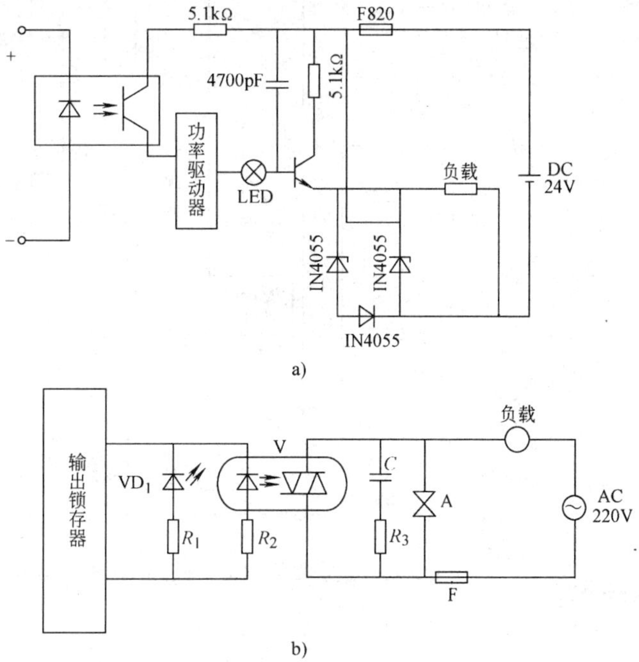

图 5-19 数字量输出 I/O 板原理

a）24V 直流信号输出原理图 b）220V 交流信号输出原理图

2. 模拟量 I/O 板

（1）模拟量输入 I/O 板：模拟量输入 I/O 板将外部的模拟信号（如压力和流量等）转换为 PLC 能够接收的数字信号。模板有 0～5V、0～10V、±10V 和 4～20mA 等各种类型，可连接各种外部传感器。模拟量输入 I/O 板将模拟信号转换为 12 位的二进制数，送到 PLC 的内部总线上。图 5-20 所示为日本立石公司的模拟量输入 I/O 板 CH200H—AD001 的内部结构框图。模板内部有多路选通、放大、A/D 转换和光藕合等模块。模板内还有自己的 CPU、ROM 或 RAM。

（2）模拟量输出 I/O 板：模拟量输出 I/O 板将 PLC 内部的数字信号转换为外部生产过程所需要的模拟信号。模板有 0～5V、0～10V、±10V、4～20mA 等各种类型。图 5-21 是日本立石公司模拟量输出 I/O 板 CH200H—AD001 的内部结构框图。模板内部有光藕合器、D/A 转换器和功率放大器等模块。模板内也有自己的 CPU、ROM 或 RAM。

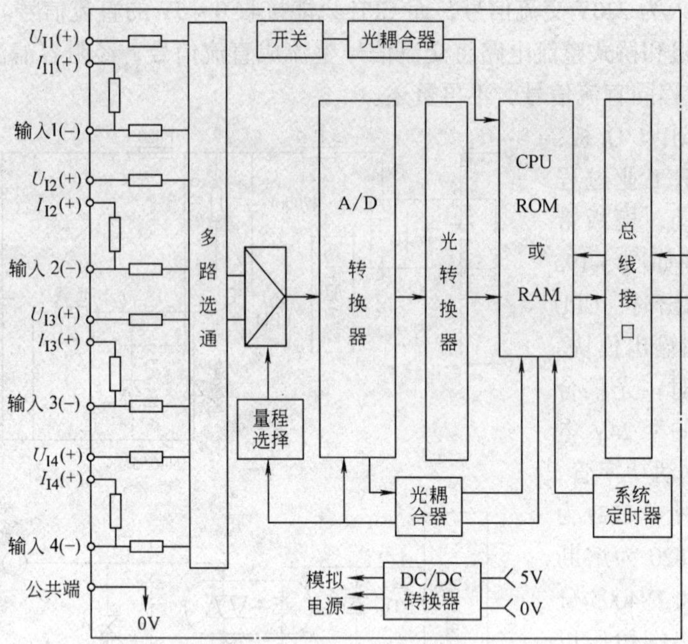

图 5-20 模拟量输入 I/O 板 CH200H—AD001 的内部结构框图

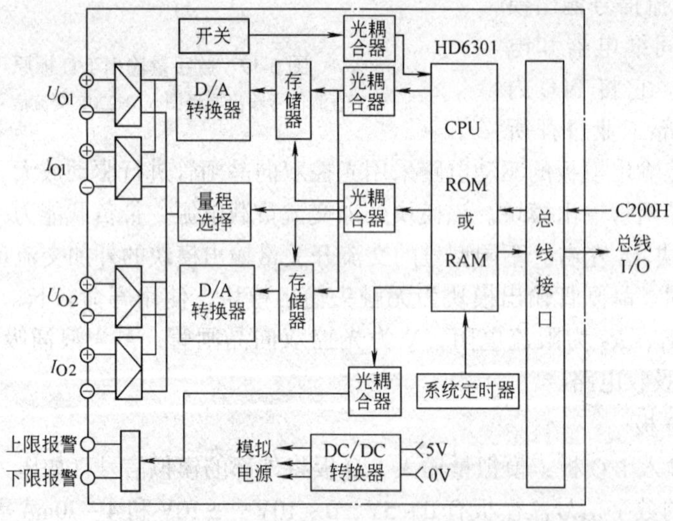

图 5-21 模拟量输出 I/O 板 CH200H—DA001 的内部结构框图

5.4.2 PLC 的工作原理

PLC 通过 I/O 接口（开关量 I/O、模拟量 I/O、脉冲量输入口、串行口和并行口等）与被控对象连接。PLC 采用面向控制过程、面向问题的“自然语言”作为编程语言。这种语言简单、易学、易记。梯形图、语句表和控制系统流程图等是 PLC 常用的编程语言。有些 PLC 还尝试使用高级语言编程。用户在使用 PLC 进行顺序控制时，首先应根据控制动作的顺序，画出梯形图，然后将其翻译成相应的 PLC 指令，用编程器将程序写入 PLC 的内存 RAM 中，对程序进行调试，发现错误可用编程器进行修改，直到程序调试正确无误为止。最后将程序写到 PLC 的只读存储器 EEPROM 中。PLC 投入运行后，便进入程序执行过程。在一个扫描周期内，程序执行过程分 3 个阶段：输入采样、程序执行和输出刷新。在输入采样阶段，PLC 以扫描方式将所有输入端的输入信号状态读入到输入映像寄存器中寄存起来，接着转入程序执行阶段。在程序执行阶段，PLC 按照顺序进行扫描，如果程序是用梯形图表示，则扫描顺序总是先上后下，先左后右。每扫描到一条指令，所需要的状态分别从输入映像寄存器中读出，而将执行结果写入元素映像寄存器中。当程序执行完成后，进入最后一个阶段——输出刷新。将元素映像寄存器中所有输出继电器的状态转存到输出锁存电路，驱动用户设备（或负载）工作。PLC 存储器 EEPROM 中的程序随时可以擦除和修改。如果改变程序和外部端口接线，又可以重新组成一个新的控制系统。

5.4.3 PLC 控制系统的设计方法和步骤

(1) PLC 控制系统设计的基本内容：一个 PLC 控制系统由信号输入元件、输出执行器件、显示器件和 PLC 构成。因此，PLC 控制系统的设计，就包括这些器件的选取和连接等。

1）选取信号输入器件、输出执行器件和显示器件等。输入信号在进入 PLC 后，可以在 PLC 内部多次重复使用，而且还可获得其常开、常闭和延时等各种形式的触头。因此，信号输入器件只要有一个触头即可。输出器件应尽量选取相同电源电压的器件，并尽可能选取工作电流较小的器件。显示器件应尽量选取 LED 器件，其寿命较长，而且工作电流较小。

2）设计控制系统主回路。根据执行机构是否需要正、反向动作，是否需要高、低速，设计控制系统主回路。

3）选取 PLC。根据 I/O 信号的数量及其空间分布、程序容量的大致情况等条件选择 PLC。

4）进行 I/O 分配、绘制 PLC 控制系统硬件原理图。

5）程序设计及模拟调试。设计 PLC 控制程序，并利用输入信号开关板进行模拟调试，检查硬件设计是否完整、正确，软件是否满足工艺要求。

6）设计控制柜。在控制柜中，强电和弱电控制信号应尽可能进行隔离和屏蔽，防止强电磁干扰而影响 PLC 的正常运行。

7）编制技术文件。包括电气原理图、软件清单、使用说明书和元件明细表等。

(2) PLC 控制系统的设计步骤：对控制任务的分析和软件的编制，是 PLC 控制系统设计的两个关键环节。通过对控制任务的分析，确定 PLC 控制系统的硬件构成和软件工作过程，通过软件的编制，实现被控对象的动作关系。PLC 控制系统设计的一般步骤如下：

1）对控制任务进行分析，对较复杂的控制任务进行分块，将其划分成几个相对独立的子任务。

2）分析各个子任务中执行机构的动作过程。通过对各个子任务执行机构动作过程的分析，画出动作逻辑关系图，列出输入信号和输出信号，列出要实现的非逻辑功能。对于输入信号，将每个按钮、限位开关和开关式传感器等作为输入信号，占用一个输入点，接触器的辅助触头不需要输入 PLC，故不作为输入信号；对于输出信号，每个输出执行器件，如接触器、电磁阀和电铃等，均作为输出信号，占用一个输出点；对于状态显示，如果是输出执行器件的动作显示，可与输出执行器件共用输出点，不再作为新的输出信号。如果是非动作显示，如运行、停止和故障等指示，应作为输出信号占用输出点。

3）根据 I/O 信号的数量、要实现的非逻辑功能和 I/O 信号的空间分布情况选择 PLC。

4）根据 PLC 型号选择信号输入器件，输出执行器件和显示器件等。

5）进行 I/O 口的分配绘出控制系统硬件原理图，设计控制系统主回路。

6）利用输入信号开关板模拟现场输入信号，根据动作逻辑关系图编制 PLC 程序，进行模拟调试。

7）制作控制柜。

8）进行现场调试，对工作中可能出现的各种故障进行模拟，考察系统的可靠性。

9）编制技术文件，进行控制系统现场试运行。

5.4.4 PLC 应用实例

图 5-22 所示为自动搬运机械手，用于将左工作台上的工件搬到右工作台上。机械手的全部动作由气缸驱动，气缸由电磁阀控制。

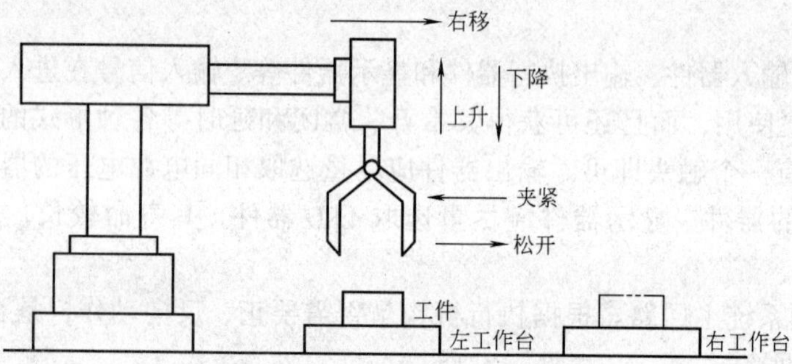

图 5-22　自动搬运机械手

（1）机械手动作分析：将机械手的原点（即原始状态）定位左位、高位、放松状态。在原始状态下，当检测到左工作台上有工件时，机械手下降到低位并夹紧工件，然后上升到高位，向右移到右位。当右工作台上无工件时，机械手下降到低位，松开工件，然后机械手上升到高位，左移回原始状态。

机械手动作过程中，上升、下降、左移、右移、夹紧和放松为输出信号。放松和夹紧共用一个线圈，线圈得电时夹紧，失电时放松。低位、高位、左位、右位、工作台上有无工件为输入信号。

（2）PCL 控制系统的硬件设计：搬运机械手控制系统中共有 13 个输入信号、7 个输出信号，逻辑关系较为简单。因此，可选用 C40P 来实现该任务。假定输入信号全部采用开触头。该任务中的机械手动作及 I/O 分配见表 5-4。

表 5-4　机械手动作及 I/O 口分配表

输入信号	工位号	输出信号	工位号
高位	0000	上升	0504
低位	0001	下降	0506
左位	0008	左移	0506

（续）

输入信号	工位号	输出信号	工位号
右位	0003	右移	0507
工作台有工件	0004	夹紧	0508
自动	0005	手动指示	0509
手动	0006	自动指示	0510
手动上升	0007		
手动下降	0008		
手动左移	0009		
手动右移	0010		
手动夹紧	0011		
手动放松	0012		

图 5-23 所示为机械手 PLC 控制系统的硬件原理，发光二极管 VL_1 ~ VL_5 与输出接触器 K_1 ~ K_5 并联，用于动作指示。

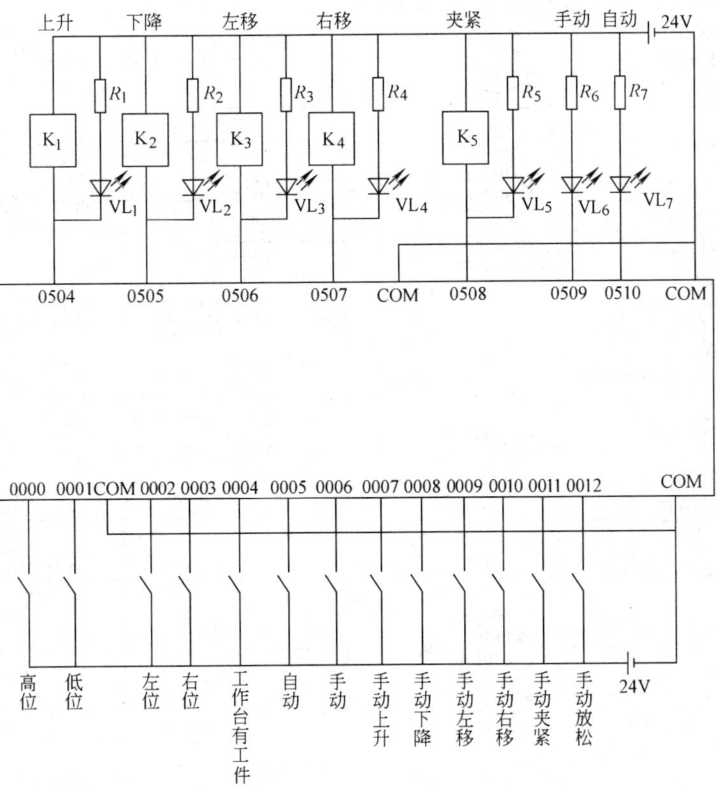

图 5-23 机械手 PLC 控制系统的硬件原理

（3）PLC 控制系统的软件设计：PLC 控制系统的梯形图如图 5-24 所示，具体代码略。

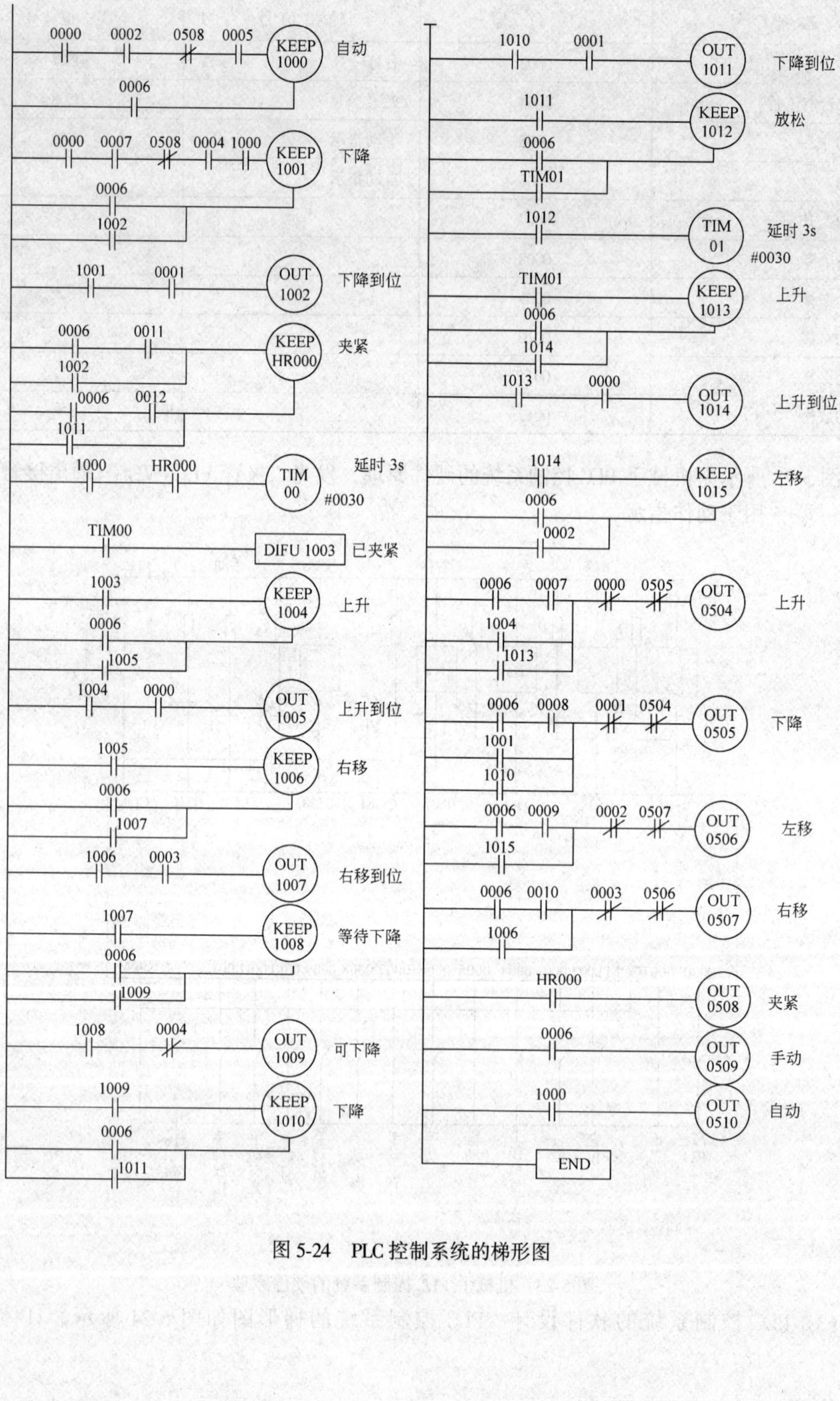

图 5-24 PLC 控制系统的梯形图

复习思考题

1. 简述工业控制计算机系统的组成及基本要求。
2. Z—80 CPU 线路总成由哪几种构成?
3. 简述单片机的基本构成及特点。
4. 简述单片机应用系统设计步骤。
5. 简述 PLC 的工作原理。

第6章　机电一体化系统检测技术特点及应用

要使机电一体化系统有效地发挥功能，必须首先获得各种各样的信息，其中检测起着重要的作用。检测的作用如图6-1a所示，在生物控制系统中，通过眼、耳和皮肤（视觉、听觉、触觉）等感觉器官从外界感受各种各样的信息，经过大脑对这些信息进行处理判断，从中提取有用的信息，再通过肌肉和骨骼等运动器官使手、足有目的地移动，并实现操作；与此相对应，在像机器人一样的机电一体化系统中，如图6-1b所示，其动作控制也是先通过传感器接收外界信息，经过计算机对这些信息进行处理，再通过执行装置（执行器）使机器人手臂有目的地移动，并实现操作。

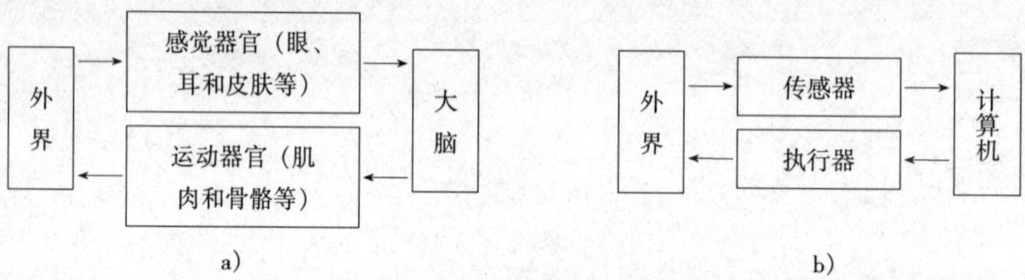

图6-1　检测的作用

a）生物系统　b）机电一体化系统

由图6-1可见，传感器与人体的感觉器官相对应，计算机与人的大脑相对应，执行器与人体的运动器官相对应。这种从外界获得信息，并从中提取有用信息的过程称为检测。

6.1　传感器的分类与特性

6.1.1　传感器的定义和组成

我国国家标准GB/T 7665—1987中对传感器（Transducer/Sensor）的定义是：“能够感受规定的被测量并按照一定规律转换成可用输出信号的器件或装置”。一般也可定义为：传感器是一种以测量为目的，以一定精度把被测量转换为与之有确定关系的、便于处理的另一种物理量的测量装置、器件或元件。

传感器一般由敏感元件和传感元件两部分组成，有时也将基本转换电路和辅助电源作为传感器的组成部分，其组成框图如图6-2所示。

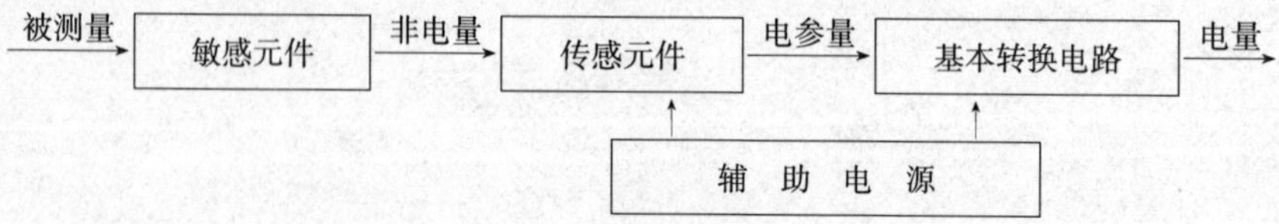

图6-2　传感器组成框图

1）敏感元件。敏感元件是直接感受被测量（一般为非电量），并输出与被测量成确定关系的其他量（包括电量）的元件，如：膜片、波纹管、弹性圆环和悬臂梁等。

2）传感元件。传感元件也称转换元件，通常是只感受敏感元件输出的与被测量成确定关系的另一种非电量，并将其转换为电量（如电压、电容和电阻等）输出的元件。

3）基本转换电路。基本转换电路将传感元件输出的电参量转换成电压、电流或频率。若传感元件输出的已经是这些电量，则就不需要基本转换电路了。

6.1.2 传感器的分类

传感器的分类方法很多，比较常用的分类见表 6-1。

表 6-1 传感器的分类

分类方法	传感器的种类	说明
按被测物理量分类	位移传感器、速度传感器、加速度传感器、压力传感器、温度传感器和气敏传感器等	传感器以被测物理量命名
按工作原理分类	电阻式、电容式、电感式、谐振式、电动势式、电荷式传感器，光电传感器和半导体传感器等	传感器以工作原理命名
按能量关系分类	有源传感器	传感器直接将被测量的能量转换为输出量的能量
	无源传感器	由外部供给传感器能量，而由被测量来控制输出的能量
按输出信号的性质分类	模拟式传感器	输出为模拟量
	数字式传感器	输出为数字量
按转换过程分类	双向传感器	转换过程可逆
	单向传感器	转换过程不可逆

（1）按被测物理量分类：可分为位移传感器、速度传感器、加速度传感器、压力传感器、温度传感器和气敏传感器等。其中，位移传感器又可分为直线位移传感器和角位移传感器，主要用于长度、厚度、应变、振动和偏转角等参数的测量；速度传感器又分为线速度传感器和角速度传感器，主要用于线速度、振动、流量、动量、转速、角速度和角动量等参数的测量；加速度传感器又分为线加速度传感器和角加速度传感器，主要用于线加速度、振动、冲击、质量、应力、角加速度、角振动、角冲击、力矩等参数的测量；压力传感器主要用于力、压力、重量、力矩和应力等参数的测量。

（2）按工作原理分类：可分为电阻式传感器、电感式传感器、电容式传感器、谐振式传感器、电动势型传感器、电荷传感器、光电传感器和半导体传感器等。其中，电阻式传感器是利用移动电位器触头改变电阻值或改变电阻丝或片的几何尺寸的原理制成，主要用于位移、力、压力、应变、力矩、气流流速和液体流量等参数的测量；电感式传感器是利用改变磁路几何尺寸、磁体位置来改变电感和互感的电感量制成或利用压磁效应原理制成，主要用于位移、压力、力、振动和加速度等参数的测量；电容式传感器是利用改变电容的几何尺寸或改变电容介质的性质和含量，从而改变电容量的原理制成，用于位移、压力、液位、厚度和水含量等参数的测量；谐振式传感器是利用改变机械（或电）的固有参数来改变谐振频率的原理制成，主要用于测量压力；电动势型传感器是利用热电效应、光电效应、霍尔效应和电磁感应等原理制成，主要用于温度、磁通、电流、速度、光强和热辐射等参数的测量；电荷传感器是利用压电效应原理制成，主要用于力和加速度的测量；光电传感器是利用光电效应和几何光学原理制成，主要用于光强、光通量和位移等参数的测量；半导体传感器是利用半导体的压阻效应、内光电效应、磁电效应及与气体接触产生性质变化等原理制成，主要用于温度、压力、加速度、磁场、有害气体和气体泄漏的测量。

(3) 按能量关系分类：可分为有源传感器和无源传感器。其中，有源传感器将非电量转换为电量，如电动势式和电荷式传感器等；无源传感器不起能量转换作用，只是将被测非电量转换为电参数的量，如电阻式、电感式及电容式传感器等。

(4) 按输出信号的性质分类：可分为模拟式传感器和数字式传感器。其中，模拟式传感器输出模拟信号；数字式传感器输出数字信号。

(5) 按转换过程分类：可分为双向传感器和单向传感器等。

6.1.3 传感器的基本特性

传感器是检测系统中最关键的部分，在检测过程中，首先由传感器感受被测量，并将它转换成与被测量有确定对应关系的电量，传感器也是直接与被测对象发生联系的部分。实际控制系统中有各种各样的参数需要进行检测，而这些参数又经常处于变动状态，传感器能否实时地将这些变化不失真地变换成相应的电量，这就要求传感器必须具备一定的基本特性，即输出-输入特性。了解和掌握传感器的基本特性是正确选择和使用传感器的基本条件。传感器的基本特性是指传感器的输出与输入之间的关系特性，一般分为静态特性和动态特性两类。

1. 传感器的静态特性　传感器的静态特性是指传感器在被测量的数值处于稳定状态时的输出-输入的关系。衡量传感器静态特性的主要技术指标是：线性度、灵敏度、迟滞、重复性和分辨力等。

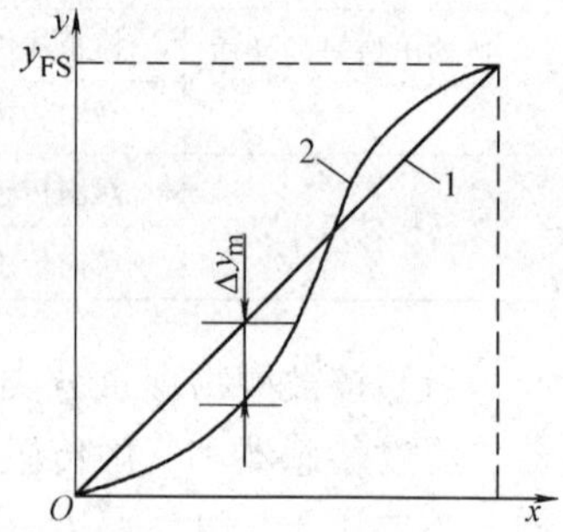

图 6-3　线性度示意图

1—拟合直线　2—实际特性曲线

y_{FS}—满量程输出　Δy_m—最大非线性绝对误差

(1) 线性度：一般情况下，为了方便标定和数据处理，人们总是要求传感器的输出-输入关系最好是线性关系，并能正确地反映被测量的真值，但一般情况下，实际的输出-输入特性曲线或多或少地存在非线性问题，只能接近线性，对比理论直线有偏差，如图 6-3 所示。在实际工作中，为了读数方便，常用一条拟合直线近似地代表实际的特性曲线。线性度就是用来表示实际的输出-输入特性曲线与其拟合直线接近的一个性能指标，用实际特性曲线与其拟合直线之间的最大偏差 Δy_m（即最大非线性绝对误差）与满量程输出 y_{FS}的百分比来表示，即

$$E_f = \frac{\Delta y_m}{y_{FS}} \times 100\%$$

式中　E_f——线性度；

Δy_m——最大非线性绝对误差；

y_{FS}——满量程输出。

(2) 灵敏度：灵敏度是指传感器在稳态标准条件下，输出量变化 Δy 对输入量变化 Δx 的比值，用 S 表示，即

$$S = \Delta y/\Delta x = dy/dx$$

灵敏度是输出-输入特性曲线的斜率。对于线性传感器来说，灵敏度 S 是一个常数，与

输入量大小无关。

(3) 分辨力：分辨力是指传感器能感受到的被测量的最小变化的能力。有些传感器，当输入量连续变化时，输出量只进行阶梯变化，则分辨力就是输出量的每个“阶梯”所代表的输入量的大小。分辨力用绝对值表示，若用满量程的百分比表示，则称为分辨率。

传感器的灵敏度越高，分辨力越好。一般模拟式仪表的分辨力规定为最小刻度分格值的一半，数字式仪表的分辨力是最后一位的一个字。

(4) 迟滞性：迟滞性是用来表示传感器在正（输入量增大）、反（输入量减小）行程期间输出-输入特性曲线不重合的程度，即对应同一输入量，因传感器行程方向不同而导致输出量大小不相等。迟滞特性曲线如图 6-4 所示。迟滞现象主要是由于仪表元件吸收能量所引起的，如轴承摩擦、间隙、材料内摩擦和磁滞等。

(5) 重复性：重复性是指传感器在输入量按同一方向连续多次变动时，在全量程内连续进行重复测量所得到的输出-输入特性曲线不一致的程度，如图 6-5 所示。

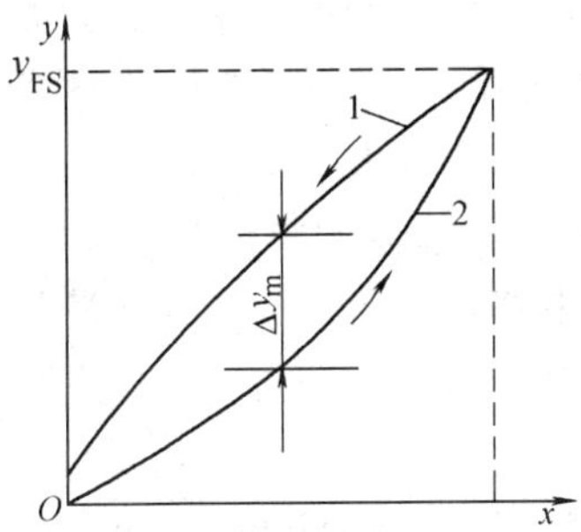

图 6-4　迟滞特性曲线

1—反向特性　2—正向特性

y_{FS}—满量程输出　Δy_m—最大非线性绝对误差

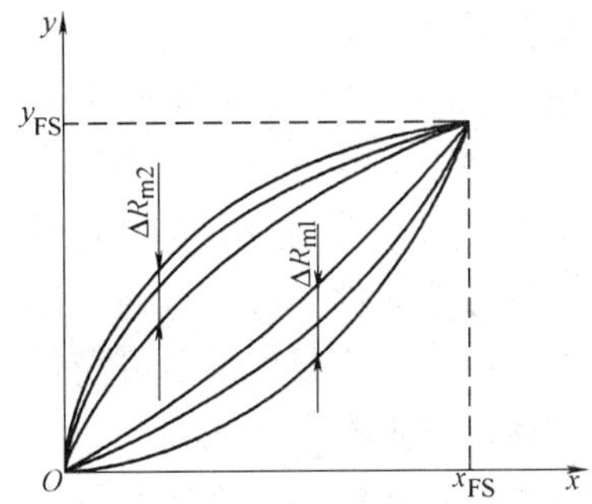

图 6-5　重复特性曲线

y_{FS}—满量程输出　x_{FS}—满量程输入

ΔR_{m1}—正向(被测量增大)多次试验中输出最大不重复误差

ΔR_{m2}—反向(被测量减小)多次试验中输出最大不重复误差

产生不一致的原因与产生迟滞现象的原因相同。多次重复测试的曲线越重合，说明该传感器重复性越好，使用时误差越小。

2. 传感器的动态特性　传感器的动态特性是指传感器对于随时间变化的输入量的响应特性。传感器的动态特性通常用它对某些标准输入信号的响应来表示。因为传感器对标准输入信号的响应比较容易由试验方法求得，而且，它对标准输入信号的响应与它对任意输入信号的响应之间存在一定的关系，一般可由前者推算出后者。在时域内，研究动态特性常用阶跃信号来分析系统的动态响应，包括超调量、上升时间和响应时间等。在频域内，研究动态特性时，则采用正弦输入信号来分析系统的频率响应，包括幅频特性和相频特性。

6.1.4　传感器的发展与展望

传感器的应用已渗透到科学技术、工农业生产以及日常生活等各个领域。随着现代科学技术的突飞猛进，为传感器的开发创造了有利条件，主要表现在以下几个方面：

1. 探索新理论及采用新材料、新技术和新工艺开发新型传感器　目前，许多科学家正在不断地探索新理论，将各种新的物理效应、化学效应和生物效应等用到传感器中，从而开发出新一代传感器。例如利用核磁共振吸收效应的磁敏传感器、利用约瑟夫逊效应的热噪声温度传感器和利用光子滞后效应的红外传感器，它们使超高精度和超高灵敏度的测量成为可能；利用化学效应和生物效应开发的化学传感器和生物传感器，有力地促进了医学基础研究、临床诊断和环境医学的发展；近年来发展起来的光纤传感器和表面弹性波传感器，对提高测量系统的可靠性极为有效。

材料科学的巨大进步，对新型材料的开发研究将导致新型传感器的出现。半导体敏感材料研究的进步，促进了半导体传感器的迅速发展，例如：半导体硅在力敏、热敏、光敏、磁敏、气敏、离子敏及其他敏感元件中具有较广泛的用途；压电半导体材料为压电传感器集成化提供了方便；高分子压电薄膜的研制成功，将使机器人的触觉系统更接近人的触觉器官——皮肤。目前，正在研究的非晶半导体、电子陶瓷、形状记忆合金和形状记忆陶瓷等均是很有发展希望的传感器材料。尤其引人注目的是智能材料形状记忆合金，当它复原时会产生相当大的力，使其有可能作为敏感元件和执行元件的集合体，在自动控制系统中显示其独特的作用。

在开发新型传感器过程中，离不开新技术、新工艺的采用。近年来，随着集成电路工艺发展起来的微细加工技术，已越来越多地用于传感器制造领域，例如：采用高频溅射、化学气体淀积（CVD）和分子束外延等新工艺可制造应变式传感器；采用可控的化学腐蚀方法可加工力敏元件中的硅杯等，从而使传感器的性能和生产率均有很大提高。

2. 向集成化、多维化、多功能化和智能化方向发展　传感器的集成化是指应用集成加工技术，将敏感元件、放大电路、运算电路和温度补偿电路等环节集成于一块芯片上。在自动控制系统中采用集成传感器可简化系统的电路设计，缩短安装和调试时间，提高系统的性能和可靠性，增强抗干扰能力。

传感器集成化的一个方向是具有同样功能的传感器集成化，从而使对一个点的测量变成对一个平面和空间的测量。例如，利用由电荷耦合器件形成的固体图像传感器来进行的文字和图形识别即是如此。传感器集成化的另一个方向是不同功能的传感器集成化，从而使一个传感器可以同时测量不同种类的多个参数。例如，测量血液中各种成分的多功能传感器。

除传感器自身的集成化之外，还可以把传感器和后续电路集成化。传感器和测量电路的集成化可以减少干扰、提高灵敏度、方便使用。如果将传感器和数据处理电路集成在一起，则可以方便地实现实时数据处理。

目前，各类集成化传感器已有许多系列产品，有些已得到广泛应用。集成化已经成为传感器技术发展的一个重要方向。

随着集成化技术的发展，各类混合集成和单片集成式压力传感器相继出现，有的已经成为商品。集成化压力传感器有压阻式、电容式和 MOSFET 等类型，其中压阻式集成化传感器发展快、应用广。自从压阻效应发现后，有人把 4 个压敏电阻构成的全桥做在硅膜上，就成为一个集成化压力传感器。国内在 20 世纪 80 年代就研制出了把压敏电阻、电桥、电压放大器和温度补偿电路集成在一起的单块压力传感器，其性能与国外同类产品相当。由于采用了集成工艺，将压敏部分和集成电路分为几个芯片，然后混合集成为一体，提高了输出性能及可靠性，有较强的抗干扰能力，完全消除了二次仪表带来的误差。

20 世纪 70 年代国外就出现了集成温度传感器，它基本上是利用晶体管作为温度敏感器件的集成电路。其性能稳定，使用方便，温度范围在 $-40 \sim +150$℃。国内在这方面也有不少进展，例如近年来研制出了集成热电堆红外传感器等。集成化温度传感器具有远距离测量和抗干扰能力强等优点，具有很大的实用价值。

多维化是指将同一功能、同一类型的单个传感器用集成工艺将其在同一平面上排列起来，若成为一列，称为一维传感器（线阵传感器），若排成矩阵形式，则称为二维传感器（面阵传感器），如图 6-6 所示。这种阵列式传感器主要用在光电传感器方面。一般的光电探测器只能探测辐射光功率的大小，而且只能获取一个点的单元信息，而一维与二维光电探测器有多元探测能力，不仅可以检测入射光点的位置，还可以给出目标光强的明暗分布，即探测器具有空间分辨能力，如发光二极管、三极管阵列、光电位置敏感器件（PSD）和半导体色敏器件等。上述器件在工业检测、机器人视觉和摄像等方面有着重要的用途。

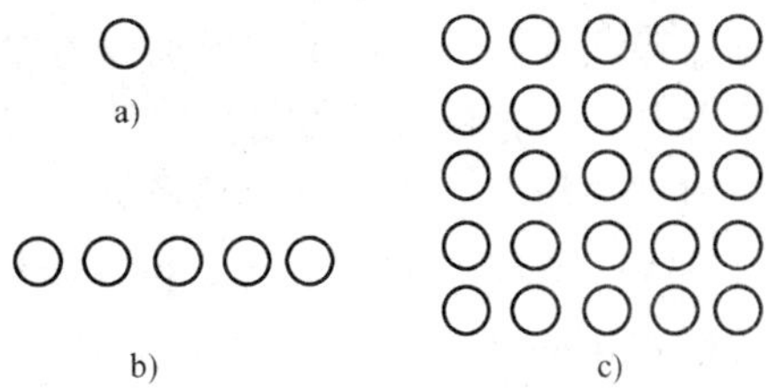

图 6-6　传感器的多维化
a）单个传感器　b）一维传感器
c）二维传感器

多功能化也是传感器的发展方向之一，即将几种不同的传感器复合在一起，实现利用一个传感器同时测量几种不同的被测参数，并分别将其转换成相应的电信号。例如：美国某大学传感器研究发展中心研制的单片硅多维力传感器可以同时测量 3 个线速度、3 个离心加速度（角速度）和 3 个角加速度。主要元件有 4 个正确设计、安装在一个基板上的悬臂梁组成的单片硅、9 个正确布置在各个悬臂梁上的压阻敏感元件。日本研制了一种多功能气体传感器，它可以同时测量气体的温度和湿度。这种传感器是将在钙钛矿上填加对湿度敏感的尖晶石的复合多孔质烧结体作为传感元件，温度变化引起传感器电容量的变化，湿度变化引起传感器电阻的改变。传感器多功能化不仅可以降低生产成本、减小体积，而且还可以有效地提高其稳定性和可靠性等性能指标。

智能传感器就是将计算机和传感器有机结合，即把传感器和信号预处理合为一体，并与后处理的微型处理器兼容，从而使传感器不仅具有检测功能，还具有信息处理、逻辑判断、自诊断、自恢复以及“思维”等人工智能。可以说智能传感器是传感器技术与大规模集成电路技术相结合的产物，借助于半导体集成化技术把传感器部分与信号预处理电路、I/O 接口和微处理器等制作在同一块芯片上，即成为大规模集成智能传感器。这类传感器具有多功能、高性能、体积小、适宜大批量生产和使用方便等优点，在复杂的自动化系统、机器人、宇宙飞船和人造卫星等方面有着极其重要的用途。

6.2　传感器与微机接口

目前，在机电一体化系统中，传感器被广泛应用于控制对象的检测、监控和反馈，以提供给控制器输入信号。计算机技术的飞速发展，使自动检测和控制系统真正实现了自动化和智能化。如图 6-7 所示为传感器与微机的接口框图。

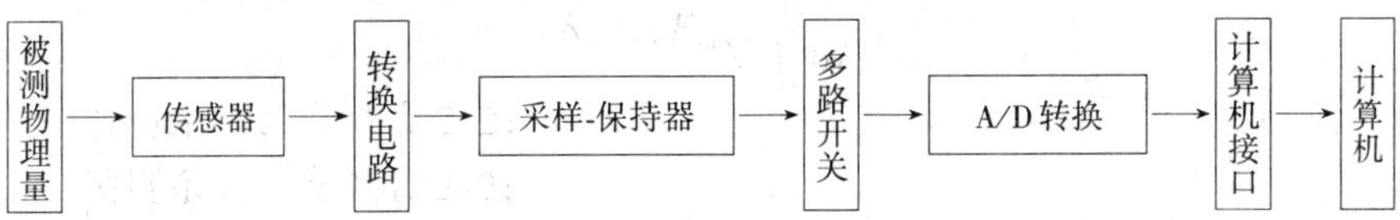

图 6-7　传感器与微机的接口框图

传感器输出的模拟信号经过放大器后，送到采样-保持器（SHA），多路开关（MUX）根据计算机的控制信号从中选择一路信号送到 A/D 转换器，然后，A/D 转换器将 SHA 保持的采样值转换为数字量，经接口电路送入计算机进行数据处理，计算机将处理后的结果通过输出接口实现对被控对象的控制。

输入接口电路的作用是把传感器输出的模拟量转换成计算机所能接收的数字量，并按一定程序输入计算机，这个过程也称为数据采集。数据采集系统是计算机测试系统不可缺少的重要部分，它把模拟参数与数字处理和数字控制连接起来，实现数据转换与传送的功能。

典型的数据采集系统由传感器（B）、放大器（A）、模拟多路开关（MUX）、采样-保持器（SHA）、A/D 转换器和计算机（或数字逻辑电路）组成。表 6-2 为多通道数据采集系统的主要形式和特点。

在诸多种类的传感器输出信号中，大多数信号不能直接作为进行 A/D 转换的输入量，必须先通过各种预处理电路将传感器的输出信号转换成统一的电压信号。例如：当传感器的输出为开关信号时，若信号为 TTL 电平，可直接传送到计算机中；若输出是非 TTL 电平，如按键信号有抖动，则需要增加去抖、整形环节，使其变换为标准 TTL 电平信号后再输入到计算机中。当传感器输出的是模拟电压信号时，则需进行 A/D 转换，将其变成数字信号后才能被计算机接收。传感器输出的模拟电压信号若较大，可直接进行 A/D 转换；若信号很小，则必须增加放大环节，使模拟信号达到足够大，再进行 A/D 转换。当传感器输出的是模拟电流信号时，就必须增加电流/电压（I/V）变换环节，如将标准电流信号 0 ~ 10 mA 或 4 ~ 20 mA 变换为电压信号的最简单的方法是利用精密电阻，当信号流过电阻时，可由欧姆定律（$V = IR$）得到电压信号。

下面分别介绍多路开关（MUX）、采样-保持器（SHA）和模/数（A/D）转换器等常用的接口芯片。

表 6-2　多通道数据采集系统的主要形式

类　型	主要结构形式	主 要 特 点
同时采集	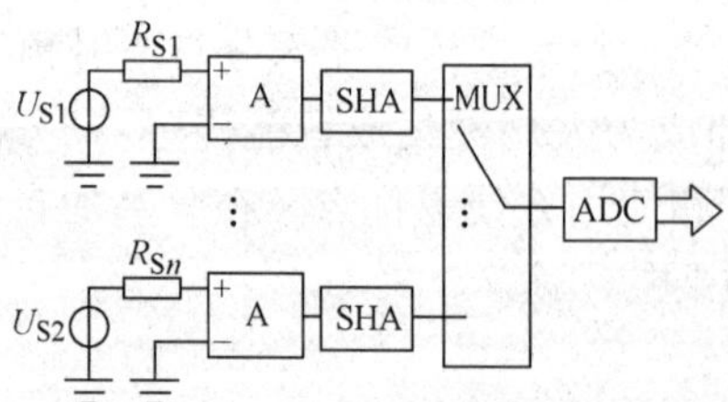	可对各通道传感器输出量进行同时采样-保持、分时转换和存储，可保证获得各采样点同一时刻的模拟量。可消除分时采集的歪斜误差
分时采集	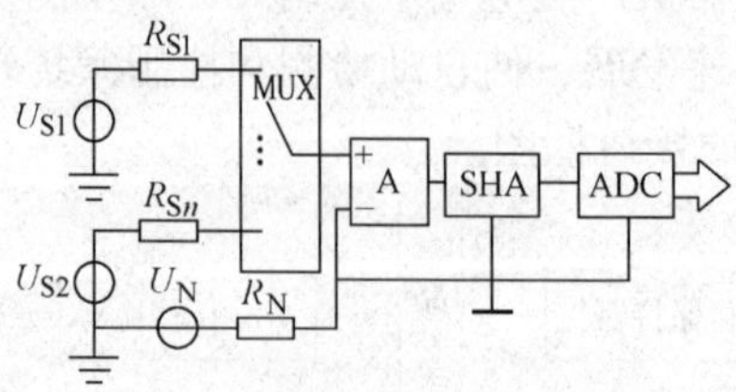	价格便宜，具有通用性，传感器与仪表放大器匹配灵活，有的已实现集成化，在高精度、高分辨率的系统中，可降低放大器和 ADC 的成本，但对 MUX 的精度要求很高，不适于采集高速变化的模拟量。要注意共模电压引起的误差

（续）

类　型	主要结构形式	主 要 特 点
高速采集	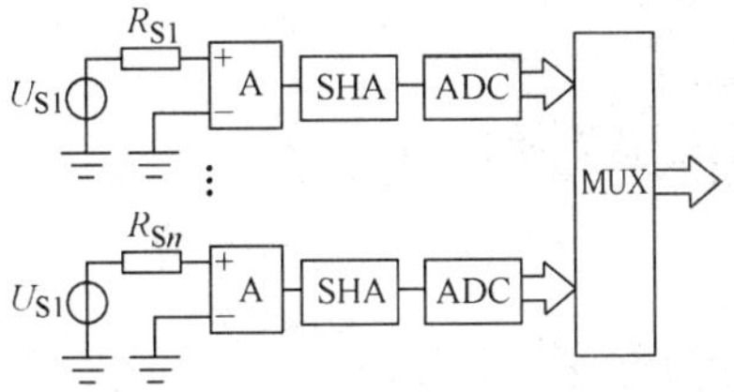	对多个模拟信号同时实时测量，可消除分时采集的歪斜误差，并可实现同步转换
差动结构	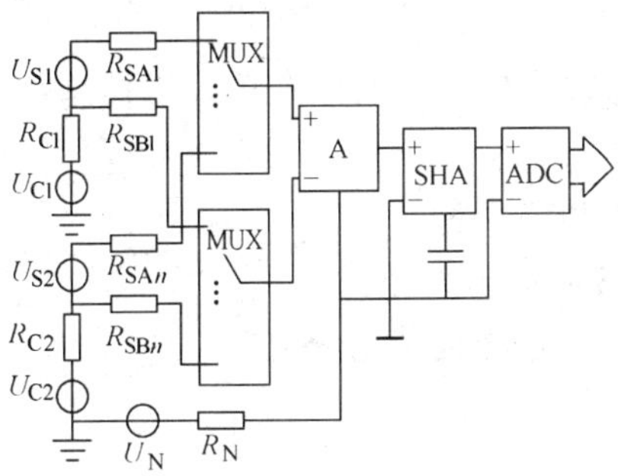	可抑制共模干扰电压，但成本较高。其中MUX可采用双输出器件，也可用2个MUX并联

6.2.1　多路开关

在多路采集系统中，计算机每次只能检测处理其中的一路信号，并且各路信号之间不允许相互干扰，因此，对多点信号要分时检测。多路开关在模拟量输入通道的作用就是把多个通道的模拟量分时地接通并送入A/D转换器，完成“多到一”的逐次切换，如图6-8a所示；另外，多路开关在模拟量输出通道中可以将计算机从D/A转换器输出的模拟量输出到不同的外部设备，实现“一到多”的逐次切换，如图6-8b所示，此时，多路开关又被称为多路分配器。多路开关的工作状态由微机控制。

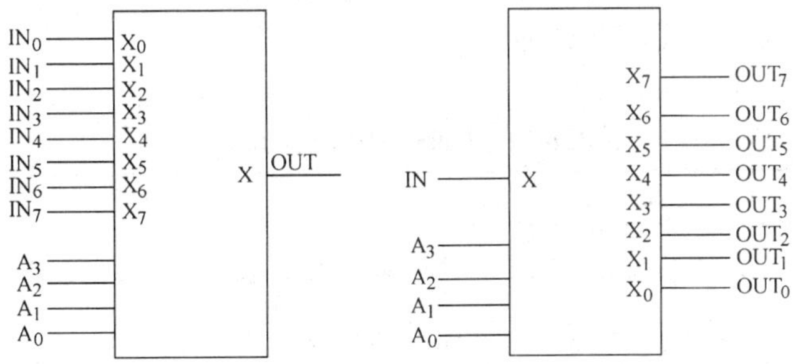

a)　　　　　b)

图6-8　多路开关

a）选择输入方式的多路选择器　b）选择输出方式的多路分配器

干簧（或湿簧）继电器被广泛应用于以前的测控系统中，但随着大规模集成电路的发展，其现已完全被集成电路芯片所替代。多路开关的通道数有4路、8路及16路等。有的芯片只能实现“多到一”的转换，如AD7501（8路）和AD7506（16路）等单向多路开关；有的芯片既可实现“多到一”的转换，又可实现“一到多”的转换，如 CD4051（8 路）和 CD4052（双 4 路）等双向多路开关。

半导体多路开关的特点是：

1）电平与 TTL 或 CMOS 电平相兼容。

2）内部带有通道选择译码器，通道控制方便。

3）可采用正或负双极性输入。

4）导通电阻低，可以小于 100Ω。

5）转换速度快，通常其导通或关断时间在 1μs 左右。

6）关断电阻高，一般达 $10^9\Omega$ 以上。

7）无机械磨损，寿命长。

半导体集成电路多路开关由于具有以上优点，所以在单片机控制和数据采集系统中得到了广泛的应用。

多路开关常用芯片有 CD4051 和 CD4052 两种。

（1）CD4051：CD4051 是单端双向 8 通道多路开关，图6-9 所示为其引脚图，表 6-3 为它的逻辑真值表。CD4051 共有 16 个引脚，它们是：

1）3 个通道选择输入端 A、B、C。

2）1 个 片选控制端 INH。

3）8 个通道 IN/OUT 端。

4）1 个公共 IN/OUT 端。

5）3 个电源端 V_{CC}、V_{DD}、V_{EE}。

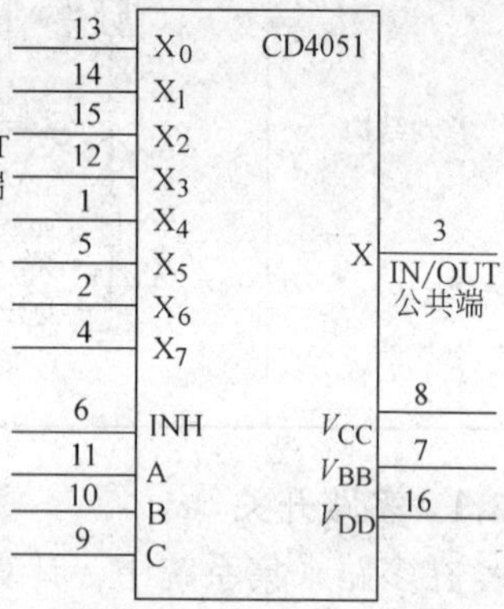

图 6-9 CD4051 引脚图

CD4051 在工作时，从引脚 A、B、C 输入通道号，经三-八译码器单元译码后，选通 8 个通道开关中的一个。当 INH = 1 时，片选禁止，通道断开，禁止模拟量输入；当 INH = 0 时，片选允许，通道接通，允许模拟量输入。逻辑电平转换单元可将 CMOS 电平转换为 TTL 电平，因此，CD4051 通道选择电平范围大，电平为 3 ~ 15V 均可正常工作。当某个通道开关被选通时，它处于双向直通状态，既可以从公共端输出，也可以从公共端输入，即双向选通。

表 6-3 CD4051 的逻辑真值表

输入状态				接通通道号
INH	C	B	A	
0	0	0	0	0
0	0	0	1	1
0	0	1	0	2
0	0	1	1	3
0	1	0	0	4
0	1	0	1	5
0	1	1	0	6
0	1	1	1	7
1	×	×	×	断态

(2) CD4052：CD4052是差动4通道多路开关，图6-10所示为其引脚图。CD4052共有16个引脚，它们是：

1) 2个通道选择输入端A、B。

2) 1个片选控制端INH。

3) 双4通道IN/OUT端。

4) 2个公共IN/OUT端X、Y。

5) 3个电源端V_{CC}、V_{DD}、V_{EE}。

CD4052与CD4051的区别在于CD4052可以实现差动输入，这在很多情况下是非常必要的。

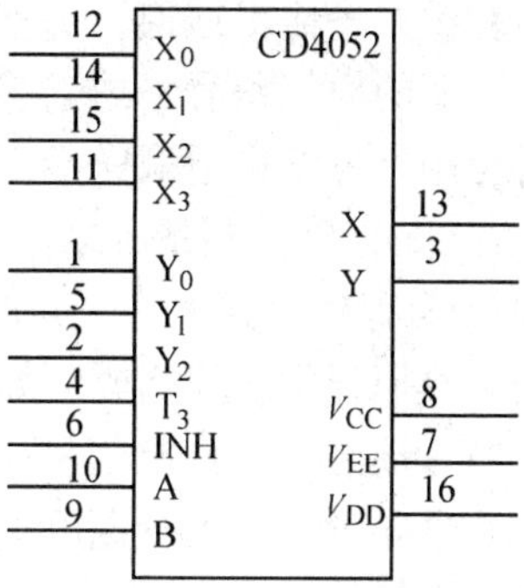

图6-10　CD4052引脚图

6.2.2　多路开关的控制

多路开关通道选择控制信号由计算机发出，由于计算机的总线很忙，只能允许通道号占用很短的时间，因此，必须用锁存器保存通道号。图6-11所示为用2片CD4051构成的16通道多路开关，锁存器的D输入端接数据总线，锁存器的输入选通端则取自地址总线（一般须经地址译码器）。数据线D_3作片选控制，$D_3=0$时选中1号CD4051，$D_3=1$时选中2号CD4051；$D_2D_1D_0$则传送片内通道号。工作时，CPU执行一条端口写数据指令，即可将通道号$D_3D_2D_1D_0$锁存到锁存器内。图中1号CD4051通道号数据范围是0000～0111；2号CD4051通道号数据范围是1000～1111。

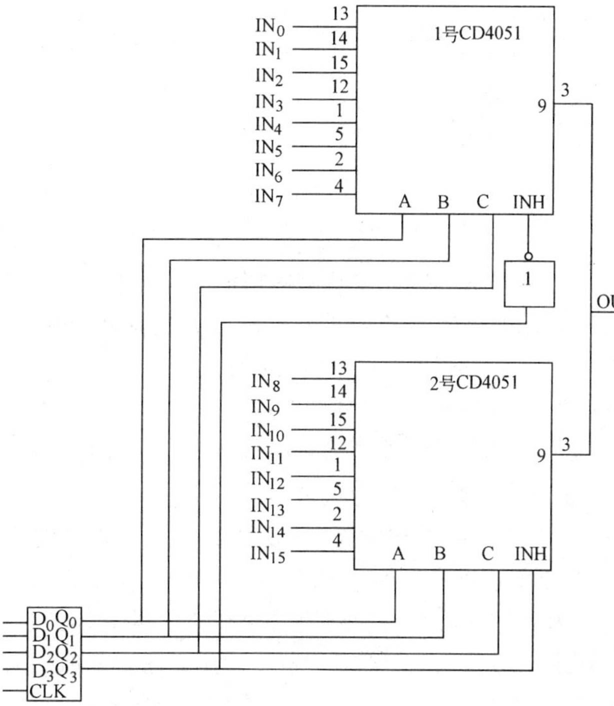

图6-11　CD4051扩展16通道多路开关

6.2.3　采样-保持器

当传感器将非电量转换成电量，并经放大和滤波等系列处理后，需经A/D转换变换成数字量，才能输入到计算机系统。

在对模拟信号进行A/D转换时，从启动变换到变换结束的数字量输出，需要一定的时间，即A/D转换器的孔径时间。当输入信号频率提高时，由于孔径时间的存在，会造成较大的转换误差，将直接影响转换的精度。要防止这种误差的产生，必须使输入到A/D转换器的模拟量在整个转换过程中保持不变。而在转换之后，又要求A/D转换器的输入信号能跟踪模拟量输入信号的变化，即要求输入信号处于采样状态。能完成这种功能的器件叫采样-保持器，简称SHA。

由以上分析可知，采样-保持器在保持阶段相当于一个“模拟信号存储器”，是一种与锁存器作用相当的模拟电路器件。

一个理想的采样-保持器工作原理如图 6-12 所示，采样保持的输出在采样周期内跟踪电压输入，并在保持周期把它保持在最后跟踪的模拟电压值。

在模拟量输出通道，为使输出得到一个平滑的模拟信号，或对多通道进行分时控制，也常采用采样-保持器。

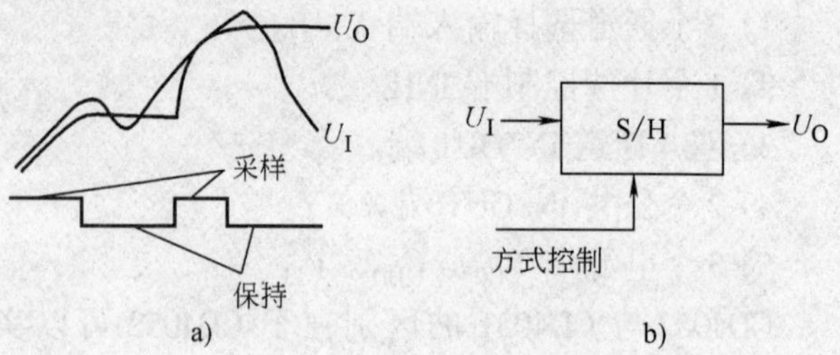

图 6-12　采样-保持器的工作原理

a）采样-保持器的工作方式　b）采样-保持器的工作原理框图

1. 采样-保持器的工作原理　最简单的采样-保持电路由一个存储器电容 C 和一个模拟开关 S 等组成。如图 6-13 所示。当 S 接通时，输出信号跟踪输入信号，称采样阶段；当 S 断开时，电容 C 两端一直保持 S 断开时的电压（称保持阶段），由此构成一个简单的采样-保持器。实际上，为使采样-保持器具有足够的精度，一般在输入级和输出级均采用缓冲器，以减少信号源的输出阻抗、增加负载的输入阻抗。一般需借助运算放大器的功能才能实现较理想的采样-保持器。一种典型的使用运算放大器的采样-保持电路如图 6-14 所示。

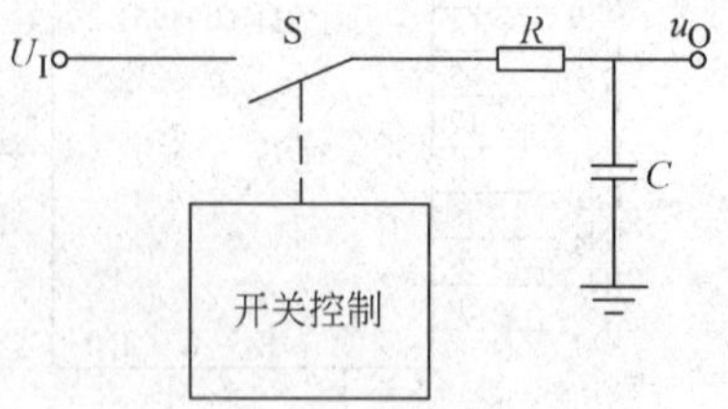

图 6-13　最简单的采样-保持电路

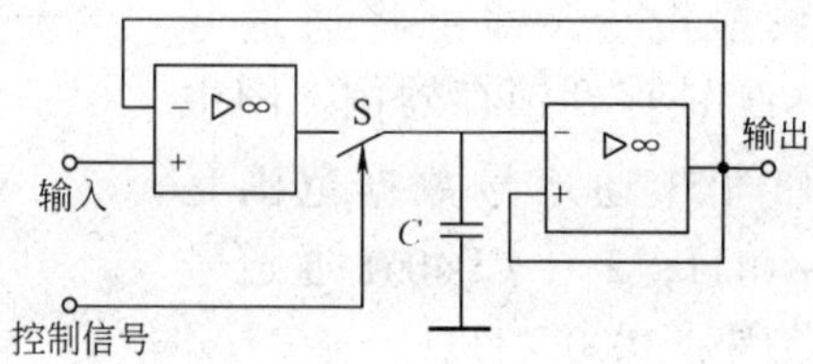

图 6-14　使用运算放大器的典型采样-保持电路

2. 常用的采样-保持器芯片　随着大规模集成电路技术的发展，目前已生产出多种集成采样-保持器，如可用于一般目的的 AD582、AD583 和 LF198/298/398 等，用于高速场合的 HT—0025、HTS—0010 和 HTC—0300 等，用于高分辨率场合的 SHA1144 等。为了使用方便，有些采样-保持器的内部还设有保持电容，如 AD389 和 AD585 等。

集成采样-保持器的特点是：

1）采样速度快、精度高，一般为 2～2.5μs，即精度达到 ±（0.003%～0.01%）。

2）下降速度慢，如 AD585 和 AD348 为 0.5mV/ms，SD389 为 0.1V/ms。

正因为集成采样-保持器有许多优点，因此得到了极为广泛的应用。下面以 LF198/298/398 为例，介绍集成采样-保持器的使用方法，其他的采样-保持器使用方法与其类似。

LF198/298/398 是由双极型绝缘栅场效应晶体管组成的采样-保持电路，它具有采样速度快、保持下降速度慢和精度高的优点。LF398 采样-保持器的原理如图 6-15 所示。

由图 6-15 可知，其内部由输入缓冲级、输出驱动级和控制电路 3 部分组成。控制电路中 A_3 主要起到比较器的作用，其中引脚 7 为控制逻辑参考电压输入端，引脚 8 为控制逻辑电压输入端。当输入控制逻辑电平高于参考端电压时，A_3 输出一个低电平信号，驱动开关 S 闭合，此时输入信号经 A_1 后输出到 A_2，再由 A_2 的输出端输出，同时向保持电容（接引脚 6）充电；当控制端逻辑电平低于参考电压时，A_3 输出一个高电平信号，使开关 S 断开，从而使非采样时间内保持器仍保持原输入。因此，A_1、A_2 是跟随器，其作用主要是保持电容输入和对输出端进行阻抗变换，以提高采样-保持器的性能。

LF398 芯片引脚图如图 6-16 所示，各引脚功能如下：

U+、U-：采样-保持电源引脚，其工作电源可以在 ±（5～18）V 之间变化。

调零（偏置）：内部运放偏差调整引脚，可以外接电阻，以调整采样保持器内部运放的不等位电位差。

IN：模拟量输入。

OUT：模拟量输出。

C_H：外接保持电容引脚。

CON（逻辑）与 REF（逻辑参考）：用来控制采样-保持器的工作方式。

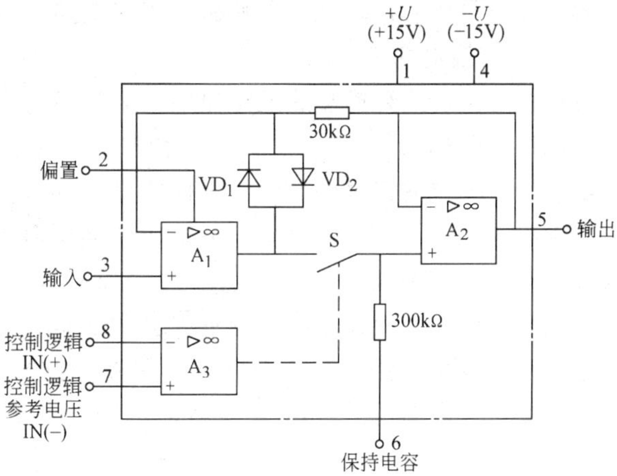

图 6-15　LF398 采样-保持器原理图

当逻辑端电平高于逻辑参考端电平时，控制逻辑电路 A_3 使开关 S 闭合，电路工作方式为采样方式；当逻辑端电平低于逻辑参考端电平时，开关 S 将断开，电路工作在保持方式。工作时可将电路接成差动形式，也可将逻辑参考端直接接地，单独用逻辑端电平控制。

采样-保持器将保持电容留作外接，是因为采样电容的大小应根据工作要求进行选择。保持电容越小，充电速度越快，但下降速率也越快，保持时间短；保持电容越大，充电速度越慢，但下降速率小，保持时间长。一般保持电容选取范围在几百皮法到 0.1μF 之间。图 6-17 所示为 LF198/298/398 芯片的典型应用。

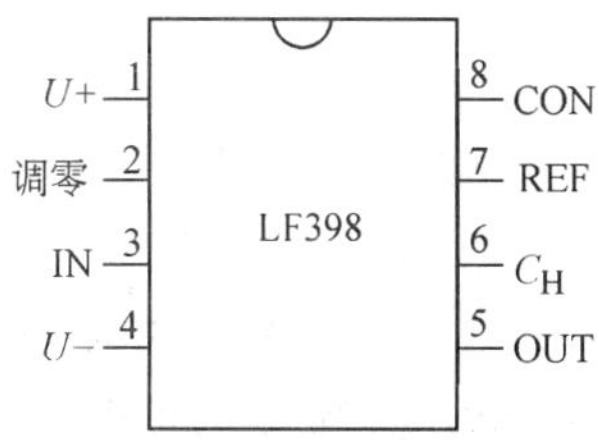

图 6-16　LF398 芯片引脚图

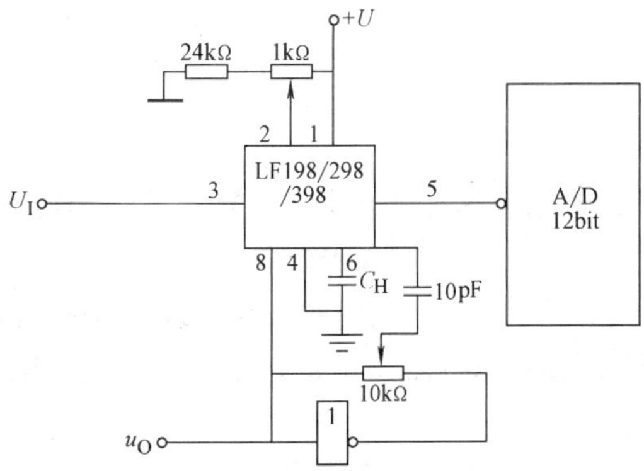

图 6-17　LF198/298/398 芯片典型应用

6.2.4　A/D 转换器

A/D 转换器的作用就是把模拟量变换成计算机能接收的二进制数字信号。A/D 转换的芯片发展很快，种类较多，性能各异，但按其变换原理可分成逐次逼近式、双积分式、并行式、跟踪比较式和 V/F 变换式等。其中，逐次逼近式的精度、速度及价格都适中，应用最广泛；并行式速度快，但价格高；双积分式精度高、抗干扰能力强、价格低，但速度偏低；V/F 变换式的线性度和精度较高，价格也较低，但速度偏低。使用时可根据实际需要选择不同芯片。下面以逐次逼近式和双积分式 A/D 转换器为例，说明 A/D 转换器的工作原理、主要技术指标、常用芯片及其与单片机的接口电路。

1. A/D 转换器的工作原理

（1）逐次逼近式转换器的工作原理：逐次逼近式转换的基本原理是用一个计量单位使连续量整量化（简称量化），即用计量单位与连续量比较，把连续量变为计量单位的整数倍，略去小于计量单位的连续量部分，这样所得到的整数量即为数字量。显然，计量单位越小，量化的误差也越小。可见，逐次逼近式的转换原理即“逐位比较”。图 6-18 所示为一个 N 位逐次逼近式 A/D 转换器原理图。它由 N 位寄存器、D/A 转换器、比较器和控制逻辑电路等部分组成。N 位寄存器用来存放 N 位二进制数码。当模拟量 V_X 送入比较器后，启动信号通过时序与控制逻辑电路启动 A/D 转换。首先，把 N 位寄存器最高位 D_{N-1}置“1”，其余位全置“0”，N 位寄存器的内容经 D/A 转换后得到整个量程一半的模拟电压 V_N，V_X 与输入电压 V_X 比较，若 $V_X > V_N$，则保留 $D_{N-1}=1$；若 $V_X < V_N$，则 D_{N-1}位清 0。然后，时序与控制逻辑电路使 N 位寄存器下一位 D_{N-2}置“1”，与上次的结果一起经 D/A 转换后与 V_X 比较，重复上述过程，直到判断出 D_0 位取 1 还是 0 为止，此时时序与控制逻辑电路发出转换结束信号 EOC。这样经过 N 次比较后，N 位寄存器的内容就是转换后的数字量数据，在输出允许信号 OE 有效的条件下，此值经输出缓冲器读出。整个转换过程就是一个逐次比较逼近的过程。

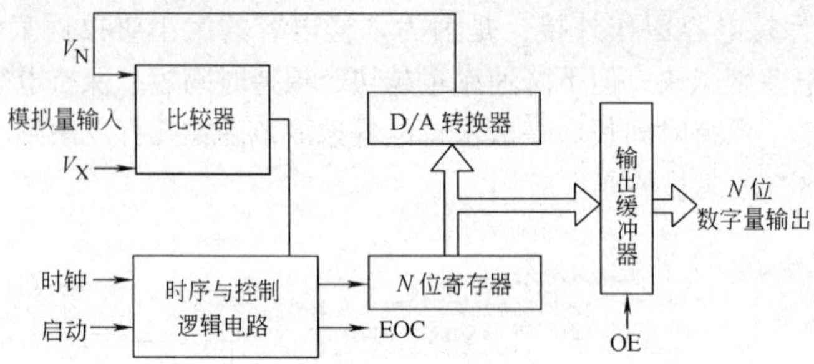

图 6-18　逐次逼近式 A/D 转换器原理

常用的逐次逼近式 A/D 转换器有 ADC0809 和 AD574 等。

（2）双积分式 A/D 转换器的工作原理：双积分 A/D 转换采用了间接测量原理，即将被测电压值 V_X 转换成时间常数，通过测量时间常数得到未知电压值。双积分式 A/D 转换器的电路图如图 6-19a 所示，它由电子开关、积分器、比较器、计数器和逻辑控制门等部件组成。

所谓双积分，就是进行一次 A/D 转换需要两次积分。转换时，逻辑控制门通过电子开关把被测电压 V_X 加到积分器的输入端，积分器从 0V 开始，在固定时间 T_0 内对 V_X 积分（称定时积分），积分输出终值与 V_X 成正比。接着逻辑控制门将电子开关切换到极性与 V_X 相反的基准电压 V_R 上，进行反向积分，由于基准电压 V_R 恒定，所以积分输出将按 T_0 期间积分的值为初值，以恒定的斜率下降（称定值积分），当比较器检测出积分器输出过零时，积分器停止工作。反向积分时间 T_1 与定值积分的初值（或定时积分的终值）成比例关系，

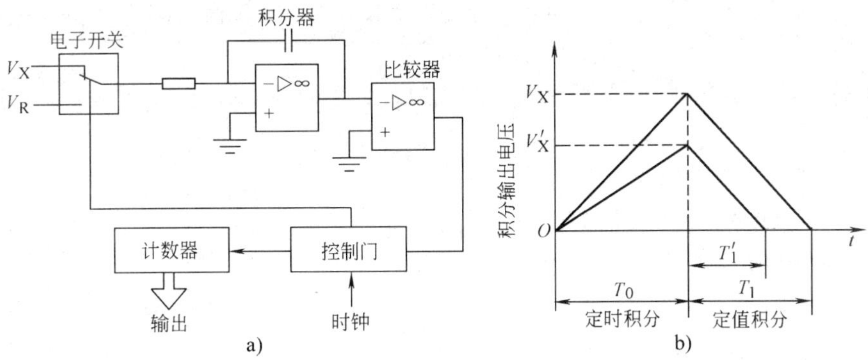

图 6-19　双积分式 A/D 转换器原理

a）电路图　b）原理图

V_R—基准电压　V_X、V'_X—被测电压　T_0—定时积分时间　T_1、T'_1—反向积分时间

故可通过测量反向积分时间 T_1 计算出被测电压 V_X，即

$$V_X = (T_1/T_0)V_R$$

反向积分时间 T_1 由计数器对时钟脉冲计数得到。图 6-19b 示出了两种不同输入电压（$V_X > V'_X$）的积分情况，显然 V'_X值小，在 T_0 定时积分期间积分器输出终值也就小，而下降斜率相同，故反相积分时间 T'_1也就小。

由于双积分方法的二次积分时间比较长，因此 A/D 转换速度慢，但精度可以做得比较高。对周期变化的干扰信号积分为零，故抗干扰性能也比较好。

2. A/D 转换器的主要技术指标

(1) 转换时间和转换速率：转换时间是 A/D 完成一次转换所需要的时间；转换时间的倒数为转换速率。

并行式 A/D 转换器的转换时间最短，为 20 ~ 50μs，转换速率为 20 ~ 50MB/s；双极性逐次逼近式转换器的转换时间约为 0.4μs，转换速率为 2.5MB/s。

(2) 分辨率：A/D 转换器的分辨率表示输出数字量变化一个相邻数码所需输入电压的变化量，习惯上以二进制位数或 BCD 码位数表示。例如，AD574 A/D 转换器可输出二进制数 12 位，即用 2^{12}个数进行量化，其分辨率为 1LSB（$1LSB = 1 \times 2^{-12}V$），用百分数表示为 $1/2^{12} \times 100\% = 0.0244\%$。

(3) 量化误差：量化过程引起的误差为量化误差，量化误差是由于有限数字对模拟量进行量化而引起的误差。理论上规定量化误差为一个单位分辨率的 ± 1/2 LSB，分辨率高的转换器具有较小的量化误差。

(4) 转换精度：A/D 转换器的转换精度定义为一个实际 A/D 转换器与一个理想 A/D 转换器在量化值上的差值。可用绝对误差或相对误差表示。

3. 常用 A/D 转换芯片及其与单片机接口电路

(1) 12 位 A/D 转换器 AD574

1) AD574 引脚排列及功能。AD574 是一种高性能的快速 12 位逐次逼近式 A/D 转换器，具有三态数据输出锁存器，由模拟芯片和数字芯片混合封装而成，模拟芯片为 12 位快速 A/D 转换器，数字芯片包括高性能比较器、逐次比较逻辑寄存器、时钟电路、逻辑控制电路以及三态输出数据锁存器等。非线性误差小于 ± 1/2 LSB，一次转换时间为 25μs，电源供电为 ± 15V 和 + 5V。

AD574 各个型号都采用 28 引脚双列直插式封装，引脚图如图 6-20 所示。各引脚功能如下：

V_{LOGIC}（+5V）：逻辑电源 +5V。

$12/\overline{8}$：输出数据形式选择信号，接 V_{LOGIC}（+5V）时，数据按 12 位并行输出；接 DGND 时，数据按 8 位双字节输出。

$\overline{CS}$：片选择信号，低电平有效。

A_0：转换和读字节选择信号。$A_0 = 0$ 时，启动 A/D 变换，则按 12 位 A/D 方式工作；$A_0 = 1$ 时，启动 A/D 变换，则按 8 位 A/D 方式工作。

$R/\overline{C}$：启动/读数控制。为 0 时启动，为 1 时读数。

CE：片允许信号，高电平有效。

U_{CC}（+15V）：正电源 +15V。

REF OUT：参考输出。

AGND：模拟地。

REF IN：参考输入。

U_{EE}（−15V）：负电源 −15V。

BIP OFF：双极性偏置。

$10U_{IN}$：模拟信号输入。单极性为 0 ~ 10V，双极性为 −5 ~ +5V。

$20U_{IN}$：模拟信号输入。单极性为 0 ~ 20V，双极性为 −10 ~ +10V。

DGND：数字地。

$D_0 \sim D_{11}$：12 位数据输出，分 3 组。

STS：转换/完成状态输出。STS = 1，表示正处于转换中；STS = 0，表示转换完成。

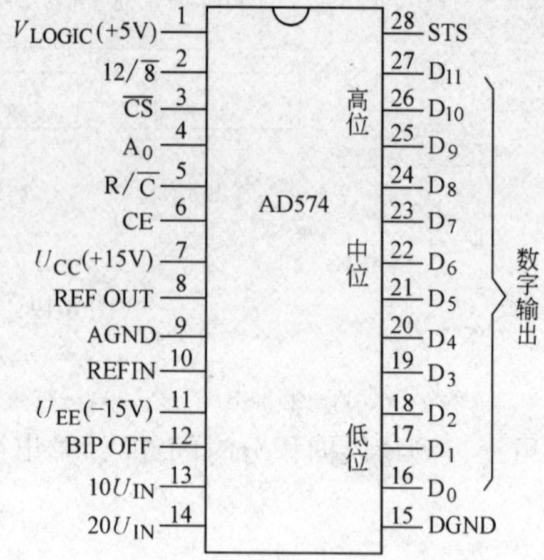

图 6-20　AD574 引脚图

AD574 的逻辑控制信号有 $\overline{CS}$、CE、$R/\overline{C}$、12/8、A_0，用以对 AD574 控制启动和输出。其逻辑真值表见表 6-4。

表 6-4　AD574 逻辑真值表

$\overline{CS}$	CE	$R/\overline{C}$	$12/\overline{8}$	A_0	工作状态
×	0	×	×	×	禁止
1		×	×	×	禁止
0	1	0	×	0	启动 12 位转换
0	1	0	×	1	启动 8 位转换
0	1	1	接 1 脚（+5V）	×	12 位并行输出
0	1	1	接 15 脚（0V）	0	高 8 位输出
0	1	1	接 15 脚（0V）	1	低 4 位输出

2）AD574 与单片机接口电路。AD574 与单片机 8031 的接口电路如图 6-21 所示。

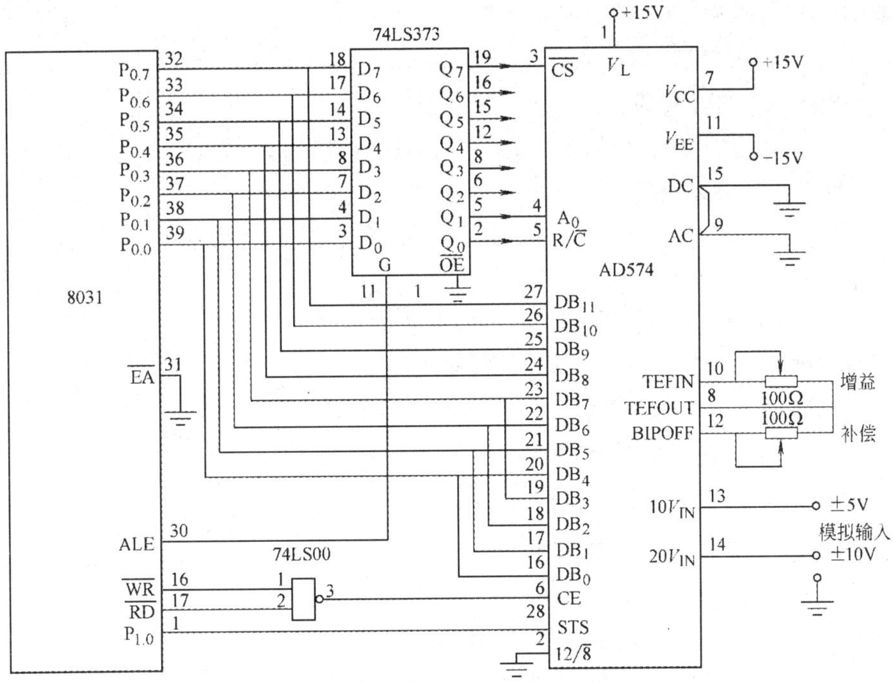

图 6-21　AD574 与单片机 8031 的接口电路

图 6-21 有如下接线特点：

①AD574 的数据线 $DB_0 \sim DB_{11}$高 8 位接于 8031 的 $P_{0.0} \sim P_{0.7}$端，低 4 位接于 $P_{0.4} \sim P_{0.7}$端。

②AD574 的输出数据形式控制端 $12/\overline{8}$ 接地，可与 8 位单片机兼容，12 位数据分两次传送。

③8031 的$\overline{WR}$、$\overline{RD}$通过与非门 74LS00 后，接于 A0574 的 CE 端，无论读或写，CE = 1 时 AD574 均处于工作状态。

④AD574 的 $R/\overline{C}$ 通过 74LS373 接于 8031 的 $P_{0.0}$端，则 $P_{0.0} = 0$，启动转换器；$P_{0.0} = 1$，读取 A/D 转换结果。

⑤AD574 的 A_0 端通过 74LS373 接于 8031 的 $P_{0.1}$端，则通过控制 $P_{0.1}$端的状态便可控制转换位数和读取字节的方式。

（2）双积分型 A/D 转换器 MC14433

1）MC14433 的引脚排列及功能。MC14433 的引脚图如图 6-22 所示，各引脚的功能如下：

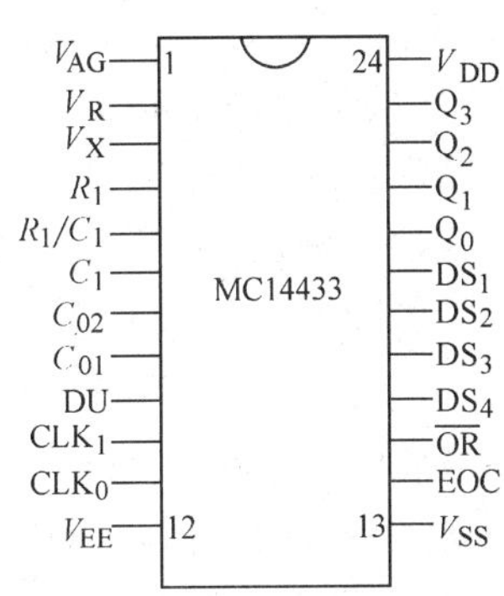

图 6-22　MC14433 的引脚图

V_{DD}：主电源 +5V。

V_{EE}：模拟电源 −5V。

V_{AG}：模拟地端。

V_{SS}：数字地端。

V_R：基准电压。

V_X：被测电压。

R_1：积分电阻输入端，当 $V_X=2V$ 时，$R_1=470\Omega$；当 $V_X=200mV$ 时，$R_1=27k\Omega$。

C_1：积分电容输入端，C_1 一般取 0.1μF。

C_{01}、C_{02}：外接补偿电容端，电容取值约 0.1μF。

R_1/C_1：R_1 与 C_1 的公共端。

CLK_1、CLK_0：外接振荡器时钟调节电阻 R_C，其值一般约为 470kΩ。

EOC：转换结束信号输出端，正脉冲有效。

DU：启动新的转换，若 DU 与 EOC 相连，每当 A/D 转换结束后，自动启动新的转换。

$\overline{OR}$：当 $|V_X|>V_R$ 时，过量程，$\overline{OR}$输出低电平。

$DS_4\sim DS_1$：选择个、十、百、千位，正脉冲有效。

$Q_3\sim Q_0$：输出千、百、十、个位的值，受 $DS_4\sim DS_1$ 控制。

$DS_4\sim DS_1$ 对 $Q_3\sim Q_0$ 的控制关系如下：

$DS_4=1$ 时，$Q_3\sim Q_0$ 表示的是个位值（0～9）。

$DS_3=1$ 时，$Q_3\sim Q_0$ 表示的是十位值（0～9）。

$DS_2=1$ 时，$Q_3\sim Q_0$ 表示的是百位值（0～9）。

$DS_1=1$ 时，$Q_3\sim Q_0$ 表示的是千位值（0 或 1）。

表 6-5　DS_1 选通时 $Q_3\sim Q_0$ 的状态及表示结果

$Q_3Q_2Q_1Q_0$	表 示 结 果	$Q_3Q_2Q_1Q_0$	表 示 结 果
1××0	千位数为 0	×0×0	结果为负
0××0	千位数为 1	0××1	输入过量程
×1×0	结果为正	1××1	输入欠量程

另外，当 $DS_1=1$ 时，$Q_3\sim Q_0$ 除了表示千位值外，还可表示输出结果的正、负、输入信号过量程和欠量程等。$Q_3\sim Q_0$ 的状态及表示结果见表 6-5。

2）MC14433 与单片机接口电路。MC14433 与单片机 8031 的接口电路如图 6-23。

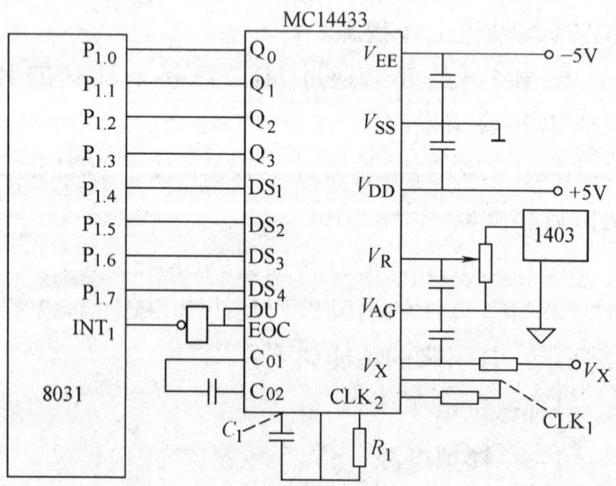

图 6-23　MC14433 与单片机 8031 的接口电路

由图 6-23 可见，MC14433 与单片机 8031 的接口电路比较简单，MC14433 选通控制端 $DS_1\sim DS_4$ 直接接于 8031 的 $P_{1.4}\sim P_{1.7}$端，输出端 $Q_0\sim Q_3$ 接于 8031 的 $P_{1.0}\sim P_{1.3}$端。MC14433 的 EOC 与 DU 相连，可在转换结束后自动启动新一次转换。BCD 码经 8031 的 $P_{1.0}\sim P_{1.3}$端送入 MC14433 的输出端 $Q_0\sim Q_3$，$P_{1.4}\sim P_{1.7}$控制 MC14433 的选通信号 $DS_1\sim DS_4$。MC14433 的 EOC 端的经与非门接 8031 的外中断（$\overline{INT1}$）端，当 EOC＝1、$\overline{INT1}=0$ 时 8031 发出中断申请，可转入中断服务程序，处理转换结果。

6.3 检测技术的应用

6.3.1 检测技术的含义及其作用和地位

检测（Detection）是利用各种物理、化学效应，选择合适的方法与装置，将生产、科研和生活等各方面的有关信息通过检查与测量的方法赋予定性或定量结果的过程。

随着人类社会进入信息时代，从日常生活、生产活动到科学试验，时时处处都离不开检测。检测技术是现代化领域中很有发展前途的技术，在促进生产发展和科技进步的广阔领域内发挥着极其重要的作用。其主要表现在以下几个方面：

1. 检测技术是产品检验和质量控制的重要手段　借助于检测工具对产品进行质量评价是检测技术重要的应用领域。传统的检测方法只能将产品区分为合格品和废品，起到产品验收和废品剔除的作用，对废品的出现并没有预先防止的能力。在传统检测技术基础上发展起来的在线检测技术使检测和生产加工同时进行，及时、主动地用检测结果对生产过程进行控制，使之适应生产条件的变化或自动地调整到最佳状态。这样，检测的作用已经不只是单纯地检查产品的最终结果，而是要过问和干预造成这些结果的原因，从而进入质量控制的领域。例如，在机械制造行业中，通过对机床的许多静态和动态参数如工件的加工精度、切削速度和床身振动等进行在线检测，从而控制加工质量。

2. 检测技术在大型设备安全经济运行监测中得到广泛应用　电力、石油、化工和机械等行业的一些大型设备通常在高温、高压、高速和大功率状态下运行，保证这些关键设备安全运行在国民经济中具有重大意义。通常，设置故障监测系统对温度、压力、流量、转速、振动和噪声等多种参数进行长期动态监测，以便及时发现异常情况，加强故障预防，达到早期诊断的目的。这样做可以避免严重的突发事故，保证设备和人员安全，提高经济效益。另外，在日常运行中，这种连续监测可以及时发现设备故障前兆，采取预防性检修。随着计算机技术的发展，这类监测系统已经发展到故障自诊断系统，可以采用计算机来处理检测信息，进行分析、判断，及时诊断出设备故障，并自动报警或采取相应的对策。

3. 检测技术和装置是自动化系统中不可缺少的组成部分　任何生产过程都可以看作是由“物流”和“信息流”组合而成的，反映物流的数量、状态和趋向的信息流则是人们管理和控制物流的依据。人们为了有目的地进行控制，首先必须通过检测获取有关信息，然后才能进行分析、判断，以便实现自动控制。所谓自动化，就是用各种技术工具与方法代替人来完成检测、分析、判断和控制工作。一个自动化系统通常由多个环节组成，分别完成信息获取、信息转换、信息处理、信息传送及信息执行等功能。在实现自动化的过程中，信息的获取与转换是极其重要的组成环节，只有精确及时地将被控对象的各项参数检测出来，并将其转换成易于传送和处理的信号，整个系统才能正常地工作。因此，检测技术是自动化技术中不可缺少的组成部分。

4. 检测技术的完善和发展推动着现代科学技术的进步　现代化检测手段所达到的水平在很大程度上决定了科学研究的深度和广度。检测技术达到的水平越高，提供的信息越丰富、越可靠，科学研究取得突破性进展的可能性就越大。此外，理论研究的一些成果，也必须通过试验来加以验证，这同样离不开必要的检测手段。

从另一方面看，现代化生产和科学技术的发展也不断地对检测技术提出新的要求和课题，成为促进检测技术向前发展的动力。科学技术的新发现和新成果不断应用于检测技术中，也有力地促进了检测技术自身的现代化。在国防科研中，检测技术应用得更多，许多尖端的检测技术都是因国防工业需要而发展起来的。

近年来，随着家电工业的兴起，检测技术也进入了人们的日常生活中。例如，自动检测并调节房间的温度、湿度；自动检测衣服的污度和重量、利用模糊技术制作智能洗衣机等。在交通领域，一辆现代汽车中的传感器就有十几种之多，分别用以检测车速、方位、负载、振动、油压、油量、温度和燃烧过程等。

检测技术与现代化生产和科学技术的密切关系，使它成为一门十分活跃的技术学科，几乎渗透到人类的一切活动领域，发挥着越来越大的作用。

近几十年来，自动控制理论、计算机技术迅速发展，并已应用到生产和生活的各个领域。但是，由于作为“感觉器官”的传感器技术没有与计算机技术协调发展，出现了信息处理功能发达、检测功能不足的局面。目前，许多国家已投人大量人力和物力，发展各类新型传感器。检测技术在国民经济中的地位也日益提高。

6.3.2 检测技术的内容

检测技术的内容较广泛，常见的机电一体化系统检测涉及的内容见表 6-6。

表 6-6 常见的机电一体化系统检测涉及的内容

被测量类型	被 测 量
物体的成分量	气体、液体、固体的化学成分、浓度、粘度、浊度、透明度、颜色、湿度、密度、酸碱度
状态量	工作机械的运动状态（启停等）、生产设备的异常状态（超温、过载、泄漏、变形、磨损、堵塞和断裂等）
热工量	温度、热量、热流、热分布、压力（压强）、压差、真空度、流量、流速、物位、液位、界面
机械量	直线位移、角位移、速度、加速度、转速、应力、应变、力矩、振动、噪声、重量
几何量	长度、厚度、角度、直径、间距、形状、平行度、同轴度、粗糙度、硬度、材料缺陷
电工量	电压、电流、功率、电阻、阻抗、频率、脉宽、相位、波形、频谱、磁场强度、电场强度、材料的磁性能

1. 检测技术的应用实例　当代的检测系统越来越多地使用计算机或微处理器来控制执行机构的工作。检测技术、计算机技术与执行机构等配合就能构成某些工业控制系统，下面介绍一种使用微型计算机的检测系统在检测温度方面的应用，即脉冲燃烧热水炉温度控制系统。

(1) 系统控制方案：脉冲燃烧热水炉的燃烧原理如图 6-24 所示，燃气和空气经混合室 7 混合后，进入燃烧室 6。电火花点火，开始燃烧，由于气体膨胀，压力升高，使单向进气阀关闭，推动烟气通过换热管道排出。由于惯性作用，导致燃烧室 6 内形成负压，于是又打开单向进气阀门，吸入混合气体，并再次被前次燃烧产生的热量点燃。如此反复燃烧、吸气、再燃烧，周期性持续下去。

本控制系统以 8051 单片机为核心，实现对热水炉的全自动管理，包括自动供气、自动点火、自动进水、自动出水、温度控制、水箱水位控制、水温连续检测及数字显示；熄火时，能自行启动地自保护功能和水温超高、水位超限处理功能，使热水炉在无人情况下安全、可靠地运行。

采用以电磁阀为主要执行机构的开关控制方案，既降低了成本，又有较好的效果。基本思路是：对水温进行定时采样，当温度在低限以下时，进水阀关闭；当水温在低限以上后，允许进水阀开启。温度在高限以下时，正常运行；温度在高限以上时，关闭燃气阀，等待水温回落至正常范围。对于水位，当其在低限以下时，开启进水阀；当水位低于高限，且在正常范围时，正常运行；当水位在高限以上时，关闭进水阀，待水位回落至正常范围，可开启进水阀。这样，只需选择好适当的采样时间、水温和水位控制范围，即可取得预期的控制效果。

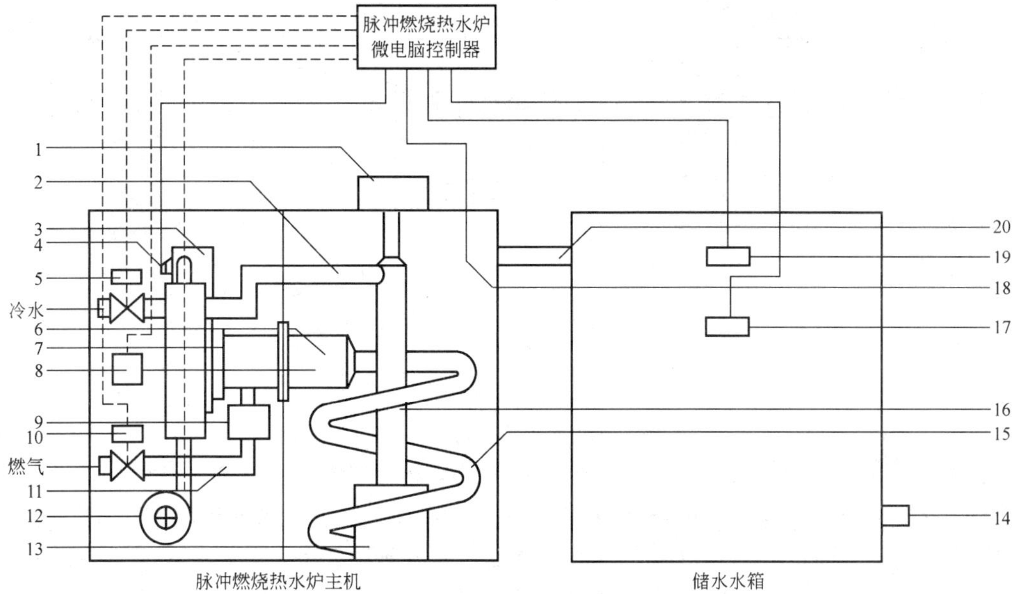

图 6-24　脉冲燃烧热水炉的燃烧原理

1—排气消声器　2—进水管　3—空气去耦室　4—熄火检测器　5—进水电磁阀　6—燃烧室　7—混合室　8—点火器　9—燃气去耦室　10—燃气电磁阀　11—燃气进管　12—风机　13—排烟去耦室　14—出水管　15—尾管　16—传热器　17—低水位检测开关　18—温度传感器　19—高水位检测开关　20—水箱连接管

（2）检测部分的工作原理：脉冲燃烧炉控制电路结构框图如图 6-25 所示，在设计中使用了 8051 单片机，利用其片内存储器及 RAM 存储全部程序，并充分利用其 I/O 接口和定时器等内置功能。外围电路使用了 0809 A/D 转换器，热敏电阻型温度传感器，温度显示 LED 数码管，继电器状态指示发光二极管、报警发光二极管，模拟水位开关按键，振动检测和报警传声器等。

水位传感器可输出水位高限和水位低限两个开关信号，开关闭合有效。在电路中，先通过上拉电阻使开关断开，此时为高电平，而水位到限时，相应开关闭合。将 8051 的 $P_{3.3}$和 $P_{3.4}$设置为输入引脚，开关闭合时得到低电平。

熄火检测器是将工作时产生的振动作为系统是否停机的判别标准，可使用运放和单稳连接电路来检测振动的存在。在系统中，将一个普通传声器紧贴在热水炉壁上，热水炉工作时炉壁振动引起传声器线圈振动，产生感应电流，将此信号放大得到脉冲电流，直接触发单稳态电路。只需选定好适当的时间常数，在热水炉工作时，单稳态电路将保持在暂态上。当热水炉停机时，由于振动消失，触发脉冲停止，单稳态回到稳态。8051 单片机检测到单稳态电路输出电平为稳态时，就可以判定热水炉已停机。

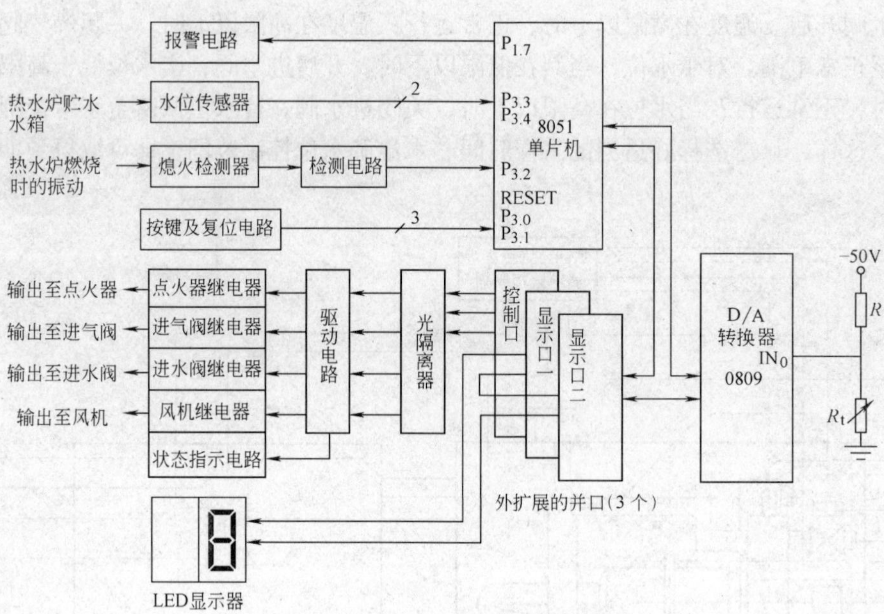

图 6-25　脉冲燃烧炉控制电路结构框图

在温度控制系统中，考虑到系统结构的复杂性及降低成本，没有使用专用传感设备，而是采用了较简单的分压电路。在 0809 A/D 转换器电路中，采用阻抗较大的半导体测温热敏电阻及分压电阻，通过对热敏电阻分压值的测量来完成测温任务。分压电阻的选取应使通过热敏电阻的电流足够小，以使电流引起的热噪声可忽略。0809 A/D 转换器输入阻抗大，且热敏电阻灵敏度较高，使输入 0809 A/D 转换器的分压值无须阻抗匹配，其精度就基本能满足控制要求。

由于电路及热敏电阻的非线性，在控制中需要通过一些简单试验得到 A/D 转换与温度的函数关系，建立对应关系表后编程输入 8051 单片机，这样就可以由软件辅助实现精确的温度测量。温度测量由 A/D 转换子程序和温度计算子程序来完成。前者完成数据采集，可通过多次 A/D 转换再作均值来滤除干扰，将所得数据送至相应单元；后者将相应单元数据经过一系列查表计算处理后，得出温度值。

在系统中，将温度表按 5℃分段（0℃、5℃、10℃、…、100℃），测出各点采样值，做出一个分度表。由每段端点值生成段线性系数表，存入内存。在处理时，根据采样值在分度表查询所在段，再在系数表查出该段对应系数，即可算出采样值对应的温度近似值。由于温度节点间隔较小，所以段内线性度较好，可以满足测量要求。

(3) 控制部分的工作原理：控制部分主要完成系统初始化、按键识别、熄火检测保护、水位控制和水温控制、输出驱动及报警等工作。

1）系统初始化。指定义 8051 单片机的 I/O 接口输入输出功能，预置程序中设定的计数单元、清零标志单元，设定中断时间和断开所有继电器触点等。

2）按键识别。用于识别操作者按下的键（启动键和吹风键），并执行相应功能。吹风键按下，将使通风机吹扫燃烧室一段时间，再返回按键扫描；若按下启动键，程序将启动热水炉燃烧，并进入控制程序部分。

3）熄火检测保护。只需读取相应引脚信号，再根据程序中的运行标志单元中的熄火标志来判断是否正常熄火。如是熄火故障，则程序立即启动热水炉燃烧。

4）水位控制。水位控制中设定了高限和低限两个水位限，水箱水位既不能超过高限，也不能低于低限。水位超过高限时，8051 得到相应信号，关断进水电磁阀门；当水位在低限以下时，立即打开进水电磁阀门，并保持一定延时，使水位上升至高限。

5）水温控制。水箱水温既不得高于 90℃也不得低于 60℃。水温控制采用开关控制，很容易在切换点开关来回动作，影响控制效果，造成执行结构频繁动作，使器件寿命下降，影响系统性能。通过设置温度区间（60 ~ 65℃，85 ~ 90℃），并将其作为电磁开关切换段，即热水炉燃烧，水温升至 65℃以上，在水位允许范围内打开进水阀，水温低至 60℃时，关闭进水阀，如此反复；当水温高于 90℃时，按要求关闭燃气阀门，待水温回落至 75℃再启动燃烧，同时按要求配合进水。

6）输出驱动。输出包括继电器控制口及显示单元。驱动选用 XC68HC705P9 芯片，其 I/O 接口提供的吸收电流大，可方便地驱动 LED。继电器控制用于输出继电器触点，以控制热水炉的运行。在光隔离器的输入端串联发光二极管，用于显示继电器状态，光隔离器的输出端与继电器线圈相连，直接驱动继电器。显示单元可由 8051 的 $P_{1.0}$ ~ $P_{1.6}$输出字模码，$P_{0.5}$、$P_{0.6}$输出数码管选通信号。

7）报警。报警单元由软件产生间歇报警信号，经三极管驱动输出报警，并可伴随发光二极管的闪动。非正常熄火或水温达到 90℃时报警，持续 5s。

报警和显示可由中断服务程序完成，定时中断时间设计为 0.5 ms。中断发生后，程序根据标志单元的标志位判断是否需要报警。若需要报警，只需翻转相应引脚电平即可实现。报警时间的长短及声音的间歇可由相应计数单元决定。处理完报警，程序应及时复位程序控制定时器，防止其复位 8051。此外，程序读取显示缓冲单元的高位或低位送显，完成动态显示。

（4）系统特点：脉冲燃烧热水炉采用先进的脉冲燃烧技术，具有结构简单、燃烧强度大和对环境污染小等突出优点，适用于宾馆、招待所、公寓、机关和学校等集中供热水的单位。其燃气量仅为普通燃烧炉的 70%，推广应用对节约能源、缓解城市燃气供需矛盾十分有利。本控制系统采用 8051 单片机实现对热水炉的控制，系统运行稳定、硬件资源利用合理。

2. 检测技术的发展方向　检测技术是随着现代科学技术的发展而迅速发展起来的一门新兴学科。现代科学技术的发展离不开检测技术，而且不断对检测技术提出新的要求。另一方面，现代检测方法和检测系统的出现和不断完善、提高又是科学技术发展的结果。两者是互相促进的。可以说，采用先进的检测技术是科学技术现代化的重要标志之一，也是科学技术现代化必不可少的条件；反过来，检测技术的水平又在一定程度上反映了科学技术的发展水平。由于科学技术的发展，为检测技术的现代化创造了条件，使检测技术达到了一个新的水平，主要表现在以下几个方面：

1）不断提高检测系统的测量精度、量程范围、延长使用寿命、提高可靠性。科学技术的不断发展，对检测系统测量精度的要求也在不断地提高。近年来，人们研制出许多高精度的检测仪器，以满足各种需要，如许多检测系统可以在极其恶劣的环境下连续工作数十万小时。目前，人们正在不断努力进一步提高检测系统的各项性能指标，例如，用直线光栅测量直线位移时，测量范围可达二三十米，而分辨率可达微米级；人们已研制出能测量小至几帕微压和大到几千兆帕高压的压力传感器；开发了能够测出极微弱磁场的磁敏传感器等。

2）应用新技术，扩大检测领域。随着科学技术的发展，检测技术应用的领域不断扩大。可以说，它涉及所有几何量和物理量，如力、位移、速度、硬度、流量、流速、时间、频率、温度、热量、电量、噪声、超声、光度、光谱、色度、激光、电学和磁学等。检测技术不仅广泛应用于机械工程中机械量的测试，而且还应用于生物工程之中，如目前已经研制出用于将检测分析物的生物分子或细胞的结果转换成电信号的换能器，用以探测生物的奥秘。

目前，检测领域已扩大到整个社会的各个方面，不仅包括工程、海洋开发和宇宙航行等尖端科学技术和新兴工业领域，而且已涉及医疗、环境污染监测、危险品和毒品的侦察和安全监测等方面，并且已开始渗入到人类的日常生活设施之中。

3）发展集成化、功能化的传感器。随着半导体集成电路技术的发展，硅和砷化镓电子元器件的高度集成化有可能大量地向传感器领域渗透，使传感器向着精确度高、灵敏度高、测量范围大而体积小的方向发展。人们将传感元件与信号处理电路制作在同一块硅片上，从而研制出体积更小、性能更好、功能更强的传感器。微电子技术的发展使得有可能把某些电路乃至微处理器和传感、测量部分做成一个整体，使传感器本身具有检测、放大、判断和一定的信号处理功能。例如，目前已研制出高精度的 PN 结测温集成电路；又如，人们已能将排成阵列的上千万个光敏元件及扫描放大电路制作在一块芯片上，制成彩色 CCD 数码照相机和摄像机。今后还将在光、磁、温度和压力等领域开发新型的集成度很高的传感器。可以说，传感器的小型化与智能化已经成为当代科学技术发展的标志，也是检测技术发展的明显趋势。

4）采用微机技术，使检测技术智能化。检测系统目前正迅速地由模拟式、数字式向智能化方向发展，从而扩展了功能，提高了精度和可靠性，目前研制的检测系统大多都带有微处理器。另外，带有微处理器的各种智能化仪表已经出现，这类仪表选用微处理器做控制单元，利用计算机可编程的特点，使仪表内的各个环节自动地协调工作，并且具有数据处理和故障诊断功能，成为一代崭新仪表，把检测技术自动化推进到一个新水平。

5）发展网络化传感器及检测系统。随着微电子技术的发展，已可以将十分复杂的信号处理和控制电路集成到单块芯片中。传感器的输出不再是模拟量，而是符合某种协议格式（可即插即用）的数字信号，从而可以通过企业内部网络，也可以通过 Internet 网，实现数据交换和共享。人们可以远在千里之外，随时随地浏览现场工况，实现远程调试、远程故障诊断、远程数据采集和实时操作，从而构成网络化的检测系统。

总之，检测技术已经成为自动控制系统中一个重要组成部分。众所周知，宇宙空间站的建立、航天飞机的发射和返回、人造地球卫星的发射和回收，都是自动控制技术的重要成果。生产过程自动化已经成为当今工业生产实现高精度、高效率的重要手段，而一切自动控制过程都离不开自动检测技术。利用检测得到的信息，自动调整整个运行状态，使生产、控制过程在预定的理想状态下进行，实现“以信息流控制物质和能量流”的自动控制过程。检测技术的蓬勃发展适应了国民经济发展的迫切需要，是一门充满希望和活力的新兴技术，取得的进展已十分瞩目，今后还将有更大的飞跃。

复习思考题

1. 简述传感器的组成及分类。
2. 传感器的静态特性和动态特性各是什么?
3. 半导体多路开关的特点是什么?
4. A/D 转换器的作用是什么? 阐述其工作原理。
5. 简述检测技术的含义及其作用。

第 7 章　机电一体化系统的分析与设计

机电一体化技术是机械与电子有机结合的一种新技术，是在信息论、控制论和系统论基础上建立起来的一种综合技术。机电一体化系统也是一种自动控制系统，我们可以利用自动控制理论的相关方法对机电一体化系统进行分析和设计。

一个完整的机电一体化系统通常包括控制装置、动力部分、执行机构、传动系统、测试传感部分以及被控对象组成。其中，控制装置在机电一体化系统中有着很重要的作用，用于解决提高产品精度、提高加工效率和提高设备利用率等几个主要问题。

在对机电一体化系统进行分析和设计时，我们通过建立系统的数学模型，运用自动控制理论，分析系统的稳定性，静、动态性能指标，抗干扰能力，可靠性程度，对系统进行优化设计。

7.1　各单元部件特性分析

在对控制系统进行分析和设计时，必须要知道系统的数学模型，这就要使用自动控制理论的相关知识和方法，下面对自动控制理论的一些基础知识进行简单介绍。

7.1.1　自动控制理论基础

所谓自动控制，就是采用控制装置使被控对象的某个工作状态或参数（即被控量）能够在一定的精度范围内按照给定的规律变化。

能够对被控对象的工作状态或参数进行自动控制的系统称为自动控制系统。自动控制系统一般由控制装置和被控对象组成。

1. 自动控制系统的基本控制方式　开环控制和反馈控制是自动控制系统的基本控制方式。

（1）开环控制：开环控制是指控制装置与被控对象之间只有顺向作用，而没有反向联系的控制过程，按这种方式组成的系统称为开环控制系统，其特点是输出量不会对系统的控制作用发生影响。开环控制系统的示意框图如图 7-1 所示。

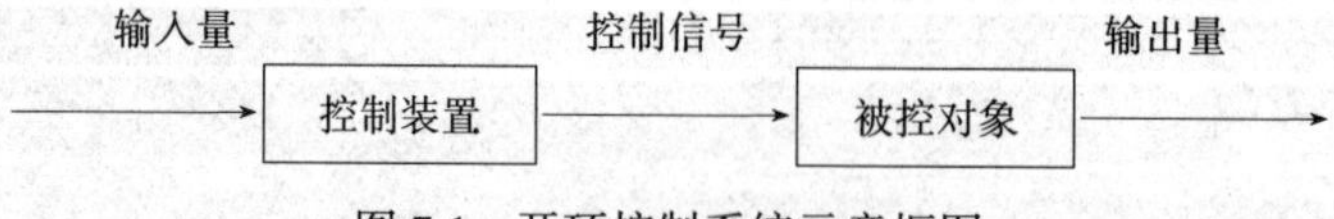

图 7-1　开环控制系统示意框图

（2）闭环控制：闭环控制是指控制装置与被控对象之间既有顺向作用，又有反馈作用的控制过程，按这种方式组成的系统称为闭环控制系统，其特点是输出量通过反馈回路引回到系统的输入端，对系统的控制作用产生影响。

输出量引回到输入端后，要与输入量进行比较，按照比较方式的不同，分为正反馈和负反馈两种形式：正反馈是将引回的输出量与输入量相加后送入控制装置产生相应的控制信号，再作用于被控对象，这样的控制系统称为正反馈闭环控制系统，如图 7-2 所示；负反馈是将输入量与引回的输出量相减后送入控制装置产生相应的控制信号，再作用于被控对象，这样的控制系统称为负反馈闭环控制系统，如图 7-3 所示。

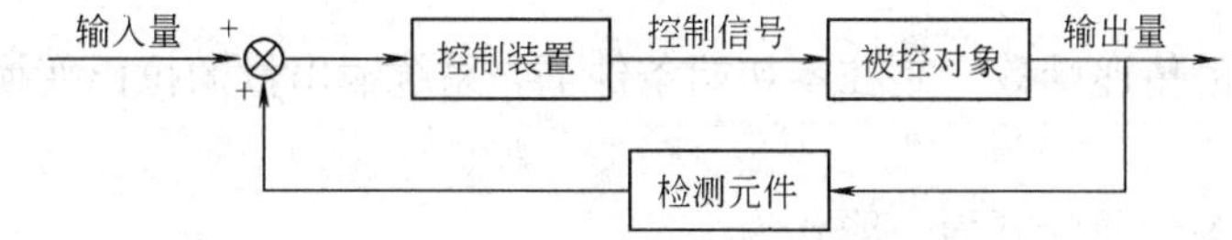

图 7-2　正反馈闭环系统示意框图

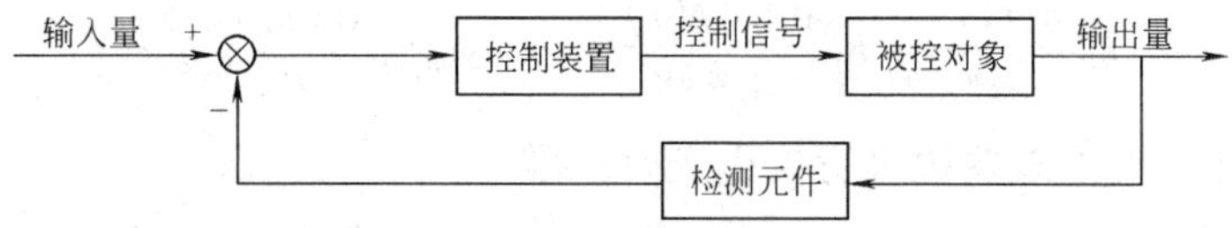

图 7-3　负反馈闭环系统示意框图

在负反馈闭环控制系统中，输入量与反馈信号之差称为偏差信号。偏差信号送入控制装置，使系统的输出量趋向于给定值。负反馈控制系统是一种针对偏差进行控制的系统，具有自动修正被控量偏离给定值的作用，在控制系统中被广泛采用。

2. 控制系统的数学模型　控制系统的数学模型是描述系统内部各物理量（或变量）之间关系的数学表达式。在静态条件下（即变量各阶导数为零），描述变量之间关系的代数方程称为静态模型；描述变量各阶导数之间关系的微分方程称为动态模型。

控制系统的数学模型有多种形式，在时域中常用的数学模型有微分方程、差分方程和状态方程，在复域中常用的数学模型有传递函数、结构图；在频域中常用的数学模型有频率特性等。

（1）微分方程：在建立控制系统的微分方程时，首先要确定系统的输入量和输出量，然后列写描述系统内各变量之间关系的一组微分方程，消去中间变量，求出描述系统输入量与输出量之间关系的微分方程。下面通过一个例子说明建立微分方程的步骤和方法。

例 7-1　图 7-4 所示是由电阻 R、电感 L 和电容 C 组成的无源网络，试列写以 $u_R(t)$ 为输入量、$u_C(t)$ 为输出量的网络微分方程。

解　设回路电流为 $i(t)$，由克希霍夫定律可写出

$$L\frac{\mathrm{d}i(t)}{\mathrm{d}t}+\frac{1}{C}\int i(t)\mathrm{d}t+Ri(t)=u_R(t)$$

$$u_C(t)=\frac{1}{C}\int i(t)\mathrm{d}t$$

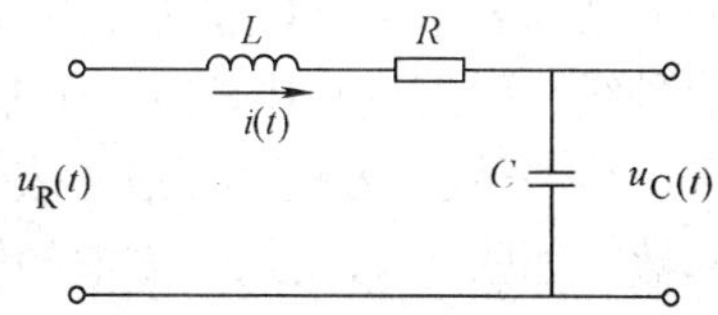

图 7-4　RLC 无源网络

消去中间变量 $i(t)$，得到无源网络的微分方程为

$$LC\frac{\mathrm{d}^2u_C(t)}{\mathrm{d}t^2}+RC\frac{\mathrm{d}u_C(t)}{\mathrm{d}t}+u_C(t)=u_R(t)$$

（2）传递函数：控制系统的微分方程是在时间域描述系统动态性能的数学模型，根据给定外作用及初始条件，求解微分方程可以得到系统的输出响应。但是，当系统的结构或某个参数变化时，系统的微分方程也会发生变化，就要重新列写并求解微分方程，不便于对系统进行分析和设计。用拉氏变换求解线性定常系统的微分方程，可以得到控制系统在复域中的数学模型——传递函数。所谓线性定常系统，是指系统的微分方程为线性，且各项系数为常

数。

线性定常系统的传递函数，是在零初始条件下，系统输出量的拉氏变换与输入量的拉氏变换之比。

设线性定常系统的微分方程一般式为

$$a_0 = \frac{\mathrm{d}^n c(t)}{\mathrm{d}t^n} + a_1 \frac{\mathrm{d}^{n-1} c(t)}{\mathrm{d}t^{n-1}} + \cdots + a_{n-1} \frac{\mathrm{d}c(t)}{\mathrm{d}t} + a_n c(t)$$

$$= b_0 \frac{\mathrm{d}^m r(t)}{\mathrm{d}t^m} + b_1 \frac{\mathrm{d}^{m-1} r(t)}{\mathrm{d}t^{m-1}} + \cdots + b_{m-1} \frac{\mathrm{d}r(t)}{\mathrm{d}t} + b_m r(t)$$

设初始值为零，对上式两边进行拉氏变换，得

$$[a_0 s^n + a_1 s^{n-1} + \cdots + a_{n-1} s + a_n] C(s) = [b_0 s^m + b_1 s^{m-1} + \cdots + b_{m-1} s + b_m] R(s)$$

则系统的传递函数 $G(s)$ 为

$$G(s) = \frac{C(s)}{R(s)} = \frac{b_0 s^m + \cdots + b_m}{a_0 s^m + \cdots + a_n} \tag{7-1}$$

系统的传递函数还可以写成零极点形式，即

$$G(s) = \frac{C(s)}{R(s)} = \frac{b_0 (s - z_1)(s - z_2) \cdots (s - z_n)}{a_0 (s - p_1)(s - p_2) \cdots (s - p_m)} \tag{7-2}$$

式中 z_1、z_2、…、z_n——系统的零点；

p_1、p_2、…、p_m——系统的极点。

在例 7-1 中，我们对无源网络的微分方程两边进行拉氏变换，可得无源网络的传递函数为

$$G(s) = \frac{C(s)}{R(s)} = \frac{1}{LCs^2 + RCs + R}$$

（3）结构图：控制系统的结构图是用于描述系统各元器件之间信号传递关系的数学图形。任何一个控制系统都是由多个元器件组成的，将每一个元器件用一个方框表示，方框内标明元器件的传递函数，元器件之间的信号传递关系用方框之间的连接线表示，表示元器件的方框和表示信号传递关系的连接线就构成了系统的结构图。控制系统的结构图包含方框、信号线、引出点和比较点 4 个基本单元。

1）方框。方框（环节）表示对信号进行的数学变换。方框中写入元器件或系统的传递函数，如图 7-5a 所示。方框的输出变量等于输入变量与传递函数的乘积。

2）信号线。带有箭头的直线，箭头表示信号的流向，在直线旁标记信号的时间函数或对象函数，如图 7-5b 所示。

3）引出点。引出点（测量点）表示信号引出或测量的位置。从同一位置引出的信号在数值和性质上完全相同，如图 7-5c 所示。

4）比较点。比较点（综合点）表示对两个以上的信号进行加减运算，“+”号表示相加，“-”表示相减，“+”可以省略不写，如图 7-5d 所示。

（4）结构图的等效：根据控制系统的每个元器件的传递函数以及每个元器件之间的信号传递关系，我们可以画出系统的结构图。通常情况下，控制系统的结构图比较复杂，为了使结构图简化，我们需要对结构图进行相关的运算和变换。

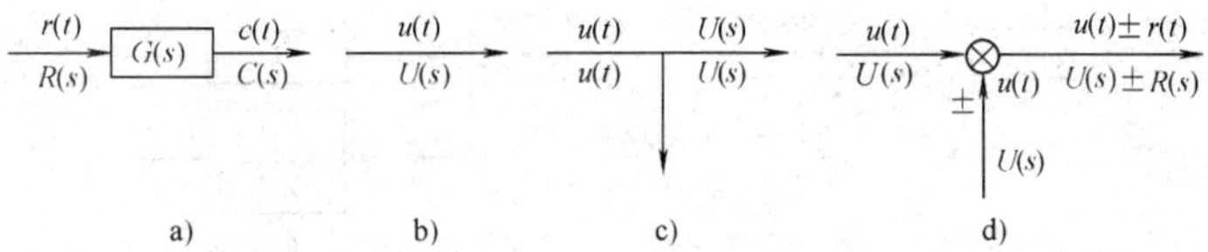

图 7-5　结构图的基本组成单元

a）方框　b）信号线　c）引出点　d）比较点

在控制系统结构图中，一般有串联、并联和反馈连接 3 种，我们可以对这 3 种连接方式进行一定的运算，用一个等效方框来取代这 3 种连接。

1）串联方框的等效。传递函数分别为 $G_1(s)$ 和 $G_2(s)$ 的两个方框以串联方式连接，如图 7-6a 所示，可以等效为一个方框，其传递函数为 $G(s)=G_1(s)G_2(s)$，如图 7-6b 所示。

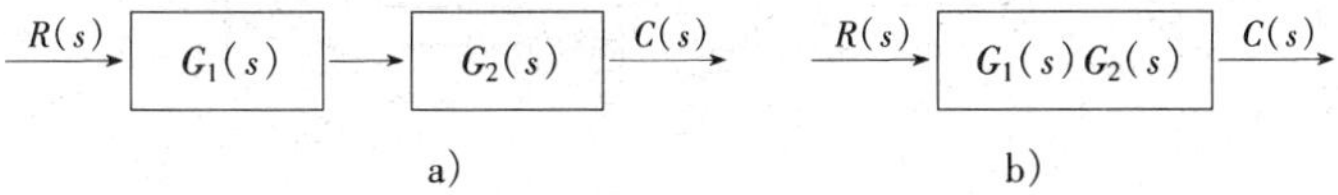

图 7-6　串联方框的等效

a)两个方框串联　b)两个方框串联的等效

2)并联方框的等效。传递函数分别为 $G_1(s)$和 $G_2(s)$的两个方框,以并联方式连接,如图 7-7a 所示,可以等效为一个方框,其传递函数为$G(s)=G_1(s)\pm G_2(s)$，如图 7-7b 所示。

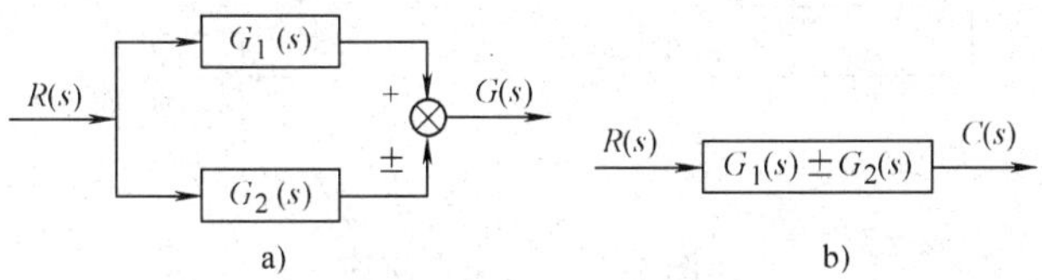

图 7-7　并联方框的等效

a）两个方框并联　b）两个方框并联的等效

3）反馈连接的等效。传递函数分别为$G(s)$和 $H(s)$的两个方框，采用反馈连接，如图 7-8a 所示，可以等效为一个方框，如图 7-8b 所示。

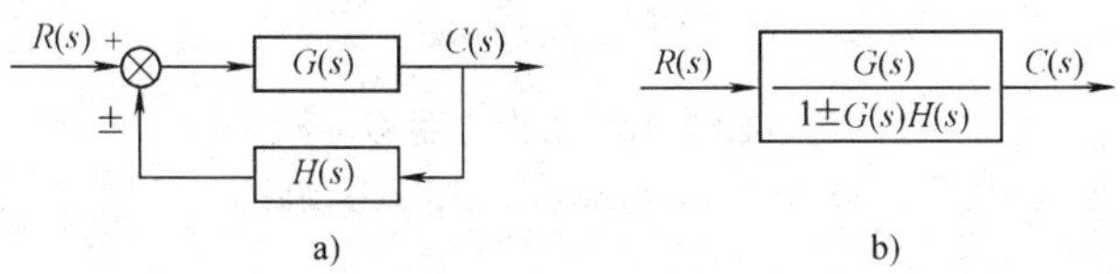

图 7-8　反馈连接的等效

a）反馈连接　b）反馈连接的等效

4）综合点和引出点的移动

①综合点的移动。综合点的移动有前移和后移两种等效结构。移动时应保持移动前后综合点后的各信号保持不变。综合点前移的等效结构如图 7-9 所示，综合点后移的等效结构如图 7-10 所示。

②引出点的移动。引出点的移动分为前移和后移两种等效结构。移动时应保持移动前后

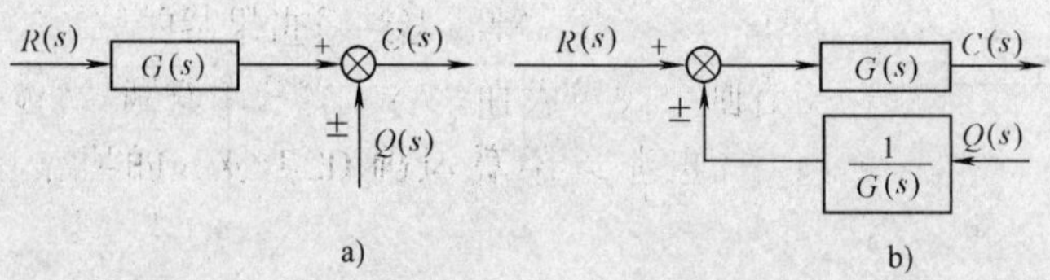

图 7-9　综合点的前移

a）综合点移动前　b）综合点移动后

引出的信号保持不变。引出点前移的等效结构如图 7-11 所示，引出点后移的等效结构如图 7-12 所示。

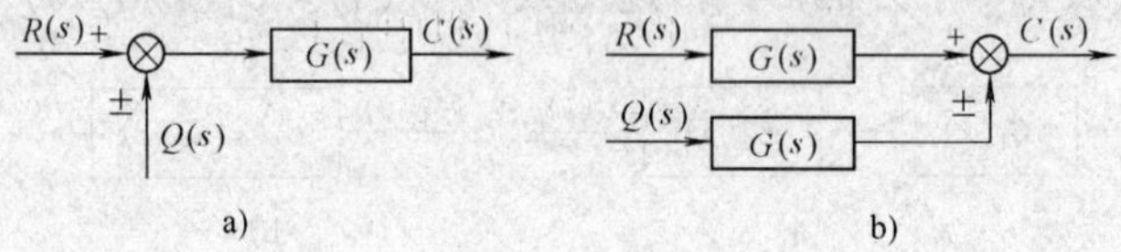

图 7-10　综合点的后移

a）综合点移动前　b）综合点移动后

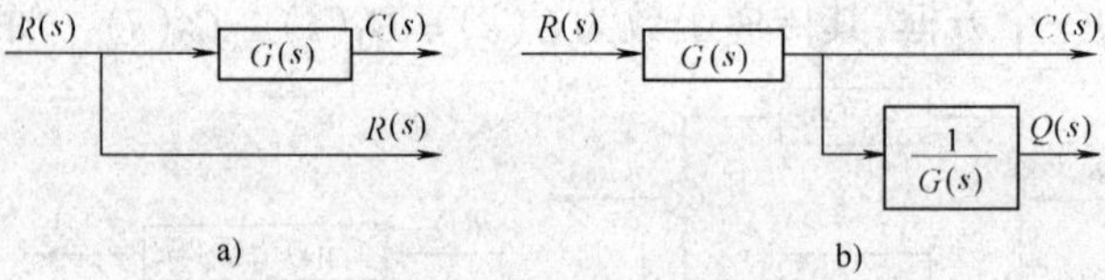

图 7-11　引出点前移

a）引出点移动前　b）引出点移动后

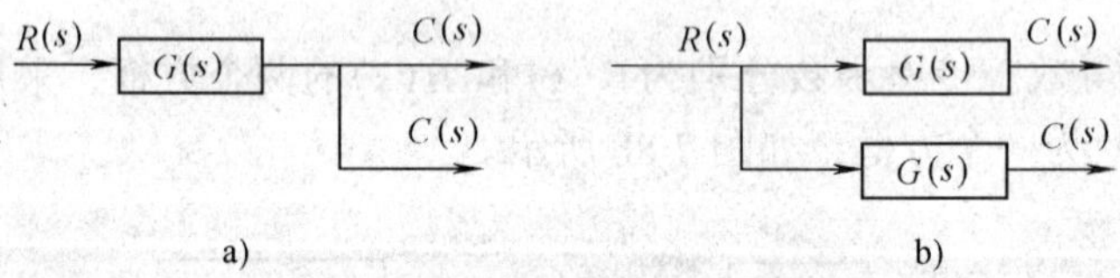

图 7-12　引出点后移

a）引出点移动前　b）引出点移动后

③相邻引出点之间的移动。若干个引出点相邻，表明同一信号输送到不同的位置，引出点之间变换位置不会改变引出信号的性质，不需进行任何变换。

3. 反馈控制系统的传递函数　典型的反馈控制系统的结构如图 7-13 所示。

（1）闭环系统的开环传递函数：所谓闭环系统的开环传递函数，是指将闭环系统的反馈回路断开，系统前向通道传递函数与反馈通道传递函数的乘积。图 7-13 所示闭环系统的开环传递函数 $W(s)$ 为

$$W(s)=\frac{B(s)}{R(s)}=G_1(s)G_2(s)H(s)$$

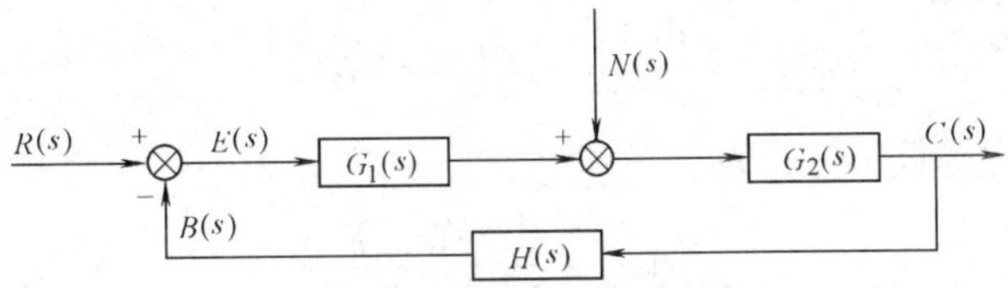

图 7-13 反馈控制系统的典型结构

$R(s)$—输入信号 $C(s)$—输出信号 $N(s)$—扰动输入 $E(s)$—误差信号(偏差信号)

(2) 输入信号作用下的闭环传递函数：令扰动输入 $N(s)=0$，系统输出信号 $C(s)$ 与输入信号 $R(s)$ 的比值称为输入信号作用下的闭环传递函数。图 7-13 所示闭环系统在输入信号作用下的闭环传递函数 $\phi(s)$ 为

$$\phi(s)=\frac{C(s)}{R(s)}=\frac{G_1(s)G_2(s)}{1+W(S)}=\frac{G_1(s)G_2(s)}{1+G_1(s)G_2(s)H(s)}$$

(3) 扰动作用下的闭环传递函数：令输入信号 $R(s)=0$，系统输出信号 $C(s)$ 与扰动输入 $N(s)$ 之间的比值称为扰动作用下的闭环传递函数。图 7-13 所示闭环控制系统在扰动作用下的闭环传递函数 $\phi_n(s)$ 为

$$\phi_n(s)=\frac{C(s)}{N(s)}=\frac{G_2(s)}{1+G_1(s)G_2(s)H(s)}$$

(4) 闭环系统的误差传递函数：闭环系统在输入信号和扰动输入作用时，以误差信号 $E(s)$作为输出量的传递函数称为误差传递函数。

1) $R(s)$ 作用下的系统误差传递函数 $\phi_e(s)$ 为

$$\phi_e(s)=\frac{E(s)}{R(s)}=\frac{1}{1+G_1(s)G_2(s)H(s)}$$

2) $N(s)$ 作用下的系统误差传递函数 $\phi_{en}(s)$ 为

$$\phi_{en}(s)=\frac{E(s)}{N(s)}=\frac{-G_2(s)H(s)}{1+G_1(s)G_2(s)H(s)}$$

3) 系统的总误差 $E(s)$ 为

$$E(s)=\phi_e(s)R(s)+\phi_{en}(s)N(s)$$

4. 典型环节的传递函数 一个控制系统由多个环节组成，组成控制系统的典型环节有比例环节、惯性环节、积分环节、微分环节和振荡环节和纯滞后环节等 6 种。

(1) 比例环节：比例环节的输出量和输入量之间为一种固定的比例关系，输出量 $C(t)$ 和输入量 $R(t)$ 满足以下表达式，即

$$C(t)=KR(t)$$

比例环节的传递函数 $G(s)$ 为

$$G(s)=\frac{C(s)}{R(s)}=K$$

式中 K——比例环节的放大系数。

(2) 惯性环节：惯性环节的输出量 $C(s)$ 和输入量 $R(t)$ 之间满足以下表达式，即

$$T\frac{\mathrm{d}C(t)}{\mathrm{d}t}+C(t)=KR(t)$$

惯性环节的传递函数 $G(s)$ 为

$$G(s)=\frac{C(s)}{R(s)}=\frac{K}{Ts+1}$$

式中　T——时间常数；

K——比例常数。

（3）积分环节：积分环节的动态方程为

$$\frac{\mathrm{d}C(t)}{\mathrm{d}t}=KR(t)$$

或

$$C(t)=K\int R(t)\mathrm{d}t$$

积分环节的传递函数 $G(s)$ 为

$$G(s)=\frac{C(s)}{R(s)}=\frac{K}{s}=\frac{1}{Ts}$$

式中　T——积分时间常数，$T=\frac{1}{K}$。

（4）微分环节：微分环节的动态方程为

$$C(t)=T\frac{\mathrm{d}R(t)}{\mathrm{d}t}$$

微分环节的传递函数 $G(s)$ 为

$$G(s)=\frac{C(s)}{R(s)}=Ts$$

式中　T——微分时间常数。

（5）振荡环节：振荡环节的微分方程为

$$T^2\frac{\mathrm{d}^2C(t)}{\mathrm{d}t^2}+2\zeta T\frac{\mathrm{d}C(t)}{\mathrm{d}t}+C(t)=KR(t)$$

振荡环节的传递函数 $G(s)$ 为

$$G(s)=\frac{C(s)}{R(s)}=\frac{K}{T^2s^2+2\xi Ts+1}$$

式中 T——时间常数；

ξ——阻尼系数。

（6）纯滞后环节：纯滞后环节的输出量比输入量要滞后一段时间，满足以下关系式，即

$$C(t)=R(t-T)$$

纯滞后环节的传递函数 $G(s)$ 为

$$G(s)=\frac{C(s)}{R(s)}=e^{-Ts}$$

式中　T——滞后时间。

7.1.2 机电一体化系统中的常用元器件

机电一体化系统是由各种元器件组成的。要对机电一体化系统进行分析和设计，就要建立系统的数学模型。那么首先我们需要了解各种元器件的数学模型及其特性。

1. 晶闸管触发-整流装置　晶闸管触发-整流装置广泛应用于直流调速系统中，用于将交流电转换成电压可调的直流电，给电动机供电。晶闸管触发-整流装置的示意如图 7-14 所示。

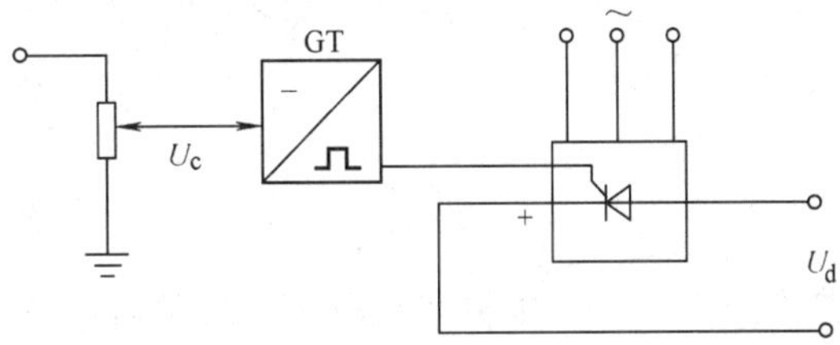

图 7-14　晶闸管触发-整流装置示意图

触发装置 GT 的控制电压 U_c 可以改变其输出的移位脉冲的相位,从而改变晶闸管的输出电压 U_d,输出电压 U_d 与控制电压 U_c 成比例关系。由于晶闸管存在失控时间,我们可将晶闸管触发-整流装置看成是一个纯滞后环节,则

$$U_d = K_s U_c(1 - T_s)$$

式中　K_s——晶闸管触发-整流装置的放大系数；

T_s——晶闸管的失控时间。

对上式进行拉氏变换，得

$$\frac{U_d(s)}{U_c(s)} = K_s e^{-T_s s}$$

将 $e^{-T_s s}$按台劳级数展开，得

$$\frac{U_d(s)}{U_c(s)} = K_s e^{-T_s s} = \frac{K_s}{e^{T_s s}} = \frac{K_s}{1 + T_s s + \frac{1}{2!}T_s^2 s^2 + \frac{1}{3!}T_s^3 s^3 + \cdots}$$

由于晶闸管的失控时间很短，故其传递函数可近似为

$$\frac{U_d(s)}{U_c(s)} \approx \frac{K_s}{T_s s + 1}$$

我们将晶闸管触发-整流装置近似看成一阶惯性环节。

2. 额定励磁下的直流电动机　直流电动机广泛应用于直流调速系统中，一般采用调压调速，其励磁电压为额定值，改变加在电枢回路上的电压可改变电动机的转速。直流电动机的等效电路如图 7-15 所示。

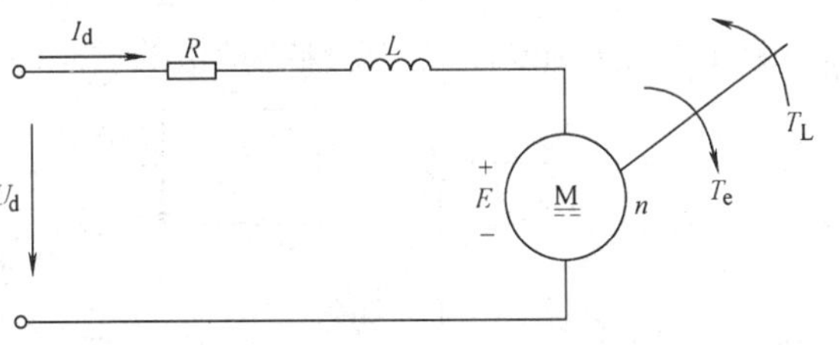

图 7-15　直流电动机的等效电路图
U_d—电枢电压　I_d—电枢电流　R—电枢回路电阻　L—电枢回路电感　E—电枢感应电动势　n—电动机转速　T_e—电磁转矩　T_L—负载转矩

由图 7-15 可列出微分方程为

$$U_d = RI_d + L\frac{dI_d}{dt} + E$$

$$E = C_e n$$

$$T_e - T_L = \frac{GD^2}{375}\frac{dn}{dt}$$

$$T_e = C_m I_d$$

各式中　GD^2——电力拖动系统运动部分折算到电动机轴上的惯性轮力矩（m^2）；

C_e——电动机额定励磁下的电动势转速比［V/(r/min)］；

C_m——电动机额定励磁下的转矩电流比（N·m/A）

令

$$T_L = \frac{L}{R}$$

$$T_m = \frac{GD^2 R}{375 C_e C_m}$$

各式中　T_L——电枢回路电磁时间常数/(s)；

T_m——电路拖动系统机电时间常数（s）。

代入微分方程，并整理得

$$U_d - E = R\left(I_d + T_L \frac{dI_d}{dt}\right)$$

$$I_d - I_{dL} = \frac{T_m}{R}\frac{dE}{dt}$$

式中　I_{dL}——负载电流，$I_{dL} = \frac{T_L}{C_m}$。

在零初始条件下，对两式进行拉式变换，得

$$\frac{I_d(s)}{U_d(s) - E(s)} = \frac{\frac{1}{R}}{T_L s + 1} \tag{7-3}$$

$$\frac{E(s)}{I_d(s) - I_{dL}(s)} = \frac{R}{T_m s} \tag{7-4}$$

由式（7-3）得到结构图如图 7-16a 所示，由式（7-4）得到结构图如图 7-16b 所示。将图 7-16a 和图 7-16b 合并，得到电动机的动态结构图，如图 7-16c 所示。

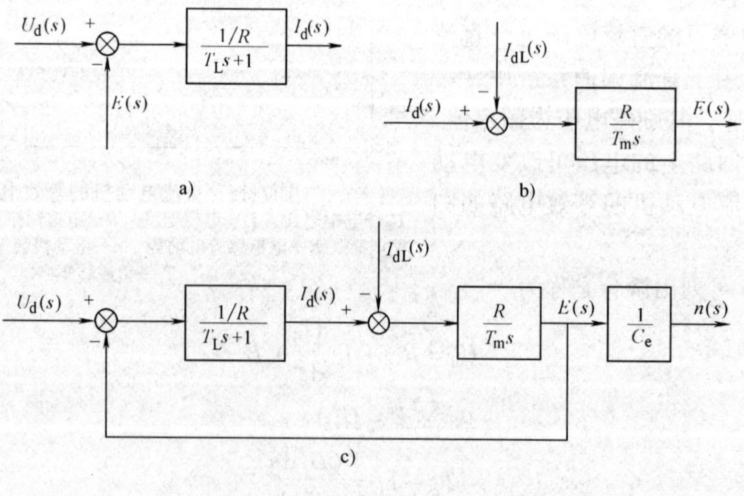

图 7-16　额定励磁下直流电动机动态结构图

由图 7-16c 可见，直流电动机的模型是一个负反馈系统。当负载 $I_{dL}(s)=0$ 时，电动机的动态结构图如图 7-17 所示。

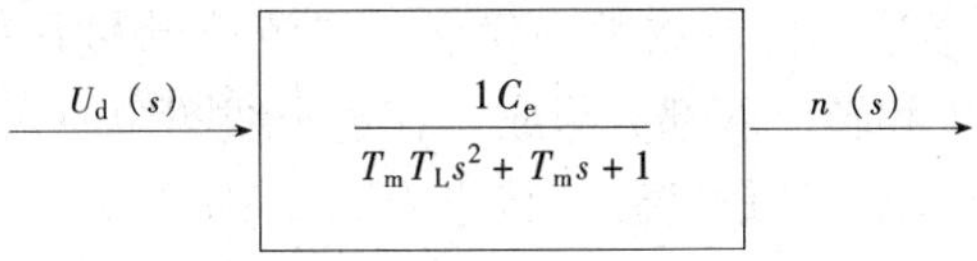

图 7-17　负载为零时直流电动机动态结构图

3. 脉宽调制变换器　脉宽调制变换器（PWM 变换器）也是直流调速系统中被广泛采用的部件，其作用是将电压不可调的直流电转换成电压可调的直流电，且性能要优于晶闸管整流装置。脉宽调制变换器的结构示意图如图 7-18 所示。

控制电压 U_c 作用于脉宽调制变换器，控制脉宽调制变换器的输出脉冲宽度。输出脉冲作用于 PWM，使 PWM 不断地在关断与导通两种状态之间切换，从而改变输出电压 U_d 的大小，U_d 与 U_c 为比例关系。有一点要注意的是，U_c 改变后，U_d 要经过一定延时才会改变，所以我们将脉宽调制变换器看成是一个滞后环节。与晶闸管装置传递函数的近似处理一样，通常将脉宽调制变换器看成一个一阶惯性环节，其传递函数 $G_{PWM}(s)$ 为

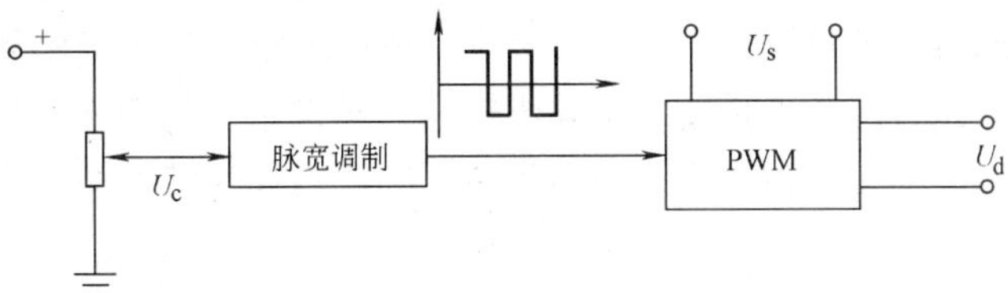

图 7-18　脉宽调制变换器结构示意图

U_c—控制电压　U_s—电压不可调的直流电压

U_d—PWM 输出的电压可调的直流电压

$$G_{PWM}(s)=\frac{K_{PWM}}{Ts+1}$$

式中　K_{PWM}——脉宽调制变换器的放大系数，$K_{PWM}=\frac{U_d}{U_c}$；

T——PWM 的开关周期。

4. 晶闸管交流调压器和触发装置　晶闸管交流调压器主要应用于交流调速系统中，用以改变交流电动机的工作电压，从而改变交流电动机的转速，其作用是将电压不可调的交流电转换成电压可调的交流电。晶闸管交流调压器和触发装置的工作原理如图 7-19 所示。

控制电压 U_{ct}作用于触发装置 GT，通过改变触发装置的相位来改变交流调压器输出的交流电压 U_1。输出交流电压 U_1 与控制电压 U_{ct}成比例关系，而且控制电压改变后，要经过一段延时，输出电压 U_1 才会相应地发生变化，所以我们可将晶闸管交流调压器和触发装置近似看成是一个一阶惯性环节，其传递函数 $G_{GTV}(s)$为

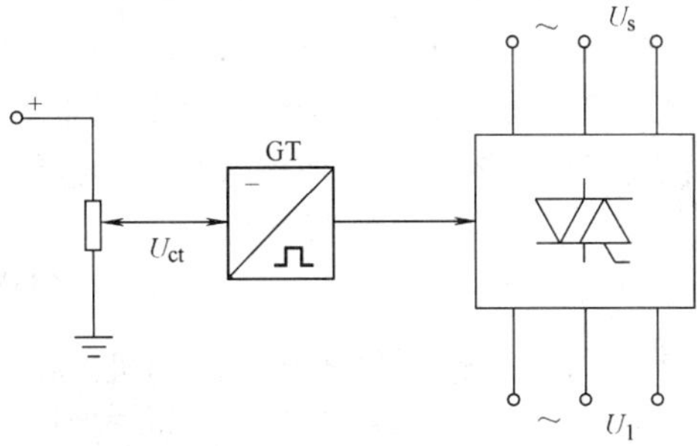

图 7-19　晶闸管交流调压器和触发装置的工作原理示意图

$$G_{GTV}(s)=\frac{K_s}{T_ss+1}$$

式中　K_s——晶闸管交流调压器和触发装置的放大系数；

T_s——晶闸管交流调压器和触发装置的延迟时间。

5. 交流电动机　随着半导体变流技术的发展，交流电动机在控制系统中的应用已越来越广泛。交流电动机由定子和转子两部分组成，在定子线圈中通入对称交流电，会在交流电动机内部产生一个旋转的磁场，若旋转磁场转速为 n_0，则

$$n_0 = \frac{60f_1}{p}$$

式中　f_1——定子电流频率；

p——定子磁极对数。

旋转磁场的转速称为同步转速。在旋转磁场的作用下，转子中会产生感应电流，感应电流与旋转磁场相互作用又会产生电磁转矩，使转子沿旋转磁场的转动方向转动。在带动负载工作时，转子转速小于同步转速，通常用转差率来衡量转子转速的大小。交流电动机的同步转速、转子转速之差与同步转速的比值称为转差率。设转子转速为 n，则转差率 s 为

$$s = \frac{n_0 - n}{n_0}$$

$$n = (1-s)n_0 = \frac{60f_1(1-s)}{p} \tag{7-5}$$

各式中　n_0——交流电动机的同步转速；

n——交流电动机的转子转速。

由式（7-5）可知，调节交流电动机的转速有 3 类方法：

1）改变定子电流频率 f_1 调速，变频调速就属于这一类。

2）改变转差率 s 调速，降压调速、电磁转差离合器调速、绕线转子异步电动机转子传电阻调速、绕线转子异步电动机串级调速都属于这一类调速。

3）变极对数 p 调速。

在以上调速方法中，变频调速、降压调速、绕线转子异步电动机串级调速使用比较广泛。

绕线转子异步电动机的动态过程是一组非线性的微分方程，不可能用一个传递函数来准确描述绕线转子异步电动机在整个调速范围内的 I/O 关系，下面仅介绍绕线转子异步电动机在稳态工作点附近的近似传递函数 $G_{MA}(s)$，即

$$G_{MA}(s) = \frac{K_{MA}}{T_m s + 1}$$

式中　K_{MA}——绕线转子异步电动机的传递系数；

T_m——绕线转子异步电动机的机电时间常数。

6. 速度检测器　在机电一体化系统中，常用作速度检测器的装置是直流测速发电机和交流测速发电机。

（1）直流测速发电机：直流测速发电机的示意图如图 7-20 所示。

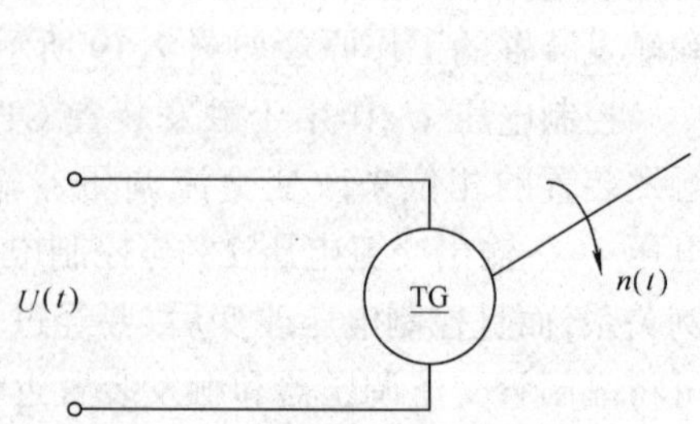

图 7-20　直流测速发电机的示意图

输入信号为被测转速 $n(t)$，输出信号是一直流

电压 $u(t)$，两者成比例关系，即

$$u(t)=K_{\mathrm{v}}n(t)$$

式中　K_{v}——直流测速发电机的放大系数。

求拉氏变换，得

$$U(s)=K_{\mathrm{v}}n(s)$$

所以直流测速发电机的传递函数 $H_{\mathrm{v}}(s)$ 为

$$H_{\mathrm{v}}(s)=\frac{U(s)}{n(s)}=K_{\mathrm{v}}$$

(2) 交流测速发电机：交流测速发电机的示意图如图 7-21 所示。

输入信号是被测转速 $n(t)$，输出信号为交流电压 $u(t)$，两者成比例关系，同样我们可以得到交流测速发电机的传递函数 $H_{\mathrm{v}}(s)$ 为

$$H_{\mathrm{v}}(s)=\frac{U(s)}{n(s)}=K_{\mathrm{v}}$$

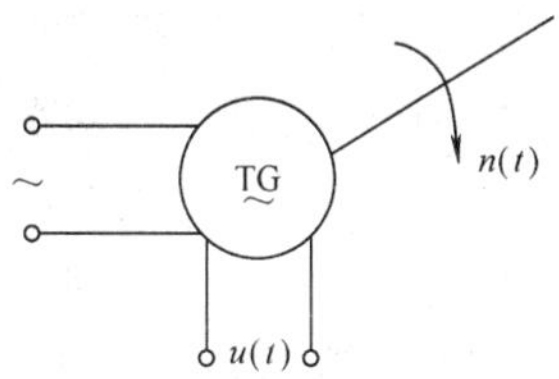

图 7-21　交流测速发电机的示意图

式中　K_{v}——交流测速发电机的放大系数。

需要说明的是，在控制系统中控制信号通常都是直流信号，所以交流测速发电机的输出信号需要经过滤波，变换成直流信号再引入到控制系统的输入端。加入滤波电路后，输出的直流电压在时间上相对于交流电压有一个延迟，这个延迟时间比较短，我们可将带滤波电路的交流测速反馈电路看作是一个一阶惯性环节，其传递函数 $H_{\mathrm{FBS}}(s)$ 为

$$H_{\mathrm{FBS}}(s)=\frac{K_{\mathrm{v}}}{T_{\mathrm{on}}s+1}$$

式中　K_{v}——交流测速发电机的放大系数；

T_{on}——交流测速延迟时间。

7. 位置检测器　在机电一体化系统中，除了对速度进行控制外，通常还要对位置进行控制，那么就需要利用位置检测器将位置信号转换成电压信号引入控制系统的输入端。

位置检测器的输入信号是角位移或线位移，而输出是电压信号，两者成比例关系，可将位置检测器看成是一个比例环节，其传递函数 $H_{\mathrm{p}}(s)$ 为

$$H_{\mathrm{p}}(s)=K_{\mathrm{p}}$$

式中　K_{p}——位置检测器的放大系数。

8. 机械传动装置　在机电一体化系统中，机械传动装置用于改变不同运动部件之间的运动速度。若机械传动装置的输入速度为 n_1，输出速度为 n_2，减速比为 i，在不考虑机械传动装置的转动惯量、阻尼系数、弹性变形和传动间隙的情况下，我们可将机械传动装置看成是一个比例环节，即

$$\frac{n_1(t)}{i}=n_2(t)$$

则传动装置的传递函数 $G_{\mathrm{i}}(s)$ 为

$$G_{\mathrm{i}}(s)=\frac{n_2(s)}{n_1(s)}=\frac{1}{i}=K_{\mathrm{i}}$$

式中　K_i——机械传动装置的放大系数。

7.1.3　典型的机电一体化系统

一个典型的机电一体化系统通常要对速度和位置同时进行控制，下面通过一个速度、位置上闭环直流伺服系统了解一下典型机电一体化系统的结构，其原理图如图7-22所示。

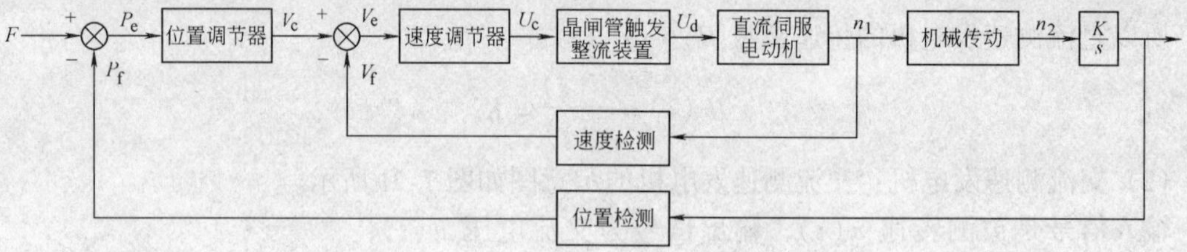

图7-22　直流双闭环伺服系统原理图

1. 校正环节　校正环节即调节器，一般采用比例调节器或比例积分调节器，若位置调节器和速度调节器均采用比例调节器，设其放大系数分别为 K_1、K_2，则位置调节器的传递函数 $G_1(s)$ 为

$$G_1(s)=K_1$$

速度调节器的传递函数 $G_2(s)$ 为

$$G_2(s)=K_2$$

2. 检测环节　在闭环控制系统中，检测环节起到两个作用：一是检测出被测信号的大小；二是把被测信号转换成与给定信号进行比较的物理量。通常检测环节可看作一个比例环节，则速度检测环节的传递函数 $H_v(s)$ 为

$$H_v(s)=K_v$$

位置检测环节的传递函数 $H_p(s)$ 为

$$H_p(s)=K_p$$

3. 晶闸管触发整流装置　设晶闸管触发整流装置的放大系数为 K_s，失控时间为 T_s，则其传递函数 $G_s(s)$ 为

$$G_s(s)=\frac{K_s}{T_s s+1}$$

4. 直流伺服电动机　设直流伺服电动机的电磁时间常数为 T_L，机电时间常数为 T_m，则直流伺服电动机的传递函数 $G_d(s)$ 为

$$G_d(s)=\frac{K_d}{T_L T_m s^2+T_m s+1}$$

5. 机械传动装置　机械传动装置可看作一个比例环节，若减速比为 i，则其传递函数 $G_i(s)$ 为

$$G_i(s)=\frac{1}{i}=K_i$$

由各环节的传递函数我们可得到直流双闭环伺服系统的结构图如图7-23所示。

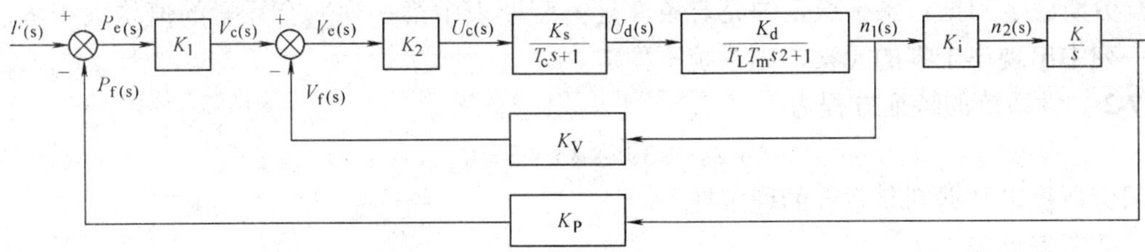

图 7-23　直流双闭环伺服系统结构图

7.2　机电有机结合的稳态分析

机电一体化系统也是一种控制系统，评价控制系统的控制性能应包含“稳、准、快”3个方面。“稳”指的是稳定性，是控制系统的重要特性之一，也是系统能够工作的前提条件，分析系统的稳定性是机电一体化系统设计中必须要做的工作；“准”指的是准确性，即控制系统的控制精度，当系统处于稳态运行时，系统的输出量能够以一定的精度复现输入量，两者之间的误差越小越好，评价系统的控制稳态性能的技术指标是稳态误差。通常情况下，一个控制系统由于系统结构、输入作用的类型、输入函数的形态不同，以及不可避免地存在多种非线性因素，总会存在一定的稳态误差，有效地控制系统的稳态误差在一定范围内是控制系统的重要任务之一；“快”指的是快速性，是指控制系统在输入信号改变后，系统由一种平衡状态过渡到另一种平衡状态的快慢程度，在一些控制要求较高的机电一体化系统设计中，常对系统的快速性有要求。本节将重点讨论系统的稳定性和稳态误差。

7.2.1　稳定性及稳定判据

1. 稳定的概念　如果系统受到外界干扰，不论它的初始偏差有多大，当干扰消失后，系统都能以足够的精确度恢复到初始平衡状态，这种系统叫做稳定系统。

2. 稳定判据

(1) 系统的特征方程：设系统的传递函数 $G(s)$ 为

$$G(s)=\frac{C(s)}{R(s)}=\frac{b_0 s^m+b_1 s^{m-1}+\cdots+b_m}{a_0 s^n+a_1 s^{n-1}+\cdots+a_n}$$

则 $D(s)=a_0 s^n+a_1 s^{n-1}+\cdots+a_n=0$ 称为系统的特征方程。

根据系统的特征方程可以构建劳斯表，在构建劳斯表时必须要使 $a_0>0$，见表 7-1。

表 7-1　劳　斯　表

s^n	a_0	a_2	a_4	a_6	…
s^{n-1}	a_1	a_3	a_5	a_7	…
s^{n-2}	$c_{13}=\frac{a_1 a_2-a_0 a_3}{a_1}$	$c_{23}=\frac{a_1 a_4-a_0 a_5}{a_1}$	$c_{33}=\frac{a_1 a_6-a_0 a_7}{a_1}$	c_{43}	…
s^{n-3}	$c_{14}=\frac{c_{13}a_3-a_1 c_{23}}{c_{13}}$	$c_{24}=\frac{c_{13}a_5-a_1 c_{33}}{c_{13}}$	$c_{24}=\frac{c_{13}a_7-a_1 c_{43}}{c_{13}}$	c_{45}	…
s^{n-4}	$c_{15}=\frac{c_{14}a_{23}-c_{13}c_{24}}{c_{14}}$	$c_{25}=\frac{c_{14}a_{33}-c_{13}c_{34}}{c_{14}}$	$c_{35}=\frac{c_{14}a_{43}-c_{13}c_{44}}{c_{14}}$	c_{46}	…
⋮	⋮	⋮	⋮	⋮	⋮
s^2	$c_{1,n-1}$				
s^1	$c_{1,n}$				
s^0	$c_{1,n+1}=a_n$				

（2）劳斯稳定判据：系统稳定的充要条件是：劳斯表中第一列所有元素的值均大于零。如果第一列中出现小于零的元素，则系统不稳定。

例 7-2　设系统的特征方程为

$$s^4+2s^3+3s^2+4s+5=0$$

试用劳斯稳定判据判断系统的稳定性。

解　劳斯表见表 7-2。

表 7-2　例 7-2 的劳斯表

s^4	1	3	3
s^3	2	4	0
s^2	$\dfrac{(2\times3)\ -\ (1\times4)}{2}=1$	5	
s^1	$\dfrac{(1\times4)\ -\ (2\times5)}{1}=-6$		
s^0	5		

由表 7-2 可见，第一列中有小于零的元素，故系统不稳定。

7.2.2　稳态误差的定义及分类

1. 稳态误差的定义　一个典型的负反馈控制系统的结构图如图 7-24 所示。

系统的输入信号 $r(t)$ 与反馈信号 $b(t)$ 的差值 $e(t)$ 定义为系统误差。

所谓稳态误差，是指时间趋于无穷大时系统的误差值，即

$$e_{ss}=\lim_{t\to\infty}e(t)$$

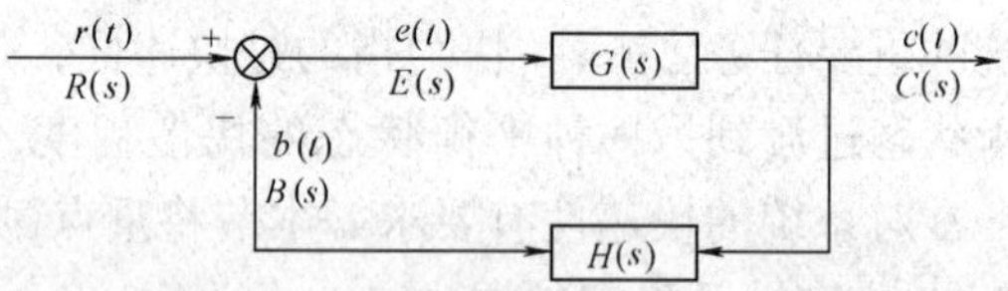

图 7-24　典型的负反馈控制系统的结构图

对上式求拉氏变换，可得稳态误差在复域中的形式为

$$e_{ss}=\lim_{s\to0}sE(s)$$

2. 稳态误差的分类　按照误差来源的不同，稳态误差可分为检测误差、原理误差和扰动误差 3 类。

1）检测误差。由检测元器件的检测精度引起的稳态误差称为检测误差。

2）原理误差。由系统的自身结构形式、系统特征参数和输入信号的形式引起的稳态误差称为原理误差。

3）扰动误差。由作用于系统的各种扰动信号引起的稳态误差称为扰动误差。

7.2.3　稳态误差的分析

1. 检测误差　检测误差是由检测元器件的检测精度引起的，这一部分误差通常作用于控制系统的反馈回路上，系统无法克服。检测误差是稳态误差的主要部分，在选择检测元器件时应尽量保证检测元器件的检测精度高于控制系统的控制精度一个数量级。

2. 原理误差　原理误差与系统的结构、系统的特征参数和输入信号的形式有关。

（1）系统类型：机电一体化系统多数属于 I 型系统和 II 型系统，III 型及 III 型以上的系统几乎不采用，判断系统类型要依据系统的开环传递函数。

如果一个反馈控制系统的开环传递函数 $W(s)$ 具有如下特征，即

$$W(s)=\frac{KN(s)}{sD(s)}$$

式中　　K——开环放大系数；

$N(s)$、$D(s)$——常数项为 1 的多项式。

那么这个系统属于 I 型系统。

如果一个负反馈控制系统的开环传递函数 $W(s)$ 具有如下特征，即

$$W(s)=\frac{KN(s)}{s^2D(s)}$$

那么这个系统属于 II 型系统。

在控制系统中选用不同的调节器可以改变系统的结构类型。

(2) 典型输入信号

1) 阶跃输入。阶跃输入如图 7-25a 所示，其表达式形式为

$$r(t)=R\cdot 1(t)$$

阶跃输入的拉氏变换为

$$R(s)=\frac{R}{s}$$

2) 斜坡输入。斜坡输入如图 7-25b 所示，其表达式形式为

$$r(t)=Rt$$

斜坡输入的拉氏变换为

$$R(s)=\frac{R}{s^2}$$

3) 加速度输入。加速度输入（抛物线输入）如图 7-25c 所示，其表达式形式为

$$r(t)=Rt^2$$

加速度输入的拉氏变换为

$$R(s)=\frac{R}{s^3}$$

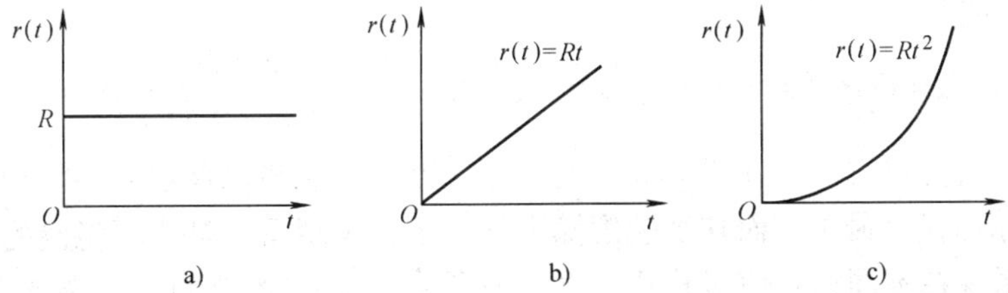

图 7-25　典型输入信号

a) 阶跃输入　b) 斜坡输入　c) 加速度输入

(3) 原理误差的求解：一个典型的负反馈系统的结构示意图如图 7-26 所示。

系统的开环传递函数 $W(s)$ 为

$$W(s)=G(s)H(s)$$

系统的误差传递函数 $\phi_e(s)$ 为

$$\phi_e(s)=\frac{E(s)}{R(s)}=\frac{1}{1+G(s)H(s)}=\frac{1}{1+W(s)}$$

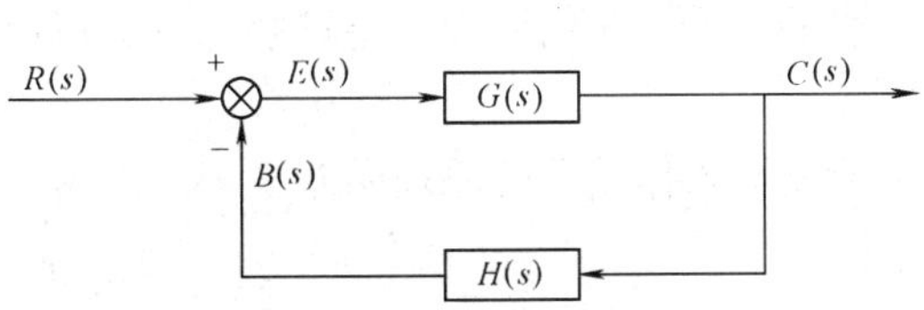

图 7-26　负反馈系统的结构示意图

则

$$E(s)=R(s)\phi_{e}(s)=\frac{R(s)}{1+W(s)}$$

由稳态误差的定义可求出原理误差为

$$e_{ss}=\lim_{s\to 0}sE(s)=\lim_{s\to 0}\frac{sR(s)}{1+W(s)}$$

(4) Ⅰ型系统在不同输入信号作用下的原理误差：Ⅰ型系统的开环传函 $W(s)$ 可写成如下形式，即

$$W(s)=\frac{KN(s)}{sD(s)}$$

1）阶跃输入。阶跃输入的拉氏变换为

$$R(s)=\frac{R}{s}$$

原理误差 e_{ss}为

$$e_{ss}=\lim_{s\to 0}sE(s)=\lim_{s\to 0}s\frac{R(s)}{1+W(s)}=\lim_{s\to 0}s\frac{R}{s}\frac{sD(s)}{sD(s)+KN(s)}=0$$

2）斜坡输入。斜坡输入的拉式变换为

$$R(s)=\frac{R}{s^{2}}$$

原理误差 e_{ss}为

$$e_{ss}=\lim_{s\to 0}sE(s)=\lim_{s\to 0}s\frac{R(s)}{1+W(s)}=\lim_{s\to 0}s\frac{R}{s^{2}}\frac{sD(s)}{sD(s)+KN(s)}=\frac{R}{K}$$

3）加速度输入。加速度输入的拉氏变换为

$$R(s)=\frac{R}{s^{3}}$$

原理误差 e_{ss}为

$$e_{ss}=\lim_{s\to 0}sE(s)=\lim_{s\to 0}s\frac{R(s)}{1+W(s)}=\lim_{s\to 0}s\frac{R}{s^{3}}\frac{sD(s)}{sD(s)+KN(s)}=\infty$$

从上面的分析可以看出，在不同输入信号对Ⅰ型系统稳态原理误差的影响中，阶跃输入作用下的稳态原理误差最小，而在加速度输入作用下，Ⅰ型系统是个不稳定的系统。

(5) Ⅱ型系统在不同输入信号作用下的原理误差：Ⅱ型系统的开环传递函数 $W(s)$ 可写成如下形式，即

$$W(s)=\frac{KN(s)}{s^{2}D(s)}$$

参照Ⅰ型系统的原理误差求解方法，可以依次得到Ⅱ型系统在不同输入信号作用下的原理误差。

阶跃输入作用下的原理误差 e_{ss}为

$$e_{ss}=0$$

斜坡输入作用下的原理误差 e_{ss}为

$$e_{ss}=0$$

加速度输入作用下的原理误差 e_{ss}为

$$e_{ss}=\frac{R}{K}$$

可以看出，不同输入信号对Ⅱ型系统的原理误差也会产生影响，而且Ⅱ型系统的稳态性能优于Ⅰ系统。我们把在阶跃输入作用下没有原理误差的系统称为无差系统，而把在阶跃输入作用下具有原理误差的系统称为有差系统。

(6) 稳定品质因素：在控制系统中，常使用稳态品质因素来具体描述系统的稳态性能，包括速度品质因素和加速度品质因素。

1）速度品质因素 K_v。系统的斜坡输入信号的斜率与斜坡输入信号作用下稳态原理误差之比，即

$$K_v=\frac{R}{e_{ss}}=\frac{R}{\lim\limits_{s\to 0}s\dfrac{R}{s^2}\dfrac{1}{1+W(s)}}=\lim_{s\to 0}s[1+W(s)]$$

2）加速度品质因素 K_a。系统的加速度输入信号的加速度与加速度输入信号作用下的稳态原理误差的比值，即

$$K_a=\frac{R}{e_{ss}}=\frac{R}{\lim\limits_{s\to 0}s\dfrac{R}{s^3}\dfrac{1}{1+W(s)}}=\lim_{s\to 0}s^2[1+W(s)]$$

根据上式求出Ⅰ型系统的稳态品质因素为

$$K_v=K\qquad K_a=0$$

Ⅱ型系统的稳态品质因素为

$$K_v=\infty\qquad K_a=K$$

稳态品质因素越大，说明系统的稳态原理误差越小，系统的稳态性能越好。

3. 扰动误差　控制系统在工作的时候，不仅有给定输入信号的作用，而且还有各种干扰信号的作用。常见的干扰信号有以下 3 类：

1）负载扰动。

2）系统参数扰动。包括元器件参数变化和电源电压波动等引起的扰动。

3）噪声扰动。通常是从检测装置经反馈回路引入系统中的各种频率的噪声信号。

在上述 3 类扰动中，噪声干扰的成分最为复杂，一般来讲，高频的噪声信号出于与系统的通频带不重叠，可被系统完全滤除，但如果噪声信号的频率较低，就需要依靠降低系统的通频带来消除或抑制噪声干扰引起的稳态误差，这样就牺牲了系统的快速性和动态精度。改变系统的控制结构不是消除和抑制噪声干扰引起的稳态误差的最佳方法，只有选择高质量的检测装置才能从根本上解决这一问题；负载扰动和系统参数扰动均作用在负反馈控制系统的前向通道上，尽管扰动的形式不同，作用点也不同，但这些扰动的影响是相似的，选择不同的系统结构可以消除或抑制着两类扰动引起的稳态误差。

下面通过对一个作用在负反馈控制系统前向通道上的单位阶跃输入扰动信号引起的稳态误差分析，来看看不同结构的控制系统的抗干扰性能。反馈控制系统前向通道上扰动作用下的影响如图 7-27 所示。

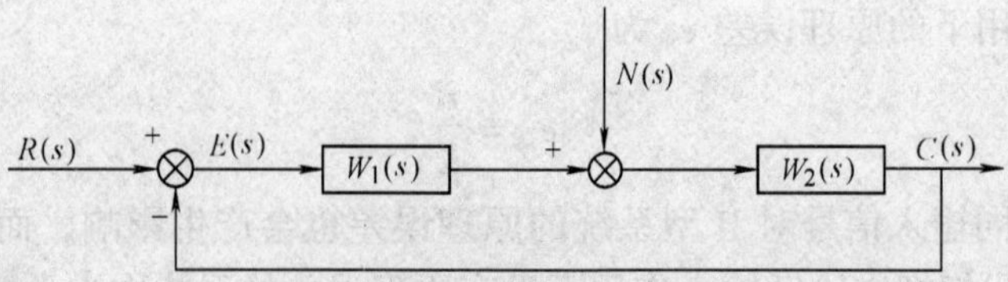

图 7-27　反馈控制系统前向通道上扰动作用下的影响

由图 7-27 可得到扰动作用下的结构图如图 7-28 所示。

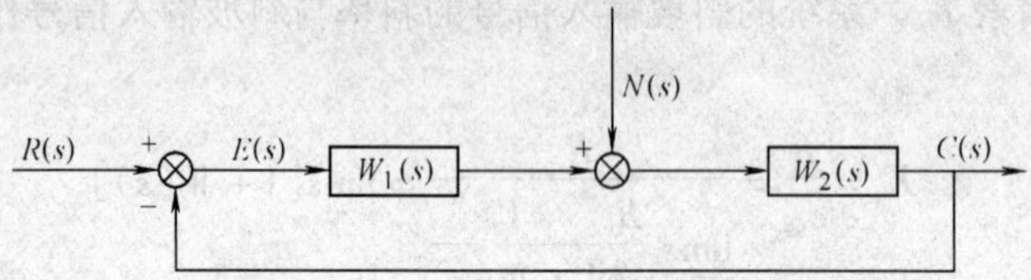

图 7-28　扰动作用下的结构图

由于扰动信号为单位阶跃信号，其拉氏变换为

$$N(s)=\frac{1}{s}$$

扰动误差传递函数 $\phi_{en}(s)$ 为

$$\phi_{en}(s)=\frac{E(s)}{N(s)}=\frac{-W_2(s)}{1+W_1(s)W_2(s)}$$

对于 I 型系统其传递函数为

$$W_1(s)=\frac{K_1N_1(s)}{sD_1(s)}\qquad W_2(s)=\frac{K_2N_2(s)}{sD_2(s)}$$

扰动作用下的稳态误差 e_{ss} 为

$$e_{ss}=\lim_{s\to0}sE(s)=\lim_{s\to0}sN(s)\frac{-W_2(s)}{1+W_1(s)W_2(s)}=\lim_{s\to0}s\frac{1}{s}\frac{-\dfrac{K_2N_2(s)}{sD_2(s)}}{1+\dfrac{K_1K_2N_1(s)N_2(s)}{sD_1(s)D_2(s)}}=-\frac{1}{K_1}$$

对于 II 型系统，其传递函数为

$$W_1(s)=\frac{K_1N_1(s)}{sD_1(s)}\qquad W_2(s)=\frac{K_2N_2(s)}{sD_2(s)}$$

则扰动作用下的稳态误差 e_{ss} 为

$$e_{ss}=\lim_{s\to0}sE(s)=\lim_{s\to0}sN(s)\frac{-W_2(s)}{1+W_1(s)W_2(s)}=\lim_{s\to0}s\frac{1}{s}\frac{-\dfrac{K_2N_2(s)}{sD_2(s)}}{1+\dfrac{K_1K_2N_1(s)N_2(s)}{s^2D_1(s)D_2(s)}}=0$$

由上面的分析可以看出：在抵抗前向通道上的扰动能力方面，II 型系统要优于 I 型系

统。

7.2.4 机电一体化的稳态性能实例分析

下面以一个典型的速度负反馈直流调速系统为例说明一下机电一体化系统的原理误差、扰动误差的分析过程。该系统的原理图如图 7-29 所示。

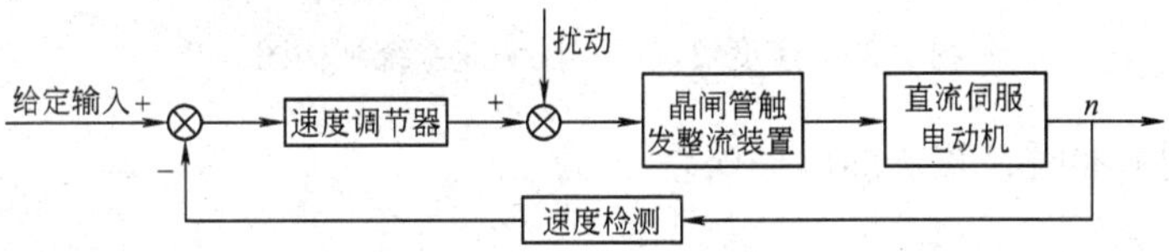

图 7-29 速度负反馈直流调速系统原理图

若作用于系统的给定输入为单位阶跃信号，扰动输入为单位斜坡信号，分析系统速度调节器分别采用比例调节器和比例积分调节器的稳态原理误差和扰动误差。

给定输入为单位阶跃信号，其拉氏变换为

$$R(s)=\frac{1}{s}$$

扰动输入为单位斜坡信号，其拉氏变换为

$$N(s)=\frac{1}{s^2}$$

当采用比例调节器时，速度调节器的传递函数 $G_v(s)$ 为

$$G_v(s)=K$$

当采用比例积分调节器时，速度调节器的传递函数 $G_a(s)$ 为

$$G_a(s)=\frac{K(1+Ts)}{Ts}$$

晶闸管触发整流装置可看作一个一阶惯性环节，其传递函数 $G_s(s)$ 为

$$G_s(s)=\frac{K_s}{T_s s+1}$$

直流伺服电动机的传递函数 $G_d(s)$ 为

$$G_d(s)=\frac{K_d}{T_m T_L s^2+T_m s+1}$$

速度调节器可看成是一个比例积分环节，其传递函数 $H_v(s)$ 为

$$H_v(s)=K_v$$

由系统各部件的传递函数，可得系统的结构图如图 7-30 所示。

给定输入作用下的误差传递函数 $\phi_e(s)$ 为

$$\phi_e(s)=\frac{E(s)}{R(s)}=\frac{1}{1+G_v(s)G_s(s)G_d(s)H_v(s)}$$

则系统的原理误差 e_{ss}为

$$e_{ss}=\lim_{s\to 0}sE(s)=\lim_{s\to 0}\frac{sR(s)}{1+G_v(s)G_s(s)G_d(s)H_v(s)}$$

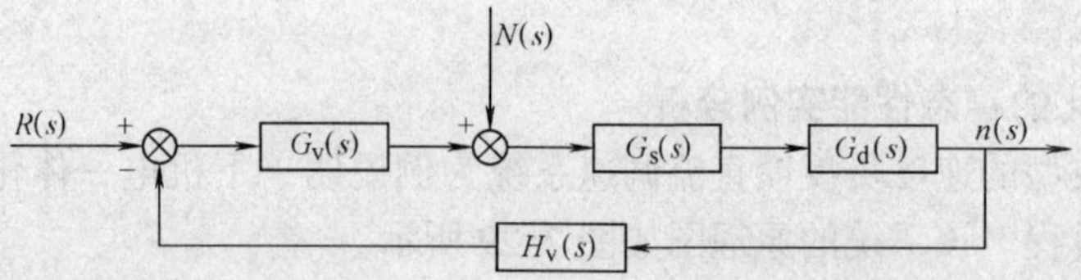

图 7-30　速度负反馈直流调速系统结构图

当采用比例调节器时，系统的原理误差 e_{ss} 为

$$e_{ss}=\lim_{s\to 0}s\,\frac{1}{s}\,\frac{1}{1+\dfrac{KK_vK_s}{T_ss+1}\dfrac{K_d}{T_mT_Ls^2+T_ms+1}}=\frac{1}{1+KK_vK_sK_d}$$

当采用比例积分调节器时，系统的原理误差 e_{ss} 为

$$e_{ss}=\lim_{s\to 0}s\,\frac{1}{s}\,\frac{1}{1+\dfrac{KK_v(1+Ts)}{Ts}\dfrac{K_s}{T_ss+1}\dfrac{K_d}{T_mT_Ls^2+T_ms+1}}=0$$

扰动输入作用下的误差传递函数 $\phi_{en}(s)$ 为

$$\phi_{en}(s)=\frac{E(s)}{N(s)}=\frac{-G_s(s)G_d(s)}{1+G_v(s)G_s(s)G_d(s)H_v(s)}$$

则系统的扰动误差 e_{sn} 为

$$e_{sn}=\lim_{S\to 0}sE(s)=\lim_{s\to 0}\frac{-sN(s)G_s(s)G_d(s)}{1+G_v(s)G_s(s)G_d(s)H_v(s)}$$

当采用比例调节器时，系统的扰动误差 e_{ss} 为

$$e_{ss}=\lim_{s\to 0}s\,\frac{1}{s^2}\,\frac{-\dfrac{K_s}{T_ss+1}\dfrac{K_d}{T_mT_Ls^2+T_ms+1}}{1+\dfrac{KK_vK_s}{T_ss+1}\dfrac{K_d}{T_mT_Ls^2+T_ms+1}}=\infty$$

当采用比例积分调节器时，系统的扰动误差 e_{sn} 为

$$e_{sn}=\lim_{s\to 0}s\,\frac{1}{s^2}\,\frac{-\dfrac{K_s}{T_ss+1}\dfrac{K_d}{T_mT_Ls^2+T_ms+1}}{1+\dfrac{K_vK(Ts+1)}{Ts}\dfrac{K_s}{T_ss+1}\dfrac{K_d}{T_mT_Ls^2+T_ms+1}}=-\frac{1}{K_vK}$$

由上面这一个例子不难看出，稳态误差不仅受输入信号的影响，而且还与系统的结构有关。当系统的稳态误差不能满足要求时，改变系统的结构（主要是采用不同的调节器）可以提高系统的稳态性能。

7.3　机电有机结合的动态分析

通过对控制系统的时域分析，我们能够对系统的稳定性做出判断，并且对系统的稳态性能指标进行分析但这种分析方法有其局限性，具体表现在以下几个方面：

1）对系统的分析依赖于系统的结构、参数和输入信号，当系统结构、参数和输入信号发生变化时，就需要对系统进行重新分析。

2）采用时域分析法对系统进行稳态分析时，系统内部的各种信号都没有发生变化，实际上，一个系统在工作的大部分时间里，其内部各种信号都是在不断变化的，时域分析法不适合于分析系统的动态性能。

3）难以研究系统参数和结构变化对系统性能的影响。

4）对系统的分析依赖于系统的微分方程，当系统比较复杂时，微分方程的求解困难，甚至无法求出，这也会给对系统的时域分析造成困难。

在对控制系统进行动态分析时，通常采用频域分析法分析系统的频率特性。频率特性是系统的一种数学模型，与系统的动态性能指标有着明确的对应关系。频域分析法不必直接求解系统的微分方程，根据系统的开环频率特性分析闭环的稳定性、稳态性能和动态性能。

7.3.1 控制系统的频率特性

1. 频率特性　当一个系统在正弦输入信号作用下，系统各部件内的信号以及被控对象最终都近似以正弦形式作稳态振荡。振荡的频率和输入信号相同，但振幅和相位不同于输入信号。

设输入信号的频率为 ω，则可测得系统的一系列稳态输入和输出的振幅 A_1、A_2，以及输出对输入的相位差。

以角频率 ω 为横坐标，分别以输出对输入的振幅比 $\frac{A_2}{A_1}=A$ 和相位差 φ 为纵坐标，可得到幅频特性曲线 $A(\omega)$ 和相频特性曲线 $\varphi(\omega)$，$A(\omega)$ 和 $\varphi(\omega)$ 统称为频率特性曲线（见图 7-31）。

2. 频域性能指标　频域性能指标包括零频幅比峰值、频带和相频宽。

1）零频幅比。角频率 $\omega=0$ 时的振幅比。零频幅比反映了系统在常值输入下的稳态输出，$A(0)=1$ 表明系统在常值输入作用下的稳态误差为 0，所以 $A(0)$ 越接近于 1，系统的稳态精度越高。

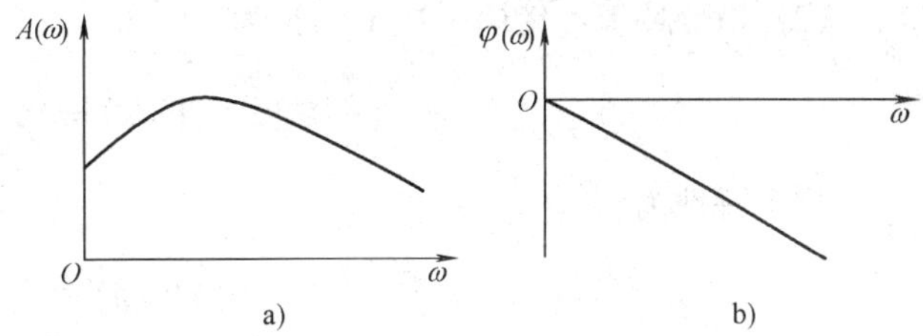

图 7-31　控制系统的频率特性曲线

a）幅频特性曲线　b）相频特性曲线

2）峰值。指幅频特性的最大值。峰值 A_m 大，表明系统对某些频率的正弦信号反映强烈，意味着系统的平稳性较差。一般希望 $A_m<1.5A(0)$。

3）频带。指幅频特性上幅值 A 衰减到 $0.707A(0)$ 时的角频率。ω_b 越大，表明系统的频带宽，系统跟踪、复现快速变化的输入信号的能力强、振幅失真小、快速性好；ω_b 越小，表明系统的频带窄，系统反应迟钝、失真大、快速性差。

4）相频宽。相频特性 $\varphi(\omega)$ 等于 $-\pi/2$ 时对应的频率。相频宽 $\omega_{b\varphi}$越大，说明系统的快速性好。相频 $\varphi(\omega)$ 为负值，表明系统的稳态输出在相位上落后于输入。

3. 频率特性的数学表达式　如果一个系统的传递函数为

$$\phi(s)=\frac{C(s)}{R(s)}=\frac{b_0s^m+b_1s^{m-1}+\cdots+bm}{a_0s^n+a_1s^{n-1}+\cdots+a_0}$$

以纯虚变量 jω 取代传递函数中的复变量 s，得到模幅式表示的频率特性为

$$\phi(s)\Big|_{s=j\omega}=\phi(j\omega)=A(j\omega)e^{j\varphi(\omega)}$$

求取上式的幅值和相角，得到系统的幅频表达式为

$$A(\omega)=|\phi(j\omega)|$$

相频表达式为

$$\varphi(\omega)=\angle\phi(j\omega)$$

4. 典型环节对数幅相特性曲线　在频域分析中，通常采用对数幅相特性描述系统的频率特性。对数幅相特性采用特殊的单面对数坐标，纵坐标采用对数幅频 $20\lg A(\omega)$ 和相频 $\varphi(\omega)$取等分刻度。其中，对数幅频是将幅频 $A(\omega)$ 取对数后乘以 20。对数幅频的单位为分贝（符号为 dB）相频的单位为弧度（符号为 rad）。横坐标采用角频率的对数刻度，单位为弧度/秒（符号为 rad/s）。

(1) 比例环节：传递函数 $G(s)$ 为

$$G(s)=K$$

频率特性为

$$G(j\omega)=K$$

对数幅频特性为

$$L(\omega)=20\lg K$$

对数相频特性为

$$\varphi(\omega)=0$$

比例环节的对数幅相特性曲线如图 7-32 所示。

(2) 积分环节：传递函数 $G(s)$ 为

$$G(s)=\frac{1}{s}$$

频率特性为

$$G(j\omega)=\frac{1}{j\omega}$$

对数幅频特性为

$$L(\omega)=-20\lg\omega$$

对数相频特性为

$$\varphi(\omega)=-90°$$

积分环节的对数幅相特性曲线如图 7-33 所示。

(3) 微分环节：传递函数 $G(s)$ 为

$$G(s)=s$$

频率特性为

$$G(j\omega)=j\omega$$

对数幅频特性为

$$L(\omega)=20\lg\omega$$

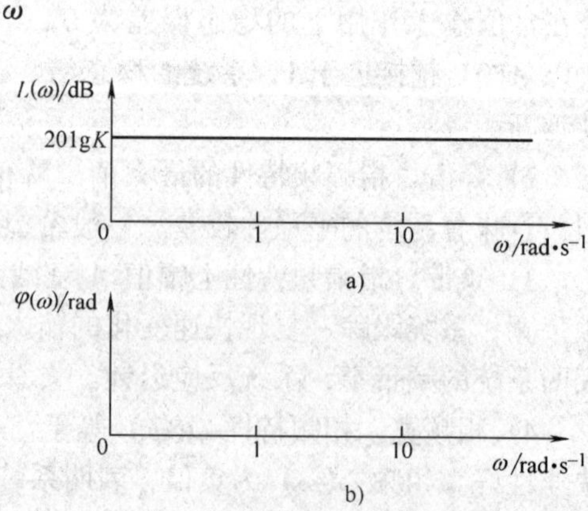

图 7-32　比例环节的对数幅相特性曲线
a) 对数幅频特性曲线　b) 对数相频特性曲线

对数相频特性为

$$\varphi(\omega)=90^{\circ}$$

微分环节的对数幅相特性曲线如图 7-34 所示。

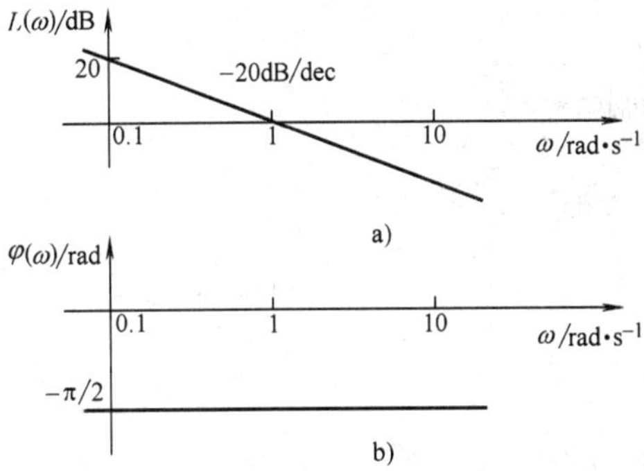

图 7-33　积分环节的对数幅相特性曲线

a）对数幅频特性曲线　b）对数相频特性曲线

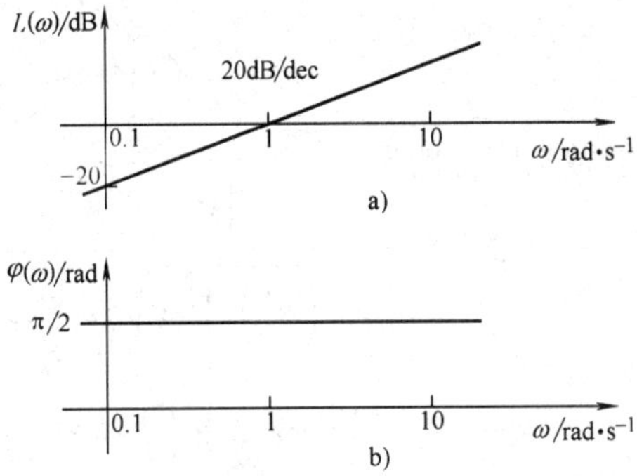

图 7-34　微分环节的对数幅相特性曲线

a）对数幅频特性曲线　b）对数相频特性曲线

（4）惯性环节：传递函数 $G(s)$ 为

$$G(s)=\frac{1}{Ts+1}$$

频率特性为

$$G(\mathrm{j}\omega)=\frac{1}{T\mathrm{j}\omega+1}$$

对数幅频特性为

$$L(\omega)=20\lg\frac{1}{\sqrt{1+T^2\omega^2}}=-20\lg\sqrt{1+T^2\omega^2}$$

对数相频特性为

$$\varphi(\omega)=-\arctan T\omega$$

惯性环节的对数幅相特性曲线如图 7-35 所示。

（5）一阶微分环节：传递函数 $G(s)$ 为

$$G(s)=Ts+1$$

频率特性为

$$G(\mathrm{j}\omega)=T\mathrm{j}\omega+1$$

对数幅频特性为

$$L(\omega)=20\lg\sqrt{T^2\omega^2+1}$$

对数相频特性为

$$\varphi(\omega)=\arctan T\omega$$

一阶微分环节的对数幅相特性曲线如图 7-36 所示。

（6）振荡环节：传递函数 $G(s)$ 为

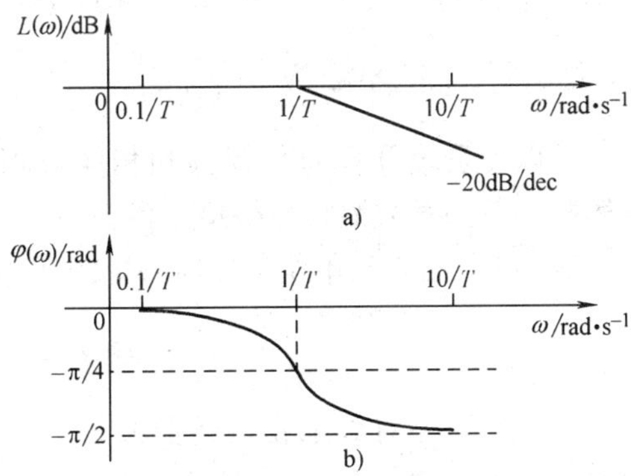

图 7-35　惯性环节的对数幅相特性曲线

a）对数幅频特性曲线　b）对数相频特性曲线

$$G(s)=\frac{\omega_n^2}{s^2+2\zeta\omega_n s+\omega_n^2}$$

频率特性为

$$G(j\omega)=\frac{\omega_n^2}{(j\omega)^2+2\zeta\omega_n j\omega+\omega_n^2}$$

对数幅频特性为

$$L(\omega)=20\lg\frac{1}{\sqrt{\left[1-\left(\frac{\omega}{\omega_n}\right)^2\right]^2+\left(2\zeta\frac{\omega}{\omega_n}\right)^2}}$$

$$=-20\lg\sqrt{\left[1-\left(\frac{\omega}{\omega_n}\right)^2\right]^2+\left(2\zeta\frac{\omega}{\omega_n}\right)^2}$$

对数相频特性为

$$\varphi(\omega)=\arctan\frac{2\zeta\frac{\omega}{\omega_n}}{1-\left(\frac{\omega}{\omega_n}\right)^2}$$

振荡环节的对数幅相特性曲线如图 7-37 所示。

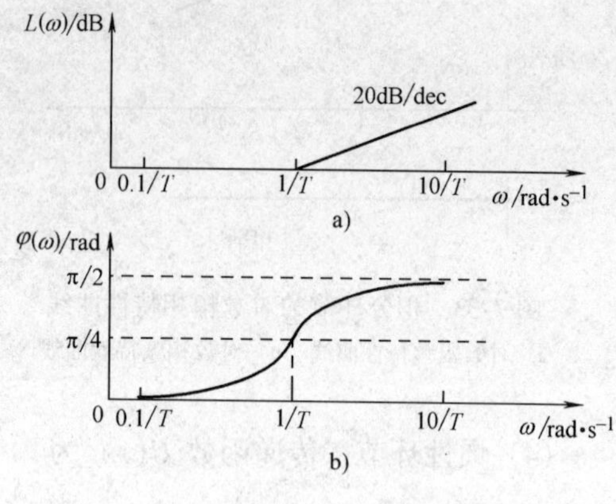

图 7-36 一阶微分环节的对数幅相特性曲线

a）对数幅频特性曲线 b）对数相频特性曲线

7.3.2 控制系统的开环频率特性

将控制系统的对数幅频特性曲线和相频曲线画在同一对数坐标上，称为波特图（Bode 图）。波特图是分析系统的频率特性的重要工具。

某单位负反馈系统结构图如图 7-38 所示。

由图 7-38 可得到系统的开环传递函数 $G(s)$ 为

$$G(s)=G_1(s)G_2(s)G_3(s)$$

则$L(\omega)=20\lg|G(j\omega)|=\sum_{i=1}^{3}20\lg|G_i(j\omega)|$

$$\varphi(\omega)=\sum_{i=1}^{3}\angle G_i(j\omega)$$

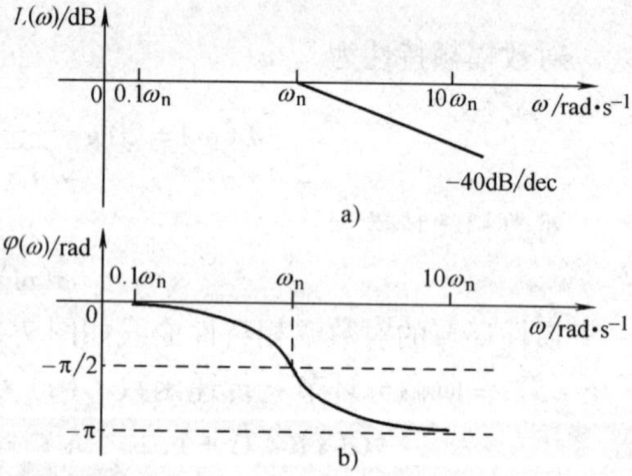

图 7-37 振荡环节的对数幅相特性曲线

a）对数幅频特性曲线 b）对数相频特性曲线

所以，系统开环对数幅频和相频分别等于各串联环节的对数幅频和相频之和。

例 7-3 已知某单位负反馈系统的开环传递函数 $G(s)$ 为

$$G(s)=\frac{2}{(s+1)(0.5s+1)}$$

请绘制开环对数幅相特性曲线 $L(\omega)$、$\varphi(\omega)$。

解 该系统可看作 3 个环节的串联。

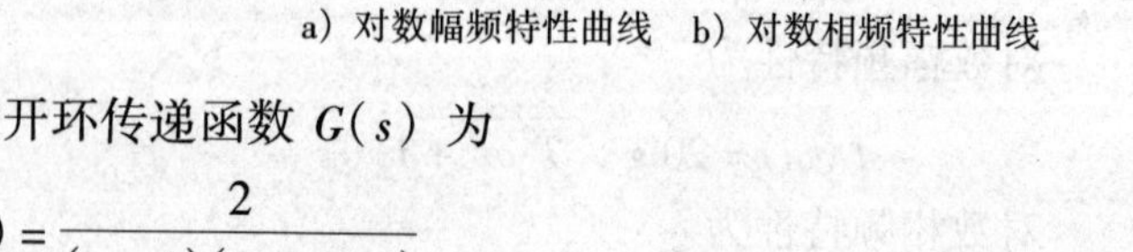

图 7-38 某单位负反馈系统结构图

比例环节的传递函数为

$$G_1(s)=2$$

惯性环节的传递函数为

$$G_2(s)=\frac{1}{s+1}\qquad G_3(s)=\frac{1}{0.5s+1}$$

分别求出各环节的对数幅频和相频特性。

1）$G_1(s)=2$ 的对数幅相特性为

$$L_1(\omega)=20\lg2\approx6\qquad \varphi_1(\omega)=0$$

2）$G_2(s)=\dfrac{1}{s+1}$的对数幅相特性为

$$L_2(\omega)=20\lg\sqrt{1+\omega^2}\qquad \varphi_2(\omega)=-\arctan\omega$$

3）$G_3(s)=\dfrac{1}{0.5s+1}$的对数幅相特性为

$$L_3(\omega)=20\lg\sqrt{1+0.25\omega^2}\qquad \varphi_3(\omega)=-\arctan0.5\omega$$

将以上各环节的对数幅频和相频相加，得到系统的开环幅频和相频曲线，如图 7-39 所示。

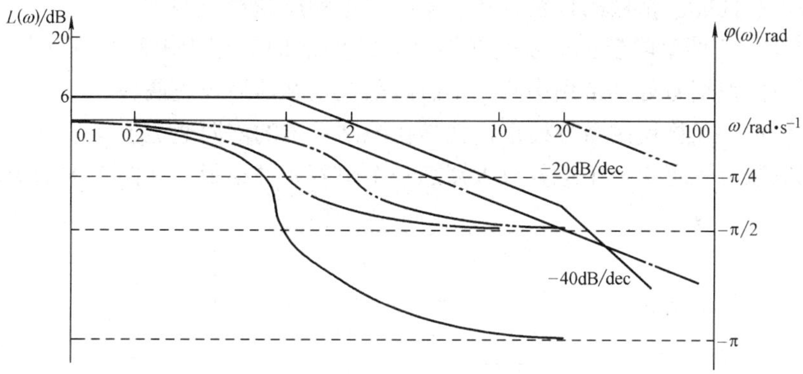

图 7-39　例 7-2 的对数频率特性曲线

7.3.3　稳定判据和稳定裕度

1. 稳定判据　通过对系统的开环频率特性的分析，可以对系统的闭环稳定性进行判定。

对数频率稳定判据：在系统开环对数频率特性曲线中，如果在对数幅频曲线大于 0 的范围内，对数相频曲线对 $-\pi$ 线的正穿（由下向上）次数与负穿（由上向下）次数相等，系统开环稳定，则系统闭环稳定；在对数幅频曲线大于 0 的范围内，对数相频曲线对 $-\pi$ 线正、负穿越的次数不相等，则系统开环不稳定，如果正负穿越之差等于 $p/2$，（p 为开环系统 s 右半平面特征根的个数，即具有负实部的特征根的个数），系统闭环稳定，否则系统闭环不稳定。

2. 稳定裕度　在控制系统中，常以稳定裕度来衡量闭环系统的稳定程度，常用的有幅值裕度 h 和相角裕度 γ。

（1）幅值裕度 h：定义为在对数幅相曲线上，相角为 $-180°$时对应的幅值的倒数，即

$$h=\frac{1}{|G(\mathrm{j}\omega_g)|}$$

式中　ω_g——交界频率，相角等于 $-180°$时对应的频率。

幅值裕度的分贝值 L_h 为

$$L_h=20\lg\frac{1}{G(\mathrm{j}\omega_g)}=-20\lg G(\mathrm{j}\omega_g)$$

幅值裕度 h 表明开环传递函数增大到原来的 h 倍，系统就处于临界稳定状态。

（2）相角裕度 γ：指幅频值等于 0 时的相频值与 $-\pi$ 的相位差。

$$\gamma=180°+\angle G(\mathrm{j}\omega_c)$$

式中　ω_c——幅频值为 0 时的频率，称为截止频率（剪切频率）。

在系统设计时，一般要求：

$$\gamma\geqslant 40°$$

$$L_h\geqslant 6\mathrm{dB}$$

7.3.4 动态校正

在设计控制系统时，如果有些控制性能达不到设计要求，我们可以对系统进行校正。所谓校正，就是给系统附加一些具有典型环节特性的电路、模拟运算部件以及测量装置，以改善整个系统的控制性能。常用的校正方法有串联校正和反馈校正两种。

1. 串联校正　所谓串联校正，就是在控制系统的前向通道中串联校正元件。一般校正元件放在主通道误差信号处。常用串联校正有超前校正和滞后校正两种。

（1）超前校正：又称比例微分校正，就是在控制系统的前向通道上串联一个比例微分装置。典型的比例微分装置由一个运算放大器加一个阻容元件组成，如图 7-40 所示。

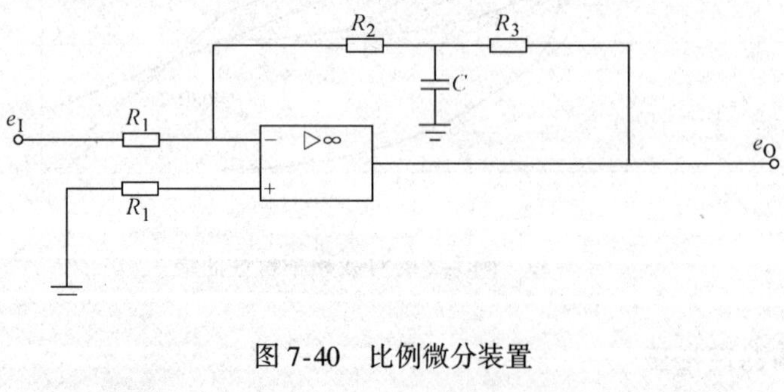

图 7-40　比例微分装置

比例微分装置的传递函数 $G(s)$ 为

$$G_c(s)=\frac{u_O(s)}{u_I(s)}=\frac{R_2+R_3}{R_1}\left(1+\frac{R_2R_3}{R_2+R_3}Cs\right)$$

令

$$K=\frac{R_2+R_3}{R_1}\qquad T=\frac{R_2R_3}{R_2+R_3}C$$

则

$$G_c(s)=K(HTs)$$

则频率特性为

$$G_c(j\omega) = K(1 + Tj\omega)$$

比例微分环节的对数频率特性如图 7-41 所示。

在反馈系统中串联比例微分环节会使原幅频、相频曲线整体上移，幅频曲线的最大值增加，使系统的平稳性降低、使频带宽增加，系统的快速性更好，同时使系统抵抗高频干扰的能力降低。所以，超前校正常应用于对快速性要求较高、而对系统的平稳性要求不高的系统的校正。

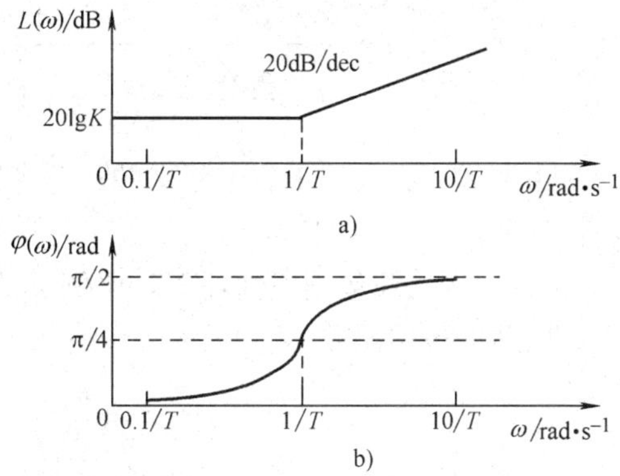

图 7-41　比例微分环节的对数频率特性曲线

a）对数幅频特性曲线　b）对数相频特性曲线

（2）滞后校正：又称为比例积分校正，就是在系统的前向通道中串联一个比例积分装置。典型的比例积分装置如图 7-42 所示。

其传递函数 $G_c(s)$ 为

$$G_c(s) = \frac{l_O(s)}{l_I(s)} = \frac{R_2}{R_1}\left(1 + \frac{1}{R_1 Cs}\right)$$

令

$$K = \frac{R_2}{R_1} \qquad T = R_1 C$$

则

$$G_c(s) = K\left(1 + \frac{1}{Ts}\right)$$

则频率特性为

$$G_c(j\omega) = K\left(1 + \frac{1}{jT\omega}\right)$$

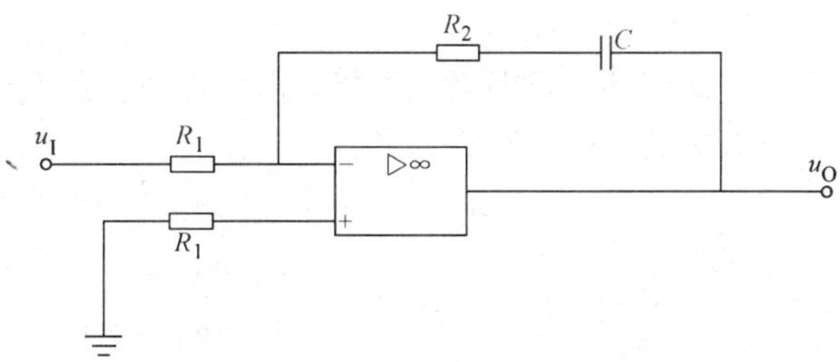

图 7-42　比例积分装置

比例积分环节的对数频率特性如图 7-43 所示。

串联滞后校正的作用在于提高系统的开环增益，从而改善系统的稳态性能，主要应用于对动态性能已满足设计要求、而稳态精度不够的系统的校正。串联的比例积分环节实际上是一个低通滤波器，使低频信号能够通过送入放大器，从而降低系统的稳态误差，对高频信号则表现出明显的衰减特性，从而防止系统的不稳定性，提高了系统的平稳性。

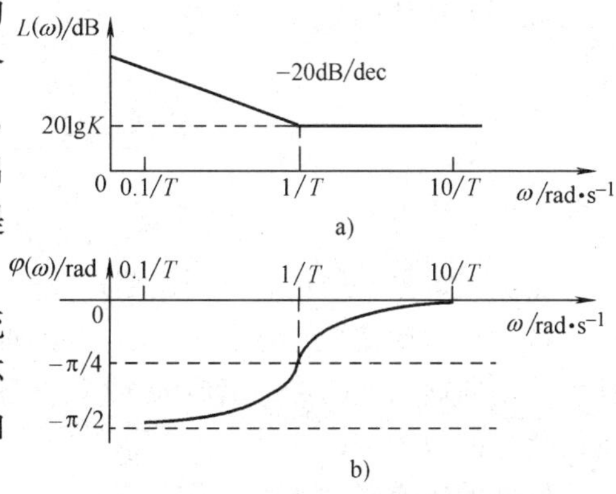

图 7-43　比例积分环节的对数频率特性曲线

a）对数幅频特性曲线　b）对数相频特性曲线

2. 反馈校正　所谓反馈校正就是在闭环系统的反馈通道中设置一些校正元件，改变被包围环节的动态性质，减弱这部分环节特性参数变化和干扰信号给系统带来的不利影响。

（1）利用反馈校正改变局部结构和参数

1）比例反馈包围积分环节。比例反馈包围积分环节如图 7-44 所示。

回路的传递函数 $G(s)$ 为

$$G(s)=\frac{\frac{K_1}{s}}{1+\frac{K_0K_1}{s}}=\frac{\frac{1}{K_0}}{\frac{1}{K_0K_1}s+1}$$

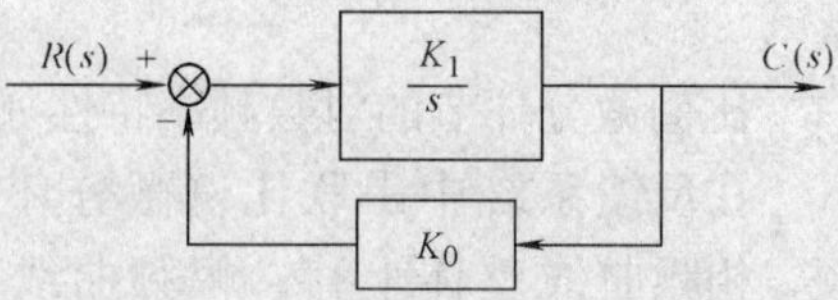

图 7-44　比例反馈包围积分环节

由上式可见，校正后由原来的积分环节转变成了惯性环节。

2）比例反馈包围惯性环节。比例反馈包围惯性环节如图 7-45 所示。

回路的传递函数 $G(s)$ 为

$$G(s)=\frac{\frac{K_1}{Ts+1}}{1+\frac{K_1K_0}{Ts+1}}=\frac{\frac{K_1}{1+K_1K_0}}{\frac{T}{1+K_1K_0}s+1}$$

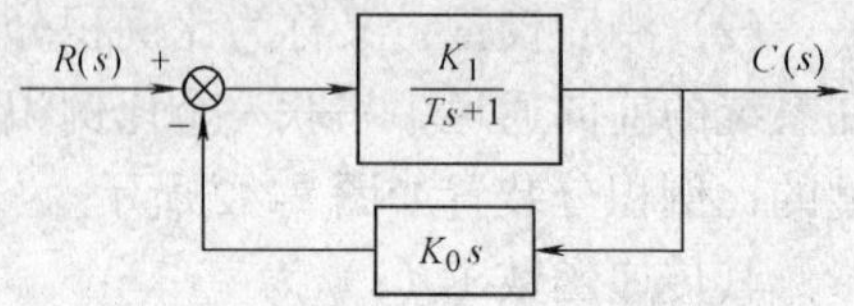

图 7-45　比例反馈包围惯性环节

由上式可见，校正后仍为惯性环节，但时间常数变小了。

3）微分环节包围惯性环节。微分环节包围惯性环节如图 7-46 所示。

回路的传递函数 $G(s)$ 为

$$G(s)=\frac{\frac{K_1}{Ts+1}}{1+\frac{K_0K_1s}{Ts+1}}=\frac{K_1}{(T+K_0K_1)s+1}$$

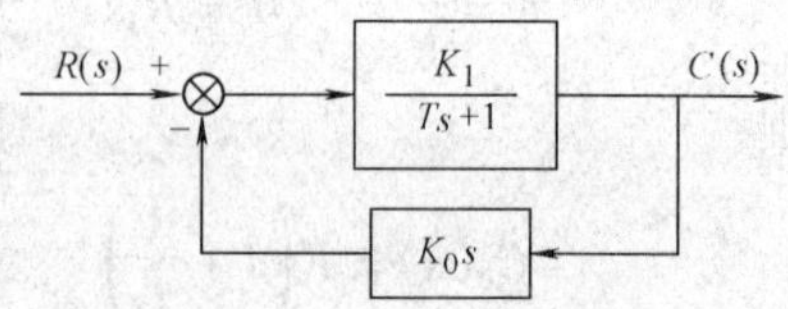

图 7-46　微分环节包围惯性环节

由上式可见，校正后仍为惯性环节，但时间常数变大了。

前面的 3 种方法都可以改变各环节的时间常数。在系统设计时，我们可以通过反馈校正使系统的各环节的时间常数差值变大，提高系统的稳定性。

4）微分包围振荡环节。微分包围振荡环节如图 7-47 所示。

回路的传递函数 $G(s)$ 为

$$G(s)=\frac{\frac{K_1}{T^2s^2+2\zeta Ts+1}}{1+\frac{K_0K_1s}{T^2s^2+2\zeta Ts+1}}=\frac{K_1}{T^2s^2+(2\zeta T+K_0K_1)s+1}$$

由上式可见，校正后仍为振荡环节，但阻尼比增加了，可以改善系统的稳定性。

(2) 利用反馈校正取代局部结构：如图 7-48 所示，前向通道上的传递函数为 $G(s)$，反馈回路上的传递函数为 $H(s)$。

回路的传递函数 $\phi(s)$ 为

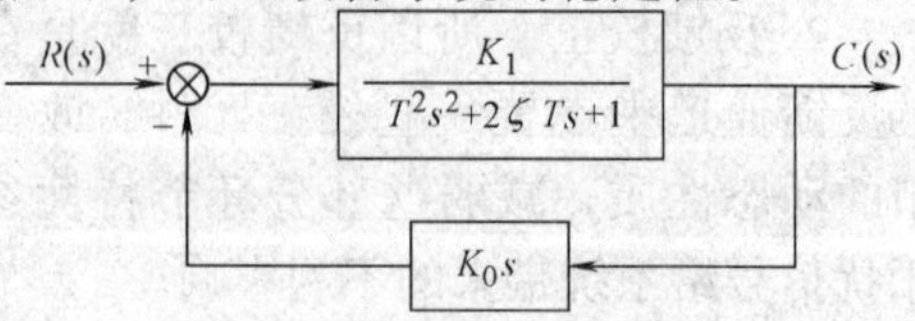

图 7-47　微分包围振荡环节

$$\phi(s)=\frac{G(s)}{1+G(s)H(s)}$$

则频率特性为

$$\phi(j\omega)=\frac{G(j\omega)}{1+G(j\omega)H(j\omega)}$$

若在一定的工作频率范围内，有

$$|G(j\omega)H(j\omega)|\gg 1$$

则

$$\phi(j\omega)\approx\frac{G(j\omega)}{G(j\omega)H(j\omega)}=\frac{1}{H(j\omega)}$$

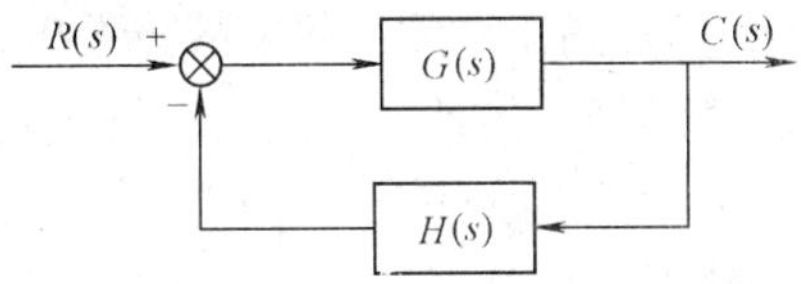

图 7-48　利用反馈回路取代局部结构

上面的反馈回路可等效为

$$\phi(s)=\frac{1}{H(s)}$$

也即用$\frac{1}{H(s)}$取代了 $G(s)$。

这一种反馈校正常用于改造系统中不希望有的环节。

7.4　系统的可靠性及安全技术

7.4.1　系统可靠性概述

要使机电一体化系统发挥应有的作用，首先应使系统可靠地工作，在系统设计和使用时系统的可靠性是必须要注意的一个问题，利用系统的可靠性和安全技术可以在一定程度上保证系统在规定条件和时间内正常工作。

系统的可靠性指的是系统在规定条件下和规定时间内完成规定功能的能力。规定条件一般包括环境条件、负载条件、使用和维护条件等。规定的时间是可靠性的重要特征，通常情况下，以可靠度、失效率、平均故障间隔时间（MTBF）和平均无故障时间（MTTF）等与时间有关的特征量来描述系统的可靠性。规定的功能是指系统完成任务的各性能指标。

系统的可靠性由固有可靠性和使用可靠性两部分组成。固有可靠性是系统在设计阶段就预先确定了的可靠性指标，是系统本身所具有的，由生产部门在模拟实际工作条件的标准环境下，进行检测并予以保证的可靠性。使用可靠性是指系统在现场运行过程中，由环境、技术条件和维修方式等条件的影响而存在的可靠性。

通常，系统在工作的过程中会受到各种干扰的影响，这些干扰包括外部干扰（温度、湿度、振动、冲击、电源的波动、操作人员的失误和维修时间超期等）和内部干扰（器件的偶发性失效、长时间使用后性能的老化以及经过试验未能发现的软、硬件缺陷等），在干扰的作用下，系统会产生异常状态。瞬时性的、不经修理也能恢复正常的异常状态称为错误；固定性的、只有通过修理才能恢复正常的异常状态称为故障。

错误发生后，只是暂时影响系统正常工作，能够马上恢复正常，多数情况下，错误的原因难以查明。

故障按其发生的时期分为早期故障、偶发故障和耗损故障 3 种。

1）早期故障。早期故障的发生是由于元器件质量差，软、硬件设计欠完善等原因造成，通过系统的试运行，能够及时发现系统的早期故障，并予以排除。

2）耗损故障。耗损故障是由于元器件使用寿命已到引起的，及时更换老化元器件是防止耗损故障发生的有效措施。

3）偶发故障。偶发故障发生于早期故障和耗损故障之间。通常，在故障发生后要进行应急维修。另外，定期对系统进行检修也可从一定程度上减少偶发故障。

对于系统的可靠性概念，广义来讲，有两个含义：一是系统在规定的时间内不发生故障和错误；二是系统发生故障后，能迅速进行维修。这也称为系统的有效性。

系统按是否具有维修能力分为可维修系统和不可维修系统，机电一体化系统一般都是可维修系统。系统的可维修能力用可维修性来描述。可维护性是指在规定条件下运行的系统，在规定的时间内，按规定的程序和方法进行维修时，保持或恢复到能完成规定功能的能力。

对于可维修系统，常采用以下方法来保证系统的可靠性：

1）提高元器件和设备的可靠性。在这方面进行的工作有：查明元器件失效的物理机理，发现失效的原因并加以消除；利用大规模、超大规模集成电路技术，提高电路或子系统的可靠性；建立元器件的性能老化模型，提高有效元器件的筛选方法；掌握元器件的性能，合理规定使用条件等。

2）采用抗干扰措施，提高系统对环境的适应能力。

3）采用可靠性技术。可靠性技术涉及的内容有冗余技术、故障诊断技术、自动检错和纠错技术、系统恢复技术和软件可靠性技术等。

7.4.2 可靠性指标

表征可靠性的特征量主要有可靠度、失效率和平均故障间隔时间。对于可维修系统，表征可靠性的特征量还有维修度、平均修复时间和有效率。

1. 可靠度　可靠度是系统在规定的条件下和规定的时间内，完成规定功能的概率。系统的可靠度服从指数分布，若系统的失效率为 λ，则系统的可靠度可用下面的式子表示，即

$$R(t)=e^{-\lambda t}$$

2. 失效率　失效率（故障率）是指系统工作到 t 时尚未失效的系统，在该时刻后的单位时间内发生失效的概率。

3. 平均无故障工作时间　平均无故障工作时间（MTBF）表示可维修产品无故障工作时间的总和与故障总次数之比。对于不可维修产品采用平均失效时间（MTTF）。

4. 维修度和平均维修时间　维修度是指在规定条件下工作的系统，在规定的时间内按照规定的程序和方法进行维修时，保持或恢复到能完成规定功能状态的概率；平均维修时间是指系统发生故障后恢复到能完成规定功能所需要的平均时间。

5. 有效度　有效度（利用率）分为瞬时有效度、平均有效度和极限有效度3种。

1）瞬时有效度。指系统在某时刻具有或维持规定功能的概率。

2）平均有效度。指系统在规定时间内瞬时有效度的平均值。

3）极限有效度。指当时间趋于无穷时，瞬时有效度的极限值。

如果系统完成功能的总时间称为正常运行时间，系统修复的总时间称为故障时间，则极限有效度可表示为

$$A(\infty)=\frac{\text{正常运行时间}}{\text{正常运行时间}+\text{故障时间}}$$

7.4.3 可靠性技术

随着科学技术的发展和社会生产对机电一体化系统性能要求的提高，机电一体化控制系统的规模和复杂程序也在不断提高，构成控制系统的硬件和软件的复杂程序也不断增加，从而使系统发生故障的频率也随之增加；同时，机电一体化系统发生故障所导致的设备损坏和加工件的报废，也会造成巨大的经济损失，甚至人身伤亡。所以提高机电一体化系统的可靠性是必须考虑的重要问题。

提高机电一体化系统的可靠性是一个综合性的问题，不能单纯依靠某一特定的方法。具体有提高系统设计和制造的质量、故障诊断技术、冗余技术、抗干扰技术和软件可靠性技术等5种。

1. 提高系统设计和制造的质量　这是保证系统可靠性的最根本的方法。提高系统设计和制造的质量包括两个方面：

1）设计时，要进行可靠性分析，估计系统和各元器件中引起失效的可能因素，采取必要的可靠性措施，以降低系统的故障率。

2）在选用和制造构成系统的各种设备和元器件时，要保证系统设计时的各项指标，使设备和元器件工作在其规定条件的一半值或一半值以下，并对系统进行可靠性试验，以确定系统实际的可靠性指标。

从元器件产生故障的规律看，元器件的使用过程分为早期失效期、偶然失效期和耦损失效期3个阶段。

①早期失效期。这段时期元器件工作不稳定，故障率高，随着时间的推移故障率会逐步降低。

②偶然失效期。这段时期元器件的故障率低，且故障率基本不变。

③耗损失效期。这段时期因为快到元器件的使用寿命而使得故障率增加，且随着时间的推移故障率会越来越高。

我们要避免元器件工作在早期失效期和耗损失效期，对于处于耗损失效期的元器件要更换，而对于处于早期失效期的元器件除了更换以外，还可以采用人工老化的方法使其进入偶然失效期。

对于系统中某些关键的元器件，在设计时还要保证有一定的可靠性裕度，也可以在设计时使其具有自适应、自调整、自诊断甚至自修复的功能。

在设计系统时，还应规定适当的环境条件、维护保养条件和操作规程，并使系统结构具有良好的维修性，如易损件易于更换、故障便于诊断和容易修复等。

2. 机电一体化系统的故障诊断技术　把系统已经出现或即将出现的故障暴露出来，以便对系统进行维修、维护或调整，及时修复故障或者防止故障的发生。

（1）故障诊断技术：故障诊断技术实质上是一种检测技术，它的任务有两个：一是故障出现后，迅速确定故障的种类和位置，以便及时修复；二是在故障尚未发生时，确定产品中有关元器件距离极限状态程度，查明产品工作能力下降的原因，以便采取维护措施。

诊断的过程是：首先对诊断对象进行特定的测试，取得诊断信号；再从诊断信号中分离出能表征故障种类和位置的异常性信号，即症兆；最后将症兆与标准数据相比较，确定故障的种类和故障位置。

对诊断对象进行测试的方法有两种：一是故障出现之后，对诊断对象进行试验性测试，以确定故障的种类及位置，此时诊断对象处于异常状态，称为诊断测试；二是故障发生之后，诊断对象处于工作状态，为了预测故障或及时发现故障而进行的在线测试，称为故障监测。

症兆分为直接症兆和间接症兆两类：直接症兆是在检测产品整机的输出参数或可能出现故障的元器件的输出参数时，取得的异常性诊断信号；间接症兆是从那些与系统工作能力存在函数关系的间接参数中取出的异常性诊断信号。

（2）自诊断技术：机电一体化系统通常具有自诊断功能，可以在不停止工作的情况下迅速地对故障进行判定，并进行一定的处理。

1）自诊断的概念。向被诊断的元器件或装置写入一串称为测试码的数据，观测相应的输出数据（校验码），根据事先已知的测试码、校验码和故障之间的对应关系，通过对观测结果的分析确定故障的种类与位置。

2）自诊断的功能

①加电时对主要部件进行可靠性检测，以保证系统能进入正常工作状态。

②若某一步骤发生检测错误，能根据错误的性质做出相应的处理。对于致命性错误，要做出停机处理，发出故障信息；对于非致命性错误，不做停机处理，只发出故障信息。

③对操作错误或软件程序错误，采取程序自动恢复技术或软件错误报警。

3）常用的自诊断技术

①开机自诊断。是指系统从通电开始到进入正常的运行准备状态为止自动执行的诊断，如果发现故障，显示故障信息并停止等待故障处理。开机自诊断通常要检查系统中最关键的硬件和软件。

②运行自诊断。是指系统在运行过程中对系统内部的各部件以及与系统相连的外部设备进行自动检测、检查，显示有关状态信息和故障信息。运行自诊断只要系统不断电，就会不断地反复进行。

③脱机诊断。是指系统在出现故障后，需要停机读入专门的故障诊断程序并运行，以确定系统故障的位置和类型。

3. 冗余技术　冗余技术就是在系统中采用冗余结构来提高系统可靠性的技术，即采用并联型控系统将故障造成的影响隐蔽起来，使系统能够在一定时间内继续正常工作，这种方法适合于对随机故障的处理。

（1）冗余结构：常用的冗余结构有并联结构、备用系统和表决系统 3 种形式。

1）并联结构。并联系统的逻辑结构如图 7-49 所示，采用若干同样装置来并联运行，只要其中有一个装置能够正常工作，系统就能够正常工作，只有全部装置都失效，系统才不能工作。

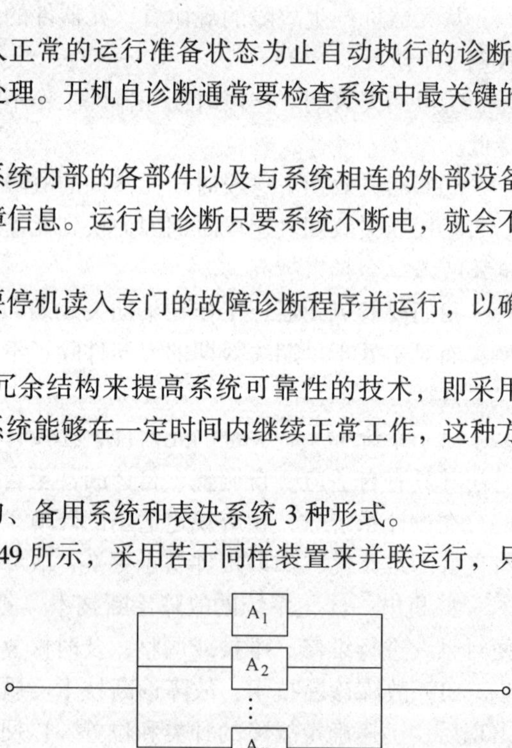

图 7-49　并联系统的逻辑结构图

A_1、A_2、…、A_n—装置

2）备用系统。备用系统的逻辑结构如图 7-50 所示，A_1、A_2、…、A_n 为工作单元，D_1、D_2、…、D_n 为每个单元上的失效检测器，S 为转换器。在备用系统中，只有一个单

元在工作，其余单元处于准备状态。一旦工作单元出现故障，失效检测器发出信号，通过转换器 S，投入另一个备用单元，系统始终保持工作。

3）表决系统。逻辑结构如图 7-51 所示，A_1、A_2、…、A_n 为工作单元，m 为表决器。每个单元的信息输入表决器中，与其余信号相比较，只有当有效的单元数超过失效的单元数时，才能做出输入为正确的判断。

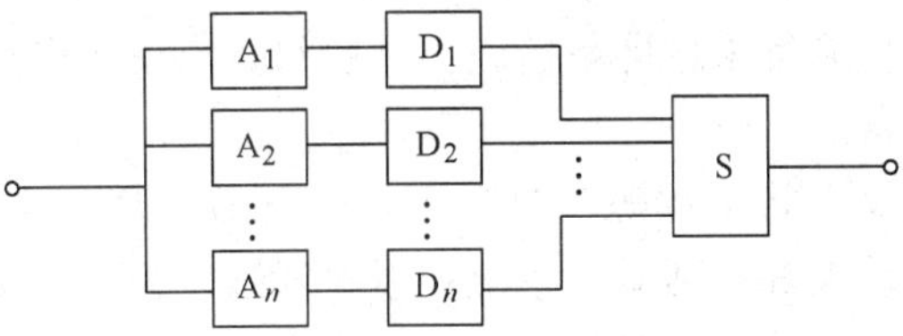

图 7-50　备用系统的逻辑结构图

A_1、A_2、…、A_n—工作单元

D_1、A_2、…、D_n—失效检测器

S—转换器

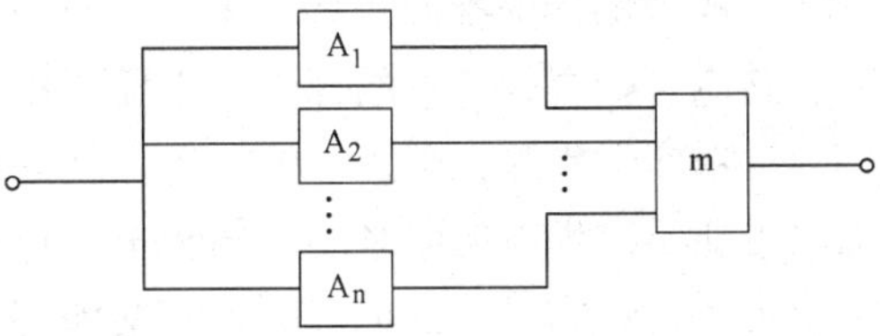

图 7-51　表决系统的逻辑结构图

A_1、A_2、…、A_3—工作单元

m—表决器

（2）冗余系统的选择：一般来讲，采用冗余结构的系统的可靠度要高一些，但会增加设备的投入。在选择冗余系统时，除考虑可靠度要求外，还应考虑性能价格比、应用场合、扩展性和冗余结构的控制性能等因素。

1）性能价格比。冗余系统的冗余数越大，可靠度也越高，但经费投入也越多。在保证可靠度的前提下，应采用尽可能小的冗余数。同时，我们一般也只对系统中比较关键的部分采用冗余结构。

2）应用场合。并不是所有的场合都能够采用冗余结构或者采用冗余结构就能够提高系统的可靠度。如因为环境因素造成的系统失效，即使采用冗余结构也无济于事；再如，当系统工作状态要求继承性时，我们不能采用冗余结构。

3）扩展性。冗余系统中增加的附加装置，最好具有多种用途，以便于系统扩展，使其得到充分利用。

4）冗余结构的控制性能。系统出故障时，多是靠软件或硬件来排除故障的，要求冗余结构的控制简单，性能优越。

（3）冗余结构的控制：采用冗余结构的系统，当系统发生故障时，必须采取措施更换或切离故障装置，对系统进行重新组合，以排除故障，称为冗余结构的控制。冗余结构的控制有手动控制和自动控制两种方式。

1）手动控制。操作人员根据故障显示的结果，在操作台上进行发生故障的装置的切换，重新组合系统。

2）自动控制。通过系统的硬件和软件自动进行结构的控制。其步骤是：先进行故障检测，再进行故障定位，将确认的故障加以切除后，进行系统恢复。

4. 抗干扰技术　抗干扰技术主要用以减小或消除各种干扰信号对系统的影响。机电一体化系统是集机械、电子、计算机、传感器和电气设备于一体的复杂系统，常工作在环境较复杂的工业现场。现场的各种干扰会引起机电控制系统和装置出现瞬时故障，轻则影响正常生产，重则发生损坏设备等严重事故。抗干扰问题是设计系统时要解决的非常重要的问题。

抑制干扰的方法有削弱或消除干扰源、减弱由干扰源到信号的回路和降低系统对干扰的灵敏度。其中，最有效、最彻底的办法是消除干扰源，但实际上干扰源是不可能消除的，只能采用其他办法，如屏蔽干扰源、隔离干扰源、滤波法和先用合理的电源方案等。

（1）屏蔽干扰源：所谓干扰源的屏蔽，就是将构成干扰源的器件封闭在一个屏蔽体内，即在这些器件外加装对电和磁均是良导体的金属外罩，以实现静电和磁的屏蔽。对于信号线的屏蔽，一定要注意接地。为了避免地线回路电流流经地阻抗引起的感应干扰，必须将地线的一端接地。

在生产现场，干扰源较多，不可能对每个干扰源都采取屏蔽措施，一般只重点考虑产生辐射、感应、耦合较严重的部件、电路或电气设备。

（2）隔离干扰源：干扰源的隔离，就是从电路上将干扰源与易受干扰的部分隔离开来，使之尽可能不发生电的联系。一般机电一体化系统大都包括弱电系统和强电系统，为了确保系统稳定运行，常采取强电与弱电、交流与直流等部分的相互隔离措施。隔离的方法有光隔离、变压器隔离、继电器隔离和布线隔离等方法。

（3）滤波法：所谓滤波法，就是用电容和电感线圈或电容和电阻组成滤波器，接在系统的适当位置，以阻止干扰信号进入放大器，使干扰信号衰减。

（4）选用合理的电源方案：电源是向系统引入干扰的重要来源，选用合理的电源方案，能有效地抑制这部分干扰，通常采用的方法有：

1）在电源交流稳压器前加上低通滤波电路，以抑制电网中的高频瞬态干扰。

2）在电源变压器的一次线圈和二次线圈之间加静电屏蔽层，以抑制高频干扰信号。

3）直流稳压器选用抗干扰性好的开关稳压器。

4）采用分立式供电方案，将组成系统的各部分分别用独立的电源供电，以减少集中供电产生的危险性。

5）电源引入线要尽可能短，交流电的引入线要采用粗导线，直流输出线应采用双绞线。

5. 软件可靠性技术　一个机电一体化系统由硬件和软件两部分组成，硬件可能出现故障，软件也有可能发生故障，软件可靠性技术用于减少或排除软件故障。软件可靠性技术包含两个方面：一是利用软件提高系统的可靠性；另一个是提高软件自身的可靠性。

（1）利用软件提高系统的可靠性：利用软件提高系统的可靠性的措施有：

1）增加系统信息管理的软件。它与硬件配合，对信息进行保护，包括防止信息被破坏、出现故障时保护信息和故障排除后恢复信息等。

2）利用软件冗余。防止信息在输入输出过程及传送过程中出错。

3）编制诊断程序。及时发现故障，找出故障的部位，以便缩短修理时间。

4）用软件进行系统调度。这包括在发生故障时，进行保护现场、迅速将故障装置切换成备用装置；在过负载或环境条件变化时，采取应急措施；在故障排除后，使系统迅速恢复正常，投入运行等。

（2）提高软件的可靠性：软件自身也会发生故障，软件故障主要是指软件的错误，造成软件错误的原因有很多，为了减少软件出错，使用户得到一个满足要求的软件，通常可采取如下措施：

1）程序分段和层次结构。在进行程序结构设计时，将程序分成若干具有独立功能的子程序块，各程序块可单独也可和其他程序块一起使用，各程序块之间通过一个固定的通信区和一些指定的单元进行通信，每个程序块能进行调整和修改而不影响其他程序块。

2）提高可测试性的设计。软件故障往往是在设计阶段由于人为的错误引起，或者在运行初期输入程序时的操作错误引起。软件故障一般很少出现在长期运行之后，这段时期一旦出现软件故障，就只有通过反复测试才能发现，所以应提高软件可测试性的设计。通常采用3种方法提高软件的可测试性：①明确软件规格，使测试易于进行；②把测试手段的设计作为软件开发的一部分来进行；③把程序结构本身组成便于测试的形式。

3）对软件进行测试。要求软件完全满足用户的要求、十全十美是不可能的。要软件完全可靠，没有故障，必须要多次对软件进行测试。每测试一次，修改一次，逐步达到完善。

测试的基本方法是：给软件一个典型的输入，观测输出是否符合要求，如发现有错，应设法将可能产生错误的区域逐步缩小，经修改后，再次调试，直到消除所有的错误为止。

测试可按下述步骤进行：

①单元测试。即对每个程序块单独进行测试，找出程序设计中的错误。

②局部或系统测试。即对由若干程序块组成的局部程序或系统程序进行测试，以发现各程序块之间连接的正确性。

③系统功能测试。测试该软件能实现的功能。

④现场安装，综合验收。

7.5 机械结构弹性变形和传动间隙对系统性能的影响

机械传动装置是机电一体化系统的组成部分之一，在分析系统的稳态和动态性能的时候，我们并没有考虑机械传动装置的惯性、摩擦、弹性变性以及传动间隙的影响，当传动装置的惯性、摩擦、弹性变形和传动间隙都比较小时，我们可以不必考虑，否则就必须要考虑这些因素对系统性能的影响。

7.5.1 机械结构弹性变形对系统性能的影响

下面以一个典型的减速机构为例分析一下传动装置的惯性、摩擦和弹性变形对系统性能的影响。减速机构的结构示意图如图7-52所示。

输入为电动机的转角 θ，输出为工作台的位置 X_L。如果不考虑传动装置的惯性、摩擦和弹性变形，则输入和输出之间的关系式为

$$X_L=\frac{h}{2\pi i}\theta$$

传动装置的传递函数 $G_L(s)$ 为

$$G_L(s)=\frac{X_L(s)}{\theta(s)}=\frac{h}{2\pi i}=K$$

所以传动装置可以看作是一个比例环节，丝杆导程 h 越大，减速比 i 越小，K 越大，系统的快速性越好。

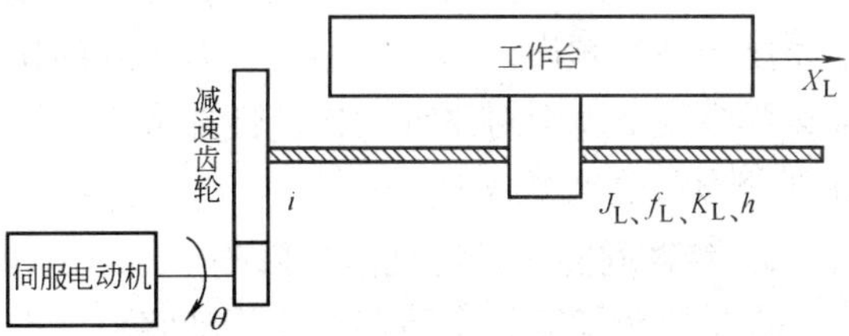

图7-52 减速机构结构示意图

θ—电动机的转角 i—齿轮减速比 J_L—传动装置折算到丝杠轴上的总惯量 f_L—传动装置折算到导轨上的摩擦系数 K_L—传动装置折算到丝杠轴上的机械传递装置总刚度 h—丝杠导程 X_L—工作台的位置

如果考虑传动装置的惯性、摩擦和弹性变形，则输入和输出间的关系式为

$$J_L \frac{d^2 X_L}{dt^2} + f_L \frac{dX_L}{dt} + K_L X_L = \frac{h}{2\pi i} K_L \theta$$

传动装置的传递函数 $G_L(s)$ 为

$$G_L(s) = \frac{X_L(s)}{\theta(s)} = \frac{\frac{h}{2\pi i} K_L}{J_L s^2 + f_L s + K_L} = \frac{K\omega_0^2}{s^2 + 2\zeta\omega_0 s + \omega_0^2}$$

可以看作是一个比例环节和一个振荡环节，比例环节的放大系数为 $K = \frac{h}{2\pi i}$，这与不考虑惯性、摩擦和弹性变形时的放大系数是一样的。振荡环节的自然频率 $\omega_0 = \sqrt{\frac{K_L}{J_L}}$。从振荡环节的频率特性曲线来看，振荡环节对系统的开环频率特性的低频部分没有什么影响，也即对系统的稳态控制精度没有影响，但是当频率大于自然频率 ω_0 时，振荡环节会使系统的开环幅频特性曲线迅速下降。

下面分析一下弹性变形系数对系统性能的影响。当弹形变形严重时，弹性系数 K_L 越小，传动装置中振荡环节的自然频率 ω_0 也越小。当 ω_0 小于系统的剪切频率 ω_c 时，ω_0 越小，系统的剪切频率 ω_c 也越小，那么系统的快速性会变差；当 ω_0 大于系统的剪切频率 ω_c 时，ω_0 的变化对剪切频率 ω_c 没有影响，系统的快速性不会受到影响。传动装置的转动惯量 J_L 对系统的的快速性的影响刚好相反。

也就是说，弹性变形对系统的稳态控制精度没有影响，而对系统快速性是否有影响要看情况而定。如果传动机构的自然频率大于系统的剪切频率，那么弹性变形对系统的快速性没有影响；如果传动机构的自然频率小于系统的剪切频率，那么弹性变形越严重，系统的快速性就会越差。

当系统对快速性的要求较低时，可以比较容易做到使传动机构的自然频率大于或基本等于系统的剪切频率，弹性变形不会对系统的快速性造成影响。如果系统对快速性要求较高，那么弹性变形就会对系统的快速性造成影响，为减小影响，如果传动机构转动惯量越大，则弹性变形系数也要越大。

7.5.2 传动间隙对系统性能的影响

在机械传动装置中还存在着传动间隙，也会对系统的性能产生影响，传动间隙属于间隙非线性特性，其输入输出数学表达式为

$$x(t) = \begin{cases} k[e(t) - \varepsilon] & e(t) < 0 \\ k[e(t) + \varepsilon] & e(t) > 0 \\ bsigne(t) & e(t) = 0 \end{cases}$$

式中 ε——间隙宽度；

k——间隙特性斜率。

间隙特性曲线如图 7-53 所示，$e(t)$ 为输入信号，$x(t)$ 为输出信号。如果系统有间隙存在，将使系统输出在相位上产生滞后，从而降低系统的相对稳定性，或使系统产生自持振荡。在机电一体化系统中，应尽量减小传动间隙。

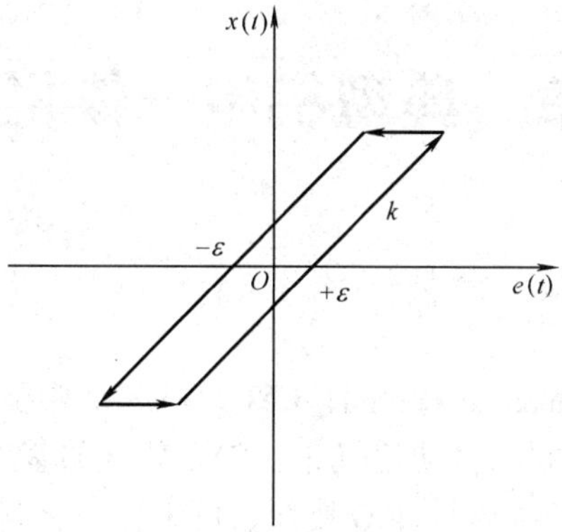

图 7-53　间隙特性

ε—间隙宽度　k—间隙特性斜率

复习思考题

1. 何为自动控制？自动控制系统的基本控制方式是什么？
2. 简述稳态误差的种类及产生原因。
3. 常用的动态校正方法有哪几种？
4. 什么是可靠性？可靠性的主要特征量是什么？

第 8 章　典型机电一体化系统

8.1　CNC 机床

计算机数控（Computer Numerical Control，CNC）机床是典型的机电一体化产品，它是一种由计算机或专用数控技术控制的自动化机床。CNC 装置的基本构成是由硬件和软件组成。硬件有微处理器、存储器、位置控制、I/O 接口、可编程序控制器、图形控制和电源等；软件包括系统软件和应用软件。CNC 机床发展到今天经历了 5 个时代：电子管数控、晶体管数控、集成电路数控、计算机数控和微型计算机数控。在每一个时代，CNC 机床都应用了计算机技术、自动控制、检测技术和机械结构等方面的最新成就，使其具有高自动化、高效、高精度和低劳动强度等特点。产品具有极强的市场竞争力，在各国的国民经济中占有重要地位。特别是机械加工中心（Machining Center，MC）的出现、工业机器人（Industrial Robot）的诞生，以及发展到无人自动化工厂，更加体现出数控技术的先进性、快速性和重要性。

由于 CNC 机床实现了很高的自动化，所以在其工作时，应先将被加工零件的加工工序、工艺参数和机床运动参数等用数控语言输入到 CNC 数控装置中，再由其控制机床运动来实现对工件的加工。CNC 机床构成了一个封闭控制系统，如图 8-1 所示。

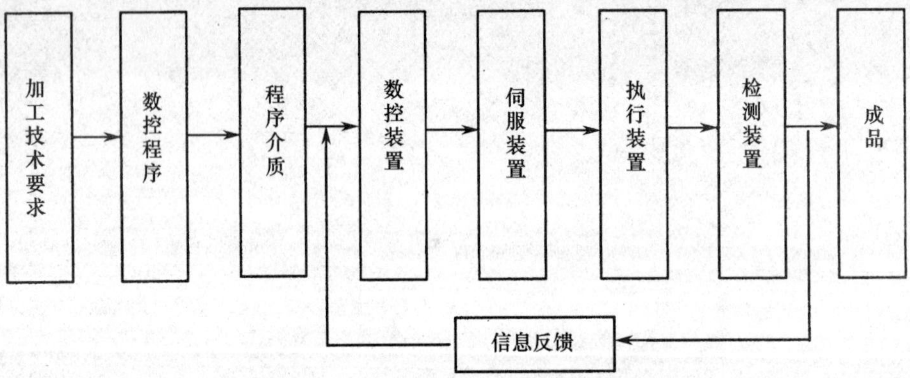

图 8-1　CNC 机床加工原理

8.1.1　CNC 机床的分类

目前，CNC 机床的种类很多，但总体可以按工艺用途和刀具相对工件移动的轨迹两种方法分类。

（1）按工艺用途分类：CNC 机床按工艺用途可以分为以下 3 类：

1）一般数控机床。它们与传统的机床工艺相同，能自动加工复杂的零件，有数控车床、铣床、刨床、钻床和镗床等。

2）多坐标数控机床。它的主要特点是数控装置控制的转轴数目较多，结构较复杂，能加工工艺复杂的零件，如数控转摆机床。

3）机械加工中心（MC）。它配有刀库，能实现自动换刀，工件一次装夹后，一次完成多道工序的加工任务。

（2）按刀具相对工件移动的轨迹分类：CNC 机床按刀具相对工件移动的轨迹可以分为以下 3 类：

1）点位控制数控机床。该类数控机床只控制机床移动部件，从一个位置准确地移动另一位置，在移动过程中不进行任何加工，如数控钻床。

2）点位直线控制数控机床。该类数控机床除具有点位控制数控机床的特点外，还要控制两相关点的移动路线（一般均为与各轴线平行的直线），可以沿一个坐标轴的方向进行加工。如数控铣床。

3）轮廓控制数控机床。该类数控机床可同时对两个以上的坐标轴进行连续轨迹控制，即控制整个加工过程的速度及每个点的位置，如数控车床等。

8.1.2 XH714 立式加工中心

该加工中心是中小规模的高效通用自动化机床，设有 20 把刀具的自动换刀装置，并配有先进的数字控制系统，具有三轴联动控制，工件一次装夹后可自动完成铣、镗、钻、铰和攻螺纹等多道工序的加工。XH714 立式加工中心具有刚性好、变速范围宽、精度高和柔性大等特点，特别适用于多品牌零件加工。

XH714 立式加工中心的结构如图 8-2 所示，它由床身 1、立柱 6、铣头 5、工作台 3、床鞍 2、刀库 8、润滑系统、冷却系统、电气系统和气动系统等部分组成。其主要技术参数见表 8-1。

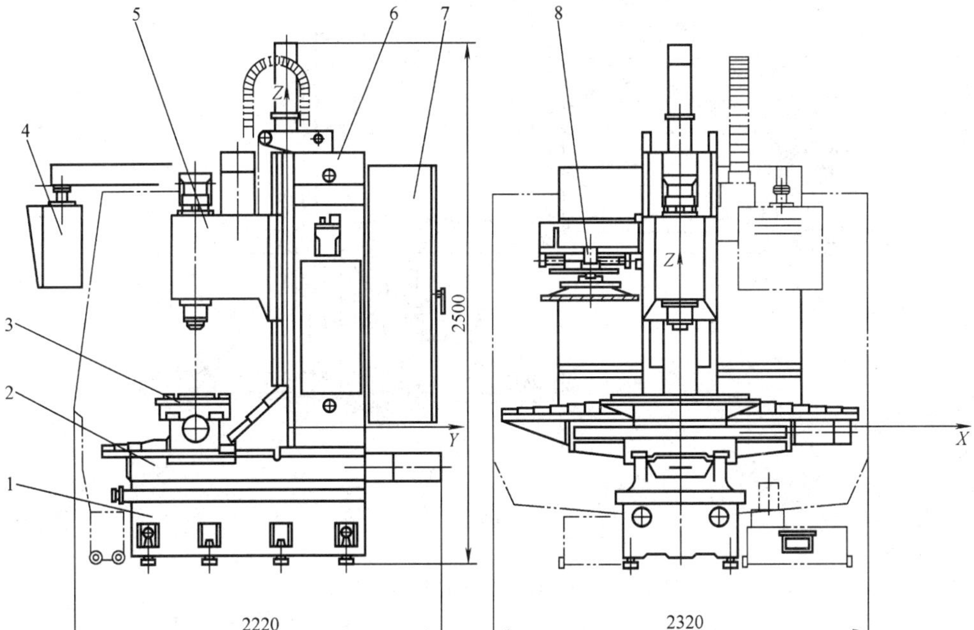

图 8-2 XH714 立式加工中心的结构

1—床身 2—床鞍 3—工作台 4—操作机 5—铣头 6—立柱 7—电气箱 8—刀库

表 8-1 XH714 立式加工中心的主要技术参数

项 目	规 格	项 目	规 格
工作台尺寸/mm	400×840	重复定位精度/mm	0.016
3 个方向行程式/mm	720×450×450	刀库容量/把	20
工作台最大承重/kg	500	换刀时间/s	7
主轴转数/r·min^{-1}	60~4500	主轴锥孔	ISO40 号
进给速度/mm·min^{-1}	1~5000	机床重量/kg	4500
定位精度/mm	0.04		

床身上的 Y 轴方向导轨用于连接床鞍 2，并使其沿导轨做 Y 轴方向进给运动，立柱 6 上 Z 轴方向导轨用于连接铣头部件，并使其沿 Z 轴方向做进给运动。工作台 3 位于床鞍 2 上，用来安装工件，通过导轨副的精密配合和分度机构，确保定位准确，并与床鞍 2 一起实现 X 轴和 Y 轴方向的进给运动。铣头部件主要由壳体、主轴传动系统和主轴主件组成。

XH714 立式加工中心刀库结构如图 8-3 所示，主要由支架、支座、槽轮、机构和圆盘等组成，圆盘 8 用于安装刀柄，圆盘上装有 20 套刀具座 6，工具导柱 4 用来夹持刀柄，刀具键 7 镶入刀柄键槽内，保证刀柄键槽在主轴准停后准确地卡在主轴轴柄的驱动键上。

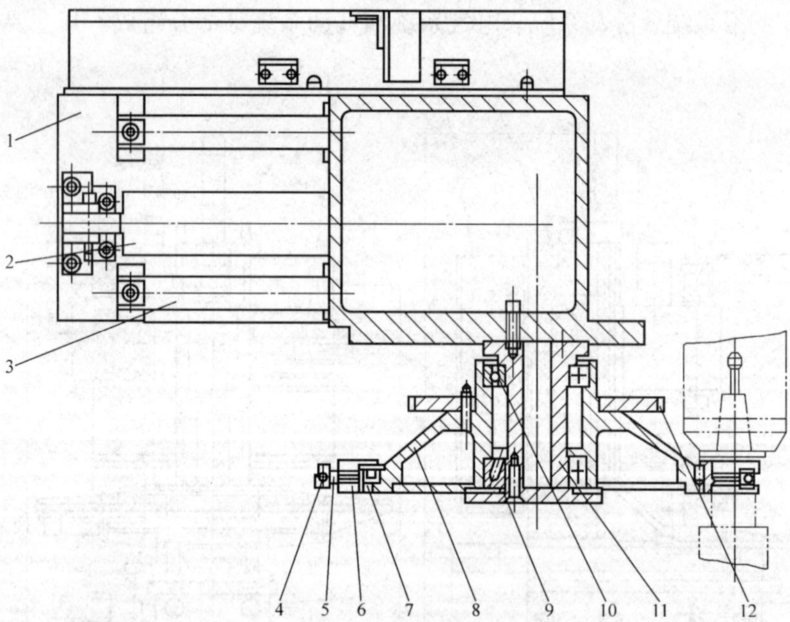

图 8-3 XH714 立式加工中心刀库结构

1—支架 2—气缸 3—直线滚动导轨副 4—工具导柱 5—工具导向板
6—刀具座 7—刀具键 8—圆盘 9、10、11—轴承 12—槽轮

XH714 立式加工中心的 CNC 控制系统框图如图 8-4 所示，控制电路中采用了微处理器及专用大规模集成电路，实现接触式传感功能、管理功能和自适应功能。

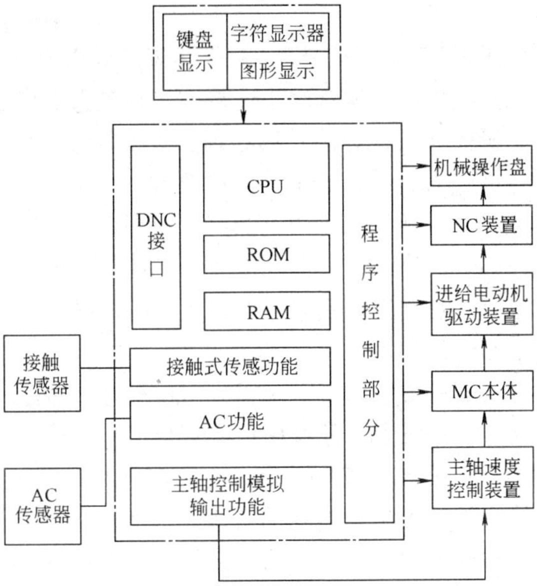

图 8-4　XH714 立式加工中心的 CNC 控制系统框图

接触式传感功能主要指自动定外心功能、刀具折损检验功能和基准面校正功能等；AC 功能指刀具的寿命管理、刀具的自动更换以及故障诊断等；主轴控制模拟输出功能是通过各轴进给电动机和主轴电动机设置的检验器，检测加工过程中的负载变化情况。

8.2　工业机器人

8.2.1　工业机器人的应用领域

工业机器人是一种装备有记忆装置和末端执行器的能够转动并通过自动完成各种移动来代替人类劳动的通用机器，是一种典型的机电一体化高科技产品。

自从 20 世纪 50 年代美国制造第一台机器人以来，机器人技术及其产品发展很快，它在提高生产自动化水平、提高劳动生产率和经济效益、保证产品质量和改善劳动条件等方面的作用日益显著。工业机器人代替人力劳动是必然的发展趋势，和计算机技术一样，工业机器人的广泛应用，正在日益改变着人类的生产方式和生活方式，机器人工业已成为世界各国备受关注的产业。

现在应用最多的机器人是工业机器人。从 20 世纪下半叶起，世界机器人工业一直保持着稳步增长的良好势头。进入 20 世纪 90 年代，机器人产品发展速度加快，年增长率达到 10%左右。据联合国颁布的最新调查资料显示，2000 年世界机器人工业增长率达到 15%左右，一年增加了近 10 万台机器人，使世界机器人总拥有量达到 75 万台以上，世界机器人市场呈现出日益兴旺的大好态势。现在，工作在世界各领域的工业机器人已突破百万台。其中，日本、美国和德国等国名列前茅。由于为数众多而且越来越多的工业机器人被用来代替工人从事各种体力劳动和部分脑力劳动，国际劳工组织（ILO）甚至把它与“蓝领工人”（产业工人）和“白领工人”（职员及技术人员）并列，称工业机器人为“钢领工人”。这支新的产业大军已成为人类的得力助手和朋友，对各国的经济和人类生活的各个领域产生越来越大的影响。

现在工业机器人主要用于汽车工业、机电工业（包括电讯工业）、通用机械工业、建筑业、金属加工、铸造以及其他重型工业和轻工业部门。在制造业中，机器人可用于毛坯制造（冲压、压铸和锻造等）、机械加工、焊接、热处理、表面涂覆、装配及仓库堆垛等作业中。尤其在汽车制造业中，焊接成为机器人的主要应用领域。

冲压机器人可用于汽车、电动机和家用电器等工业中，与冲压设备构成单机自动冲压机和多机冲压自动生产线，如美国克莱斯勒公司汽车车门的加工就是利用由 10 台 Danly 上、下料机器人和 5 台压力机组成的自动生产线进行的；我国济南第二机床厂自行开发的全自动落板冲压生产线，也已在生产中得到了应用。

压铸机器人可用于汽车零件的生产，一个工人可以管理多台压铸机，德国开发了锻造机器人技术，北京机床厂通过引进开发，已经生产了热模锻和辊锻机器人，且全部国产化。

焊接机器人是最大的工业机器人应用领域，它占工业机器人总数的 25%左右。由于对许多构件的焊接精度和速度等提出越来越高的要求，一般工人已难以胜任这一工作；此外，焊接时的火花及烟雾等，对人体造成危害，因而，焊接过程的完全自动化已成为重要的研究课题。其中，十分重要的就是要应用焊接机器人。利用焊接机器人可以有效提高产品质量、降低能耗和改善工人劳动条件。我国天津自行车二厂就是用焊接机器人焊接自行车三角架的。利用焊接机器人生产线对汽车驾驶室的自动焊接已在世界多家汽车制造厂得到应用，取得显著效益。

喷涂机器人在汽车、家用电器和仪表壳体制造中已发挥了重要作用，而且有向其他行业扩展的趋势，如陶瓷制品、建筑工业和船舶保护等。喷漆机器人早在 1975 年就已投入使用，它能避免危害工人健康、提高经济效益（如节省油漆）和喷涂质量。由于具有可编程序能力，所以喷漆机器人能适于各种应用场合。例如，在汽车工业上，可把喷漆机器人用于对下车架和前灯区域、轮孔、窗口、下承板、发动机部件、门面以及行李箱等部分进行喷漆。由于喷漆机器人能够代替人在危险、恶劣的环境中进行喷漆作业，所以喷漆机器人正在获得日益广泛的应用。机器人作业喷涂，既可单机喷涂，也可多机喷涂，还可组成生产线自动喷涂，自动化程度越来越高。如第二汽车制造厂东风系列多种混流机器人系统喷涂线，可实现喷涂作业全面自动化，已获得明显的经济效益。

装配机器人是工业机器人的另一重要应用领域，在电子产品装配中，由于电子元器件多、体积小、结构复杂，人工装配效率低，质量不易保证，使用装配机器人可以较好地改变这种状况。随着机器人智能程度的提高，使得有可能实现对复杂产品（如汽车发电机、电动机、电动打字机、收录机和电视机等）进行自动装配。柔顺运动概念的研究及其进展，也有助于机械部件的自动装配工作。日本日立公司的一条电子电路板自动装配线就装备了 56 台各种机器人，使电子元器件的自动插装率达到 85%。

搬运机器人可用于搬运重达几公斤至 1t 以上的负载，也可搬运轻至几克甚至几毫克的样品，用于超纯净实验室内的样品传送。例如，法国克利翁（Cleon）的雷瑙尔特（Renault）工厂，应用 ACMA 机器人把 800 根曲轴运送到传送带上，每个工件重 12kg，每车工件操作时间达 43min，在采用机器人之前，需要 3 个搬运工人，他们每天要搬运、装卸几吨重的材料；在凯特皮拉（Caterpillar），重 80kg 的货车部件也全部由机器人来装运。

随着机器人智能化水平的提高，机器人的应用范围还在不断扩大，已从制造业推广到非制造业，如采矿机器人、喷浆机器人、压路机器人、隧道凿岩机器人和隧道掘进机器人等。21世纪我国的工业机器人的应用将得到普及。

8.2.2 工业机器人的应用实例

从功能上看，现有的工业机器人的应用主要涉及搬运、工具及工件装卸、机械加工、铸造、锻造、热处理、焊接（包括点焊和弧焊）、喷漆、喷涂、装配、检验和抛光修整等。下面介绍焊接机器人和搬运机器人的应用实例。

1．焊接机器人 焊接机器人有点焊机器人和弧焊机器人等。仅我国近10多年来研制的弧焊机器人或可用于弧焊的通用工业机器人就有多种型号，可以单机焊接，也可构成焊接机器人生产线。它们适用于汽车制造、电动机制造和其他重型机械制造工业中的弧焊作业。这些机器人基本上都是全电动、多关节机器人，具有5个自由度，受载能力为10kg左右，重复定位精度在0.2～0.5mm之间。下面简要介绍这种机器人控制系统的硬件组成及软件系统。

(1) 硬件组成：图8-5所示为HRGH—Ⅱ弧焊机器人控制系统硬件简化框图。

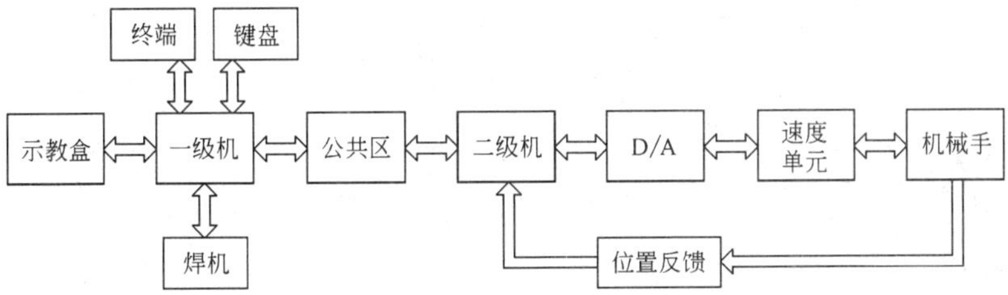

图8-5 HRGH—Ⅱ弧焊机器人控制系统硬件简化框图

由图8-5可见，该系统是由两级计算机来控制的。

1) 第一级微机系统。第一级控制选用微机IBM—PC/XT，它具有管理、故障诊断、机器语言编辑与编译等功能；它还能进行实时轨迹插补计算，并把计算出的各关节增量作为第二级数字伺服系统的给定值。两级微机通过公共内存储器交换信息。

微机IBM—PC/XT与示教盒通过串行接口RS—232连接起来，接收示教信息，完成示教动作。通过并行接口，使微机与焊机相连，以控制焊机的起动与熄弧。

2) 第二级单板机系统。第二级控制选用TP—86单板机，它与调节电路及外围电路一起实现5个关节的位置伺服控制。它包括5套功率放大器、电流和速度调节器，并集成在5套FANUCA速度伺服控制单元内。外围电路有5路反馈计数器及其附属电路、5路D/A转换器及其接口、定时器和中断控制器等。此外，为提高系统可靠性，在控制电路内均采用滤波电路，在电机控制系统和控制柜上装有各种保护报警装置。

(2) 软件系统：HRGH—Ⅱ弧焊机器人的软件包括一级机程序和二级机数字伺服软件。这里仅介绍一级机的软件流程，如图8-6所示，包括初始化、示教程序编制和轨迹插补计算等。它们分别属于下列4种工作方式，即HOME（启动归零，确定坐标起始点）、TEACH（示教）、AUTO（自动计算与检验）和STEP（再现）。

HRGH—Ⅱ弧焊机器人及其控制系统早在10年前就在第一汽车制造厂对解放CA141车厢前板进行焊接，焊接质量良好。许多新一代弧焊机器人都采用视觉方法对焊缝进行自动检测和自动跟踪，并且采用更先进的控制方法，使焊接质量及自动化程度达到更高的水平。

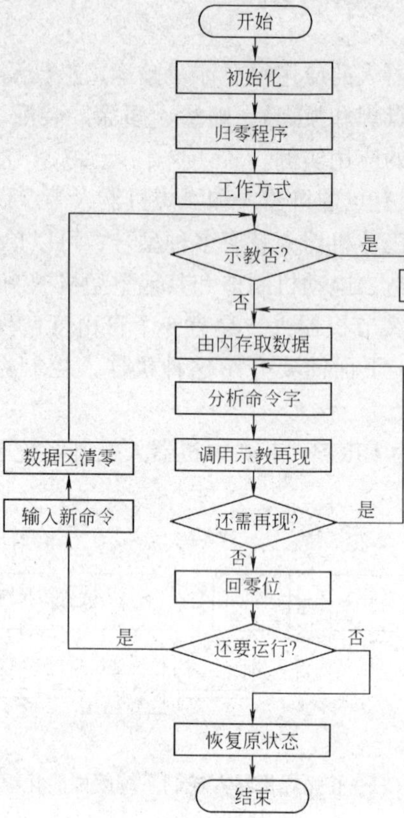

图 8-6　HRGH—Ⅱ软件系统流程图

2. 搬运机器人　这里简要介绍美国通用汽车公司（GM）研制的一个用于零件搬运与装配的视觉控制机器人，即 CONSIGHT 系统。它能够检起任意摆放在传送带上的零件。该视觉子系统能够在机械制造工厂的视觉噪声环境中工作，测定传送带上零件的位置和方向。机器人子系统跟踪零件，并把它们抓放至规定位置。CONSIGHT 系统由视觉、机器人和监控 3 个独立的子系统组成。

CONSIGHT 系统的硬件框图如图 8-7 所示，它由 PDP11/34 计算机（其操作系统为 RSX—ⅡS 实时执行系统）、RL256C 固态摄像机、斯坦福工业机器人、传送带及其编码器（用于测量传送带的位置和速度）系统组成。

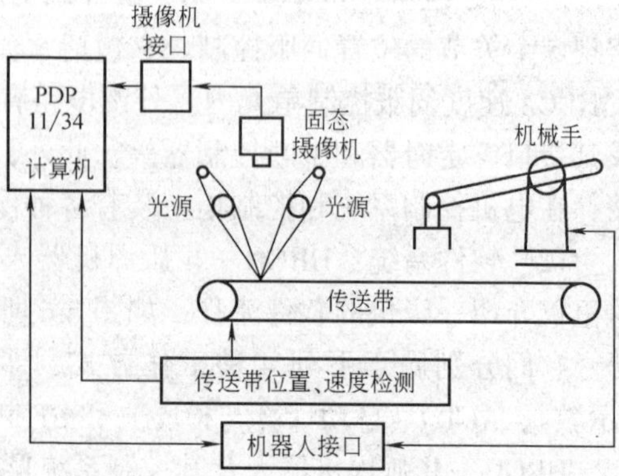

图 8-7　CONSIGHT 系统硬件框图

CONSIGHT 系统具有如下特点：能够测定各种不同类型的机械零件（包括具有复杂曲线的物体）的位置和方向；通过插入新的零件数据，系统易于提供程序再编能力；子系统采用结构光，不需要高的景物对比度；能够对许多典型工厂环境中具有视频噪声的图像数据进行有效处理。

视觉子系统和机器人子系统的功用是十分显然的，而监控子系统具有定标（测量视觉坐标系统与机器人坐标系统间关系的过程）、零件编程（教会系统识别并捡起新零件的过程）以及 CONSIGHT 系统的操作状态等。CONSIGHT 监控系统操作状态的程序流程图如图 8-8 所示。

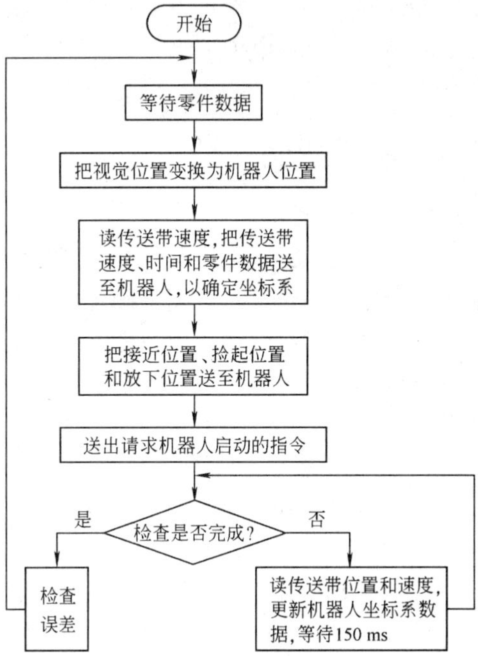

图 8-8　CONSIGHT 监控系统操作状态的程序流程图

当 CONSIGHT 用于工业生产系统时，以工业部件代替实验室部件，例如，用 PDP LS1—11/03 计算机作为监控器、用其他的机器人代替斯坦福机械手等。这个实用系统已开发出零件排队、零件分类和拾起不对称物体等功能，提高了系统对零件的识别能力和工作能力。

8.2.3　工业机器人的发展趋势

工业机器人在许多生产领域的实践证明，它在提高劳动生产率和产品质量以及经济效益、改善工人劳动条件等方面，起着令人瞩目的作用。今后，机器人工业将得到更快速的发展和更广泛的应用。从近几年推出的机器人产品来看，未来工业机器人具有如下的发展趋势：

1）高级智能化。未来机器人将具有更高的智能。计算机技术、模糊控制技术、专家系统技术、人工神经网络技术和智能工程技术等高新技术的不断发展，将大大提高工业机器人学习知识和运用知识解决问题的能力，并具有视觉、力觉和感觉等功能，能感知环境的变化，做出相应的反应，有很高的自适应能力，几乎能像人一样地去干更多的工作。

2）组件、构件标准化、模块化。机器人的制造、使用和维护的成本比较高，操作机和控制器采用通用的元器件，让机器人组件、构件实现标准化、模块化是降低成本的重要途径之一。这样机器人产品更能适应国际市场的竞争。

3）结构一体化。工业机器人的本体与关节机构、电动机、减速器和编码器等有机结合，全部电、管、线不外露，形成十分完整的防尘、防漏、防爆、防水、全封闭的一体化结构。

4）高精度、高可靠性。随着人们对产品的要求越来越高，开发高精度、高可靠性的工业机器人是必然的发展结果。采用最新交流伺服电动机或 DD 电动机直接驱动，以进一步改善机器人的动态性能，提高可靠性；采用 64 位数字伺服驱动单元和主机采用 32 位以上的 CPU 控制，可使机器人精度大大提高。

5）产品微型化、小型化。有人称微型机器人为 21 世纪的尖端技术之一。微型机器人在精密机械加工、现代光学仪器、超大规模集成电路、现代生物工程、遗传工程和医学工程中将大有用武之地。已经开发出手指大小的微型移动机器人，可用于进入小型管道进行检查作业。预计将生产出毫米级大小的微型移动机器人和直径为几百微米甚至更小（纳米级）的医疗机器人，可让它们直接进入人体器官，进行各种疾病的诊断和治疗，而不伤害人的健康。

在大中型机器人和微型机器人系列之间，还有小型机器人。小型化也是机器人发展的一个趋势。小型机器人移动灵活方便、速度快、精度高，适于进入大中型工件进行直接作业。

6）应用广泛化。为了开拓机器人新市场，除了提高机器人的性能和功能，以及研制智能机器人外，向非制造业扩展也是一个重要方向。开发适应于非结构环境下工作的机器人将是机器人发展的一个长远方向。这些非制造业包括航天、海洋、军事、建筑、医疗护理、服务、农林、采矿、电力、煤气、供水、下水道工程、建筑物维护、社会福利、家庭自动化、办公自动化和灾害救护等。可见，机器人具有更广阔的应用前景，必将更好地服务于人类。

8.3 模糊智能点钞机

8.3.1 功能原理

模糊智能点钞机采用红外线、紫外线、磁性和图像等多种技术与模糊逻辑算法相结合，通过检测钞票的长度和宽度来确定币种，通过对钞票的图案和荧光反应来识别钞票的真伪，综合检测钞票的红外线反应及图案变化配合币种来判断其新旧程度。所以，该点钞机在完成清点、预置和累计等一般点钞机功能的同时，还能进行不同币种的混点、假币的识别和新旧币分检等特殊功能。

8.3.2 结构特点

模糊智能点钞机主要由以下 4 个部分构成：分钞机构、调整机构、电路部分和吸尘机构。

1）分钞机构由下钞板、上下捻钞板、分钞阻力轮、送钞轮、接触钞轮和接触板等构成。

2）调整机构分粗调及细调，它们主要由可自锁的螺杆及偏心轮扭簧组成，用于调整新旧钞不同而要求的捻钞间隙不一或是补偿由于长期磨损而导致的间隙变化。

3）电路部分主要由电源、传感电路、测控主电路、图像传感器、荧光管的驱动电路、键盘、显示部分和通信接口等几个模块组成。模糊智能点钞机的控制原理图如图 8-9 所示。

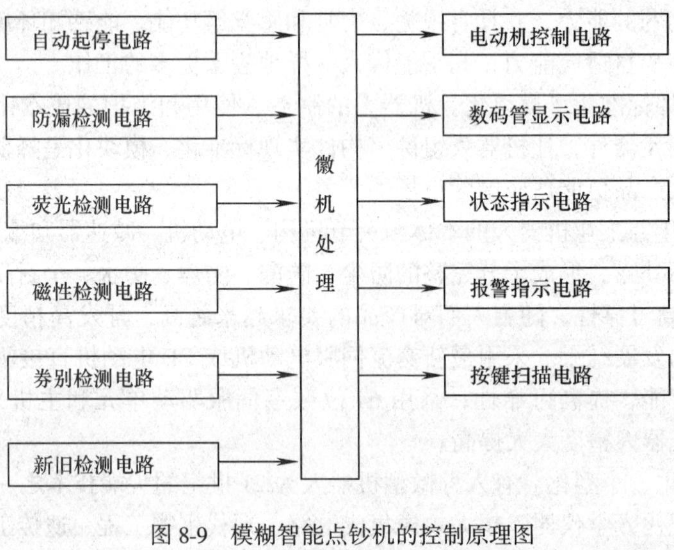

图 8-9 模糊智能点钞机的控制原理图

在检测电路中，红外光发射接收电路是以红外发光二极管为发射源，光敏三极管为接收器，主要用于自动起停电路、防漏检测电路、电动机转速测量电路和新旧检测电路。在上述 4 种电路中，光敏三极管作为开关电路，分别采用对射和反射两种方式，将接收信号通过比较器回送给微机“1”和“0”两种逻辑，从而实现状态检验和自动控制。

在新旧检测电路中，红外光透过钞票后，该电路将光敏三极管接收到的透射光光量转换成容易测量的电量，该电量对应于透射光强弱，从而提取钞票的新旧纸质信息，判断钞票新旧。新旧币识别原理框图如图 8-10 所示，检测电路如图 8-11 所示。

图 8-10　新旧币识别原理框图

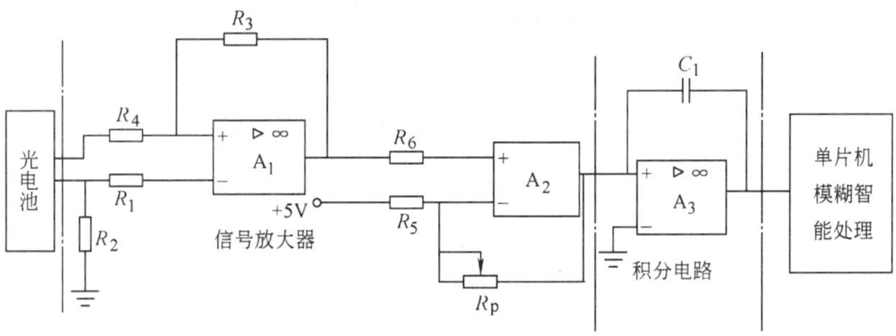

图 8-11　新旧币识别检测电路

钞票的真伪是通过紫外线发射接收电路来完成的。荧光灯管为发射源，光电池为接收器，利用光电池提取的钞票反射光强度的大小判断钞票是否有荧光反应，从而判断纸质是否为钞票纸质来鉴别其真伪。荧光检测电路如图 8-12 所示。

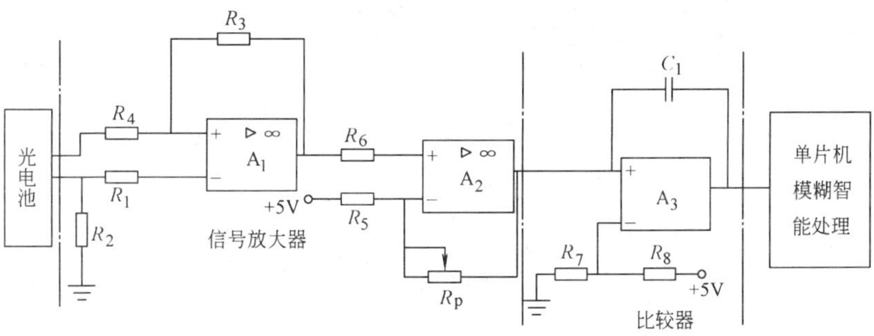

图 8-12　荧光检测电路图

8.3.3　应用软件

模糊智能点钞机实现了功能的智能化，利用软件控制来完成初始化、系统各部位的诊断、自动起停的控制、键值的处理及相应的模块散转、计数显示内容的刷新、联机通信，并根据结果对连接及夹张、假币和物理缺陷等进行相应的警告显示及停机处理。模糊智能点钞机主程序框图如图 8-13 所示。

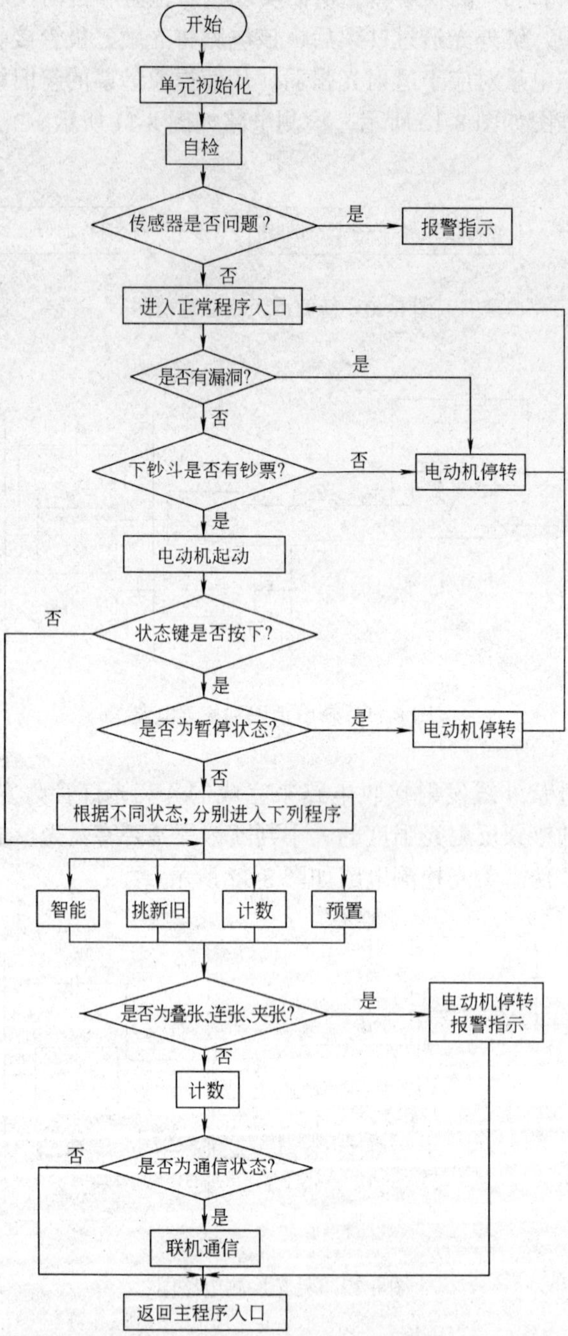

图 8-13　模糊智能点钞机主程序框图

8.4　汽车的机电一体化

微电子技术和传感器技术在汽车工业的广泛应用，加快了汽车产业的发展，使汽车的概念发生了巨大的变化。在用途上，从传统的人类的一种代步工具发展到现在的舒适、安全以及自动化和智能化的多功能“移动空间”；在特征上，传统的汽车主要是一个机械系统，而现代汽车已成为机电一体化、多种高新技术综合集成的载体。

8.4.1 汽车机电一体化技术的发展

社会的需求、技术的进步以及法规的推动，使汽车采用了机电一体化技术，并快速发展。在法规方面，如最早的安全法规，以及随后的噪声、尾气排放和燃油的经济性等，强制地推动了电子技术在汽车上的广泛应用，使许多机械控制系统被电子控制系统所代替，并形成了汽车机电一体化发展的3个阶段。

1）第一阶段。从20世纪60年代中期到20世纪70年代末期，主要是应用电子装置改善部分机械性能，如电子控制燃油喷射和硅整流发电机等。

2）第二阶段。从20世纪70年代末期到20世纪90年代中期，在汽车的设计制造中，体现机电一体化的思想和技术。大规模集成电路得到广泛应用，并解决了机械部件无法解决的复杂自动控制问题，增加了可靠性。

3）第三阶段。从20世纪90年代中期到现在，随着微电子技术的快速发展，并与汽车工业的紧密相连，汽车机电一体化技术已发展成熟，强调整体的机电一体化协调匹配设计思想，开始广泛应用计算机网络技术和信息技术，使汽车更加自动化、智能化。

汽车机电一体化可分为以下4个方面：①动力系统的电子控制。实现了低油耗、低污染，提高了汽车的动力性、经济性和舒适性；②底盘的电子控制；③车身系统的电子控制，用于增强汽车的安全性、舒适性和方便性；④信息系统。主要体现汽车的自动控制和社会的连接，以及协调汽车各部分电子控制功能，信息系统是未来汽车发展的主要方向。

8.4.2 电子点火系统

由于机械式的点火系统滞后效果、磨损以及装置车身的机械记忆量等因素，不能保证发动机在点火时刻处于最佳状态，人们设计出更新的电子点火系统来满足发动机的需要。图8-14所示为微处理器控制的点火系统、电子控制单元（ECU）是点火系统的核心，它根据传感器不断采集到的发动机工作信号进行处理，选择存储在ROM中的最佳点火时刻发出点火信号、电子点火系统使用了两个检测传感器：一个用来检测发动机转速；另一个为点火脉冲提供给定的基准点信号。发动机负荷用节气门位置传感器，还有对发动机温度和车速进行检测的传感器。该点火系统满足了发动机在整个转速范围内提供点火所需的定值点火能量，在不同的负荷下，为发动机提供最佳点火时间，同时把点火提前到发动机刚好不至于发生爆燃的范围。

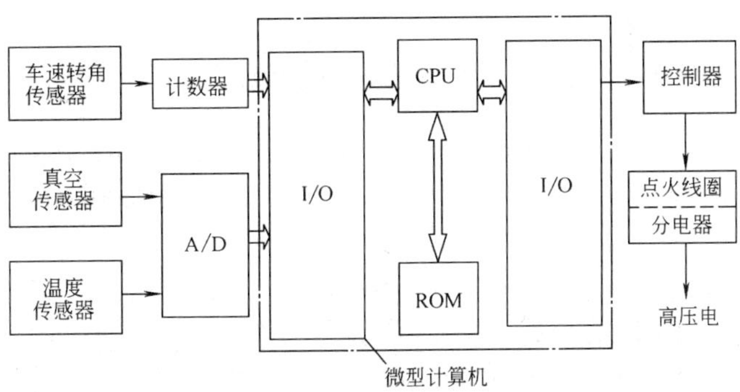

图8-14 微处理器控制的点火系统

8.4.3 自动变速系统的电子控制

自动控制系统作为自动变速器组成的一部分，是电子技术在汽车上广泛应用和汽车传动技术的进一步发展而产生的。目前，电子控制自动变速控制系统主要有电液自动变速（EAT）、手动换档变速器自动变速（EMT）和无极变速（ECVT）。它具有以下优点：

1）操作简单，提高了行车的安全性。

2）能够按汽车行驶需要的最佳动力性或经济性选择最佳变换档的规律运转，可以充分发挥力传动系统的性能。

3）换档过程更加平稳，提高了舒适性、方便性，减少了动力传动系统的冲击，从而使发动机工作平稳。

图 8-15 所示为 Chrysler A604 前轮驱动四档电液控制自动变速器，该变速器由 3 个多片式离合器、2 个多片式制动器和行星排组成变速部分，共有 4 个前进档和 1 个倒车档。采用了具有闭锁离合器的液力变矩器传动，在 2～4 档行驶时实现变矩器自动闭锁，并利用电液控制升档与降档，以及液力变矩器的闭锁与自锁。4 个脉宽调制电磁安在液压控制阀上，接收变速器 ECU 控制信号。ECU 根据变矩器涡轮转速、变速器输出轴转速、控制阀总成中的 3 个压力开关信号、发动机的节气门位置和转速信号进行选档与换档控制。

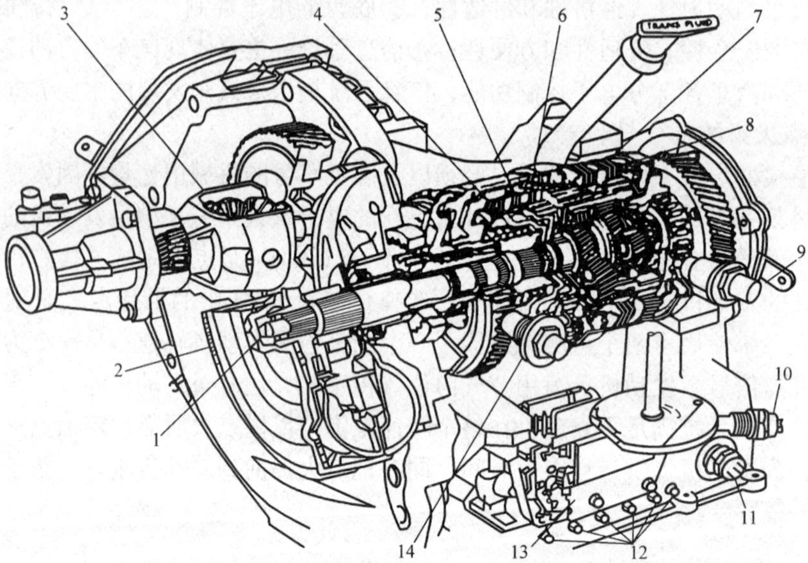

图 8-15 Chrysler A604 前轮驱动四档电液控制自动变速器

1—输入器 2—液力变矩器 3—差速器 4—前离合器 5—超速离合器 6—倒档离合器 7—2/4 档制动器 8—低/侧档制动器 9—输出传速传感器 10—空档安全开关 11—PRNDL 开关 12—压力检测口 13—电磁阀总成 14—涡轮转速传感器

8.4.4 ABS 系统

为了使汽车在行驶过程中以适当的减速度降低车速直行停车，保证行驶的安全性，汽车上均装有行车制动器。起初只在后轮上装有制动器，但随着汽车质量和车速的提高，仅靠后轮制动不足以提高充分的制动力，这样才发展到前轮上安装制动器。人们通过对制动时轴荷的动态转移、前轮增重和后轮减重的认识，且后轮先抱死更易造成汽车的方向失控，而着手研制能限制汽车后轮制动装置——汽车制动防抱死装置（Antilock Braking System，ABS）。其基本功能是可感知制动轮每一瞬时的运动状态，并根据其运动状态相应地调节制动器动力矩的大小，避免出现轮上的抱死现象。ABS 系统是电子控制技术在汽车上最突出的一项应用，可使汽车在制动时维持方向稳定性和缩短制动距离，有效地提高了行车的安全性。ABS 系统控制框图如图 8-16 所示。

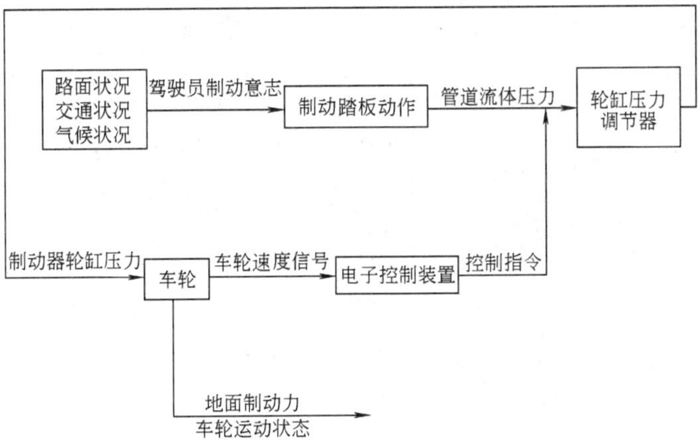

图 8-16　ABS 系统控制框图

8.4.5　数字式仪表

随着现代汽车工业和电子技术的发展，出于对汽车环保、安全性、经济性、智能化要求的提高，对汽车行驶和部分状况的信息需求量显著增大，汽车仪表的功能正在迅速扩展，并将成为一个集感觉、识别、情况分析、信息库、适应和控制 6 大功能于一体的提供行驶信息、保障安全行驶和智能化的系统。因此，传统汽车仪表逐渐被以微处理器为核心的电子控制数字仪表所取代。数字仪表的显示装置是其重要组成部分，目前广泛采用发光二级管(LED)、真空荧光显示（VFD)、液晶显示（LCD)、阴极射线管（CRT)、平面发光和投影显示技术。图 8-17 所示为以 LCD/LED 为显示装置的典型数字仪表控制系统。

下面以速度表为例来说明数字式仪表的工作原理：

速度表利用车速传感器的测量信号，计算并显示汽车时速，图 8-18 所示为带 MRE（磁性电阻元件）的车速传感器及电路图。该传感器采用一个多极磁铁附加在驱动轴上，当驱动轴旋转时，磁铁随之旋转而使磁力线发生变化，集成电路中的 MRE 的电阻值便随着磁力线的变化而变化，电阻变化导致电桥中输出电压的变化，电压经过比较器后，使每转产生 20 个脉冲信号。图 8-19 所示为一种典型的速度表结构，在计算车速时，一种方法是计算固定时间内传感器输出的脉冲数量，另一种方法是测量固定脉冲周期所用的时间。计算脉冲数量的方法是：当微处理器检测到从传感器传来信号中的脉冲数量增加时，就开始对代表车速的脉冲进行计数，经过一段预置的设定时间检测脉冲数量，然后将计数器的数据和内存中的数据进行比较，如果相差达到 1km/h 或更多时，计数器中的数据就被输出到显示电路，刷新显示值，整个过程不断重复。

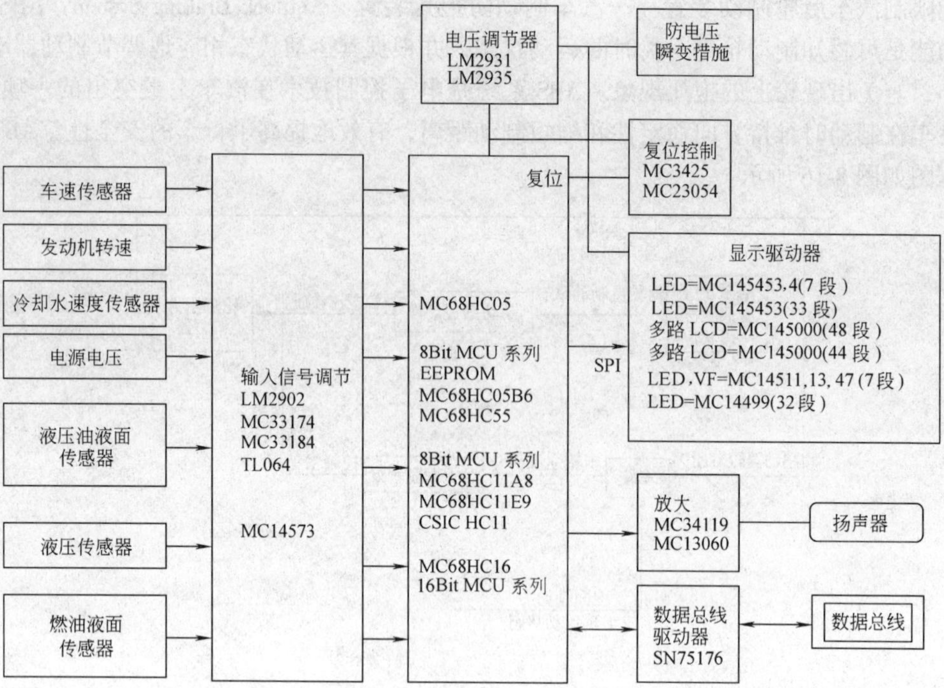

图 8-17　LCD/LED 数字仪表控制系统

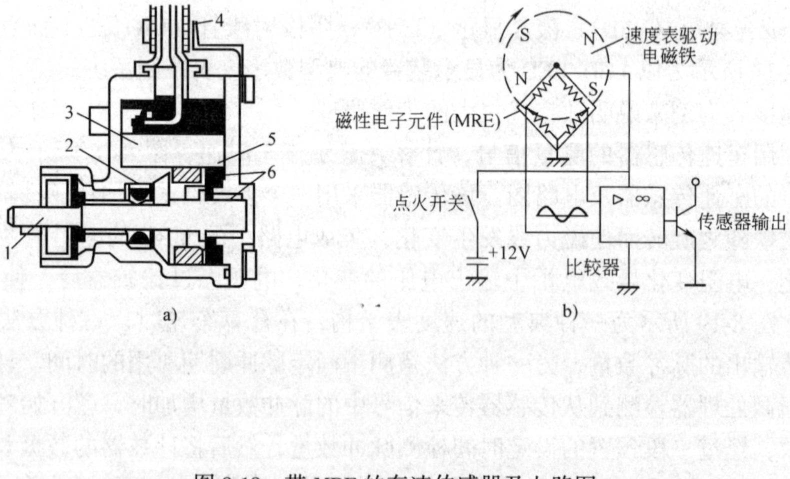

图 8-18　带 MRE 的车速传感器及电路图

a）结构图　b）电路

1—驱动器　2—油封　3—内有磁性电阻元件的 IC

4—接线　5—多级电磁铁　6—轴承

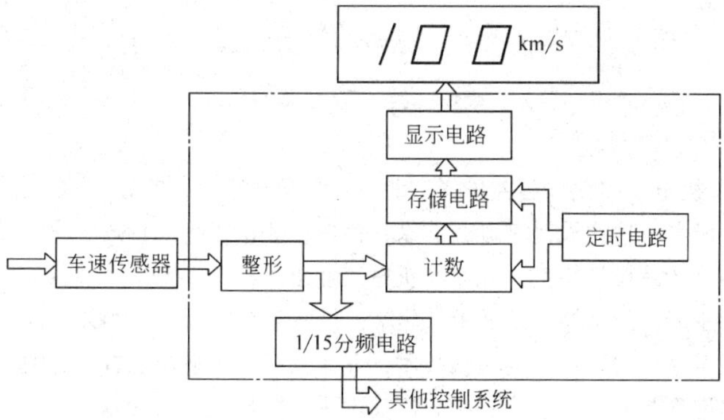

图 8-19　速度表结构

复习思考题

1. 加工中心由哪几部分构成?
2. 工业机器人的发展趋势是什么?
3. 电子控制自动变速控制系统的主要优点是什么?

参 考 文 献

1 （日）高森·年主编．机电一体化．赵文珍译．北京：科学出版社，2001

2 郑堤，唐可洪主编．机电一体化设计基础．北京：机械工业出版社，1997

3 陈瑜主编．机电一体化产品设计指南．北京：机械工业出版社，2000

4 徐灏主编．机械设计手册：第2卷．第2版．北京：机械工业出版社，2001

5 梁森，王侃夫，黄杭美编．自动检测与转换技术．北京：机械工业出版社，2002

6 张正传主编．传感器原理与应用．北京：中央广播电视大学出版社，1991

7 余永权，汪明慧，黄英编．单片机在控制系统中的应用．北京：电子工业出版社，2003

8 房小翠主编．单片微型计算机与机电接口技术．北京：国防工业出版社，2001

9 强锡富．传感器编．哈尔滨：哈尔滨工业大学出版社，2001

10 张建民编著．机电一体化系统设计．第2版．北京：高等教育出版社，2001

11 薛文达，谢文和，张呈祥编．传感器应用技术．南京：东南大学出版社，1998

12 于永芳，郑仲民编．检测技术．北京：机械工业出版社，2002

13 刘诚方主编．微型计算机系统及其应用．天津：天津科学技术出版社，1986

14 徐建之主编．微型计算机应用技术．上海：上海科学技术出版社，1986

15 方建军主编．光机电一体化系统设计．北京：化学工业出版社，2003

16 姜培刚主编．机电一体化系统设计．北京：机械工业出版社，2003

21 世纪高职高专规划教材目录（机、电、建筑类）

高等数学（理工科用）
高等数学学习指导书（理工科用）
计算机应用基础
应用文写作
经济法概论
C 语言程序设计

工程制图（机械类用）
工程制图习题集（机械类用）
AutoCAD 2004
公差与配合
工程力学
金属工艺学
机械设计基础
工业产品造型设计
液压与气压传动
电工与电子基础
电工电子技术（非电类专业用）
机械制造基础
数控技术
专业英语（机械类用）
金工实习
数控机床及其使用维修
数控加工工艺及编程
机电控制技术
计算机辅助设计与制造
微机原理与接口技术
机电一体化系统设计
控制工程基础
机械设备控制技术
金属切削机床
机械制造工艺与夹具
冷冲模设计及制造
塑料模设计及制造
模具 CAD/CAM

汽车构造
汽车电器与电子设备
公路运输与安全
汽车检测与维修
汽车营销学

工程制图（非机械类用）
工程制图习题集（非机械类用）

离散数学
电路基础
单片机原理与应用
电力拖动与控制
可编程序控制器及其应用
工厂供电
微机原理与应用
模拟电子技术
数字电子技术
数字逻辑电路
办公自动化技术
现代检测技术与仪器仪表
传感器与检测技术
制冷原理与设备
制冷与空调装置自动控制技术
电视机原理与维修
自动控制原理与系统
电路与模拟电子技术
低频电子线路
高频电子线路
电路分析基础
常用电子元器件

多媒体技术及其应用
操作系统
数据结构
软件工程
微型计算机维护技术
汇编语言程序设计
VB6.0 程序设计
VB6.0 程序设计实训教程
Java 程序设计
C ++ 程序设计
PASCAL 程序设计
Delphi 程序设计
计算机网络技术
网络应用技术
网络数据库技术
网络操作系统
网络安全技术
网络营销
网络综合布线
网络工程实训教程
计算机图形学实用教程
动画设计与制作
ASP 动态网页设计
管理信息系统
电工与电子实验
专业英语（电类用）
物流技术基础
物流仓储配送
物流管理
物流运输管理与实务

建筑制图
建筑制图习题集
建筑 CAD
建筑力学
建筑材料
建筑工程测量
钢筋混凝土结构及砌体结构
房屋建筑学
土力学及地基基础
建筑设备
建筑给排水
建筑电气
建筑施工
建筑工程概预算
房屋维修与预算
建筑装修装饰材料
建筑装修装饰构造
建筑装修装饰设计
楼宇智能化技术
钢结构
多层框架结构
建筑施工组织
房地产开发与经营
工程造价案例分析
土木工程实训指导
土木工程基础试验教程
建设工程监理
建设工程招标与合同管理
房地产法规与案例分析
建设法规与案例分析